国家科学技术学术著作出版基金资助出版

无机钙钛矿光电材料与器件

臧志刚　王华昕　赵双易　著

科 学 出 版 社

北 京

内 容 简 介

本书从无机钙钛矿光电材料的结构与基本性能出发，系统介绍了无机钙钛矿光电材料（量子点、薄膜和单晶）的不同制备方法与优势，重点阐述了该类材料在发光二极管、激光器、太阳能电池、光电探测器和电子器件等方面的应用进展及技术瓶颈。内容涵盖了该领域理论方面的基本概念和器件工作机理的解释，也对材料和器件的制备工艺及优化技术进行了详细阐述。同时，本书从无机钙钛矿光电材料的种类、性能和应用等方面出发，系统地总结和归纳了其发展历程，为读者展示了近十年来该领域的重要进展。

本书可以作为半导体领域研究者和技术开发者的参考用书，也可以作为物理、化学、材料、光电等专业高年级本科生和研究生的参考资料。

图书在版编目（CIP）数据

无机钙钛矿光电材料与器件/臧志刚，王华昕，赵双易著. —北京：科学出版社，2023.9

ISBN 978-7-03-076050-0

Ⅰ. ①无… Ⅱ. ①臧… ②王… ③赵… Ⅲ. ①钙钛矿—光电材料 ②钙钛矿—光电器件 Ⅳ. ①TN204 ②TN15

中国国家版本馆 CIP 数据核字（2023）第 141964 号

责任编辑：叶苏苏　陈　琼/责任校对：王萌萌
责任印制：罗　科/封面设计：义和文创

科 学 出 版 社 出版
北京东黄城根北街 16 号
邮政编码：100717
http://www.sciencep.com

四川煤田地质制图印务有限责任公司印刷
科学出版社发行　各地新华书店经销

*

2023 年 9 月第 一 版　开本：787×1092　1/16
2023 年 9 月第一次印刷　印张：13 1/2
字数：329 000

定价：169.00 元
（如有印装质量问题，我社负责调换）

序

　　我与臧志刚教授相识于重庆的九三学社中央第三十一次科学座谈会，并成为《无机钙钛矿光电材料与器件》的读者。该书很好地反映了他本人及其团队在光电领域研究无机钙钛矿材料的主要进展。

　　目前，利用无机钙钛矿材料制备各种光电器件已经成为一个研究热点。21 世纪是能源的世纪。诺贝尔化学奖得主理查德·斯莫利在 21 世纪初就提出了未来 50 年人类将面临的十大问题，其中，排名前五的问题都与能源有关。当前，能源危机和环境污染等问题仍然制约着人类社会的进步与发展。国家主席习近平在 2020 年 9 月第七十五届联合国大会上向世界宣布了中国的碳达峰目标和碳中和愿景[①]，这是科技工作者寻找和开发新形式的光伏能源，以及低能耗、高性能的光电照明设备和探测设备的动力。

　　自 2009 年以来，基于一种卤化铅的有机无机杂化钙钛矿材料因具有卓越的光电性能，在光电领域，特别是太阳能电池方面，取得了广泛关注和发展。2013 年，钙钛矿太阳能电池被《科学》评为 2013 年度国际十大科技进展之一。此后，有机无机杂化钙钛矿太阳能电池光电转换效率频频取得突破，从 3.8% 迅速提升到 25.5%。然而，由于有机无机杂化钙钛矿材料中含有甲胺、甲脒等易挥发的有机阳离子，这类材料的热稳定性受到严重影响。采用无机阳离子（最常见的是铯离子）来替代这类不稳定的有机阳离子，开发无机钙钛矿材料，是解决这类不稳定问题的一种有效方法。同时，以无机钙钛矿量子点为代表的低维钙钛矿材料成为近年来发光材料和激光材料研究领域的一个重要方向。除此之外，无机钙钛矿材料还具有制备工艺简单、带隙合适、易于大面积加工制造和集成到经典电子器件中等优势，在电子器件（如存储器、晶体管、传感器）领域也展现了相当大的潜力。另外，一系列铅替代方案也相继报道出来，非铅无机钙钛矿材料在白光发射、光电探测、高能辐射探测等领域有明显的优势。

　　相信该书将有助于激发广大读者对无机钙钛矿光电材料的兴趣，拓宽大家在这一领域的视野，为有志投身于这一研究领域的读者提供相关知识和分享各类研究经验，使更多科研人员从中受益，助力大家在该领域的基础研究和应用开发上作出贡献。

中国科学院院士

2022 年 9 月

---

① 人民网. 在第七十五届联合国大会一般性辩论上的讲话. http://hb.people.com.cn/n2/2020/0923/c194063-34310438.html.

前　　言

1839 年，德国科学家古斯塔夫·罗斯（Gustav Rose）发现钙钛矿材料并以"perovskite"（以纪念同名的沙俄著名地质学家）命名；经历了近两个世纪的发展，2009 年，宫坂力（Tsutomu Miyasaka）等将金属卤化物钙钛矿材料应用于染料敏化太阳能电池中，取得了3.8%的光电转换效率，奠定了钙钛矿太阳能电池快速发展的基础。此后，在仅十多年的时间里，以"铅-卤素"为基本单元的 ABX$_3$ 型钙钛矿材料以其优异的综合性能备受瞩目，在光电领域异军突起，成为引领下一代新型半导体材料发展的新生力量，被科研界视为光电领域的"万能材料"。

在目前研究发展的钙钛矿材料家族中，以碱金属元素为 A 位的无机钙钛矿光电材料不仅具有光吸收系数和发光效率高、缺陷容忍度良好、载流子寿命长等光电性能，而且具有较高的稳定性，在太阳能电池、发光二极管、激光器、光电探测器及电子器件等诸多领域得到广泛研究和应用。我国在无机钙钛矿光电材料的研究方面处于国际领先地位，其中一些原创性的工作更是极大地推动了无机钙钛矿材料和器件的研究发展。作者所在的团队也在无机钙钛矿光电材料与器件方面做了很多可圈可点的工作，受到国内外同行的广泛关注。同时，我国也开展了无机钙钛矿材料的产业化布局。毋庸置疑，无机钙钛矿材料的研究已经逐渐走出象牙塔，进入实用化阶段，相信在未来的几十年，基于无机钙钛矿材料的一系列成熟产品将陆续走进人们的生活，并且发挥越来越重要的作用。

尽管无机钙钛矿光电材料与器件的研究获得了快速发展，但是目前在国内乃至国际上都没有一本系统介绍无机钙钛矿光电材料的专业书籍，这使未来想从事这方面研究的人员无法很好地了解这一领域的现状，从而会对他们的研究造成一定困难。基于此，作者把这一领域的主要研究进展和成果以书的形式展现出来。本书详尽地介绍了无机钙钛矿材料的种类、性能、制备和应用，并且系统地总结和归纳了无机钙钛矿材料与器件的研究和发展历程，全面地概括了过去十多年以来无机钙钛矿材料与器件发展中积累的知识和重要技术进展。

本书既注重材料理论方面基本概念和机理的解释，又注重器件工艺方面制备流程与技术的阐述。除此以外，作为长期在无机钙钛矿光电材料和器件领域从事一线工作的科研人员，作者还结合对无机钙钛矿材料的研究经验和体会以及在各研究方向的最新研究进展，阐述了无机钙钛矿光电材料和器件的研究机遇与前景。相信本书的出现对我国这一领域的研究将起到极大的推动作用，同时，本书对这一领域的研究者、工程技术人员以及相关科技项目管理者都是一本很好的参考书。

本书的研究成果得到了国家自然科学基金委员会、中央军事委员会科学技术委员会、国家国防科工局、重庆市科学技术局和光电技术及系统教育部重点实验室的资助。本书的出版也得到了多位前辈和同行专家的指导、支持和鼓励，在此表示衷心的感谢。

　　本书由臧志刚教授及其团队所撰写。其中，蔡文思、莫琼花、鄢冬冬等博士提供了大量的文字材料。全书由臧志刚审阅、修改和统稿，王华昕、赵双易和蔡文思负责整理。此外，肖红彬、汪百前、张聪、龚程、庄启鑫、李海云、梁德海、杨海超、蒋思奇、丁艳巧、马文、王萌、李猛超、李贤文、赵锦荣、孙喆等也参与了本书的部分工作，在此一并向他们的辛勤付出表示感谢。

　　期待本书能使无机钙钛矿光电材料和器件领域的读者在知识深度和广度上达到新高度，同时希望读者可以从中获得启发，为新时代推动我国半导体材料的发展作出贡献。

　　尽管本书内容历经多次讨论、修改，由于作者水平有限，书中难免存在不足，敬请广大读者批评指正。

臧志刚
2023 年 5 月

目　　录

第 1 章　无机钙钛矿光电材料结构与性能

1.1　概　述

工业社会的快速发展加剧了自然资源和能源的消耗，其中，照明与显示领域的能耗约占全球电力总消耗的 1/5[1]。不仅如此，环境污染的持续扩散以及温室效应的加剧也令人震惊。因此，从经济和环境角度看，现有的能源发展趋势存在一系列问题。如何应对全球能源危机无疑是当今时代重要的科学命题之一。我国在 2020 年联合国大会上明确提出 CO_2 排放量力争在 2030 年前达到峰值，努力争取在 2060 年前实现碳中和。此后，碳达峰和碳中和也在 2021 年的全国两会上被写进《政府工作报告》。习近平总书记也在中央财经委员会第九次会议上强调，要把碳达峰和碳中和纳入生态文明建设整体布局……如期实现 2030 年前碳达峰、2060 年前碳中和的目标①。

碳达峰和碳中和是时代赋予光电领域的新使命，开发新形式的光伏能源（如太阳能电池），以及低能耗、高性能的光电照明设备和探测设备等变得尤为迫切。许多科学家在新型能源探索、光电转换以及先进材料和技术的研究等方面做出了巨大努力，旨在完成这一时代使命。近年来，钙钛矿材料作为一种新型半导体材料，成为光电领域的"明星"，其所展现出来的优异光电性能和已经取得的一系列研究进展为应对上述能源危机提供了新思路。

传统的钙钛矿材料以氧化钛钙或钛酸钙为代表，其化学式为 $CaTiO_3$，结构通式为 ABX_3。1839 年，Gustav Rose 发现了这种矿物，并以地质学家列夫·佩罗夫斯基（Lev Perovski）的名字将其命名为 perovskite。钙钛矿材料一般根据 A 位阳离子的属性分为两大类：有机无机杂化钙钛矿（hybrid organic-inorganic perovskites，HOIPs，其 A 位为有机阳离子或有机无机杂化阳离子）材料和全无机钙钛矿（简称无机钙钛矿，其 A 位为无机阳离子）材料。自 2009 年 HOIPs 材料首次应用于太阳能电池之后，钙钛矿材料便成为研究热点[2]，并在随后几年内取得了极为迅速的研究进展，这与其优异的光电性能分不开，如低激子结合能、高光吸收系数、长载流子扩散长度。HOIPs 材料除在光伏领域大放异彩，还可应用于其他光电领域，如发光二极管（light emitting diode，LED）、光电探测器、微激光器等。随着研究的深入，科学家发现钙钛矿器件的性能除了取决于钙钛矿材料本身的性能，还与器件制备工艺密切相关，自此进入材料合成方法与器件制备工艺相结合的"钙钛矿研究 2.0"时代。

尽管 HOIPs 材料展现出了巨大的应用潜力，但是它稳定性差的缺点限制了其进一步的发展，主要归因于其有机基团在水、热、光、空气等环境下具有不稳定性，且容易发生不可逆破坏。为解决 HOIPs 材料稳定性差的问题，国内外研究人员做了很多努力。但

---

① 中国政府网. 习近平主持召开中央财经委员会第九次会议. http://www.gov.cn/xinwen/2021-03/15/content_5593154.htm.

是 HOIPs 材料的稳定性并没有得到显著提高，这也意味着探索其他可替代的材料变得尤为重要。研究发现，HOIPs 材料中的有机阳离子是材料热稳定性不佳的根源。采用无机阳离子，如铯离子（Cs$^+$），替代有机阳离子来获得无机钙钛矿材料，可以大幅度提高材料的热稳定性[3]。经过近十年的发展，无机钙钛矿材料在太阳能电池、光电探测器、LED和晶体管等领域不断取得进步，其重大突破如图 1.1 所示。2012 年，布鲁克林学院 Chen 等报道了无机钙钛矿材料在太阳能电池领域的应用。在该电池吸光层上采用热蒸发法制备了黑色相 CsSnI$_3$ 薄膜，并在其两端分别制备了 Ti/Au 混合电极和氧化铟锡（indium tin oxide，ITO）与 CsSnI$_3$ 层以形成肖特基接触。尽管过低的并联电阻和过高的串联电阻导致器件整体光电转换效率小于 1%，但是这个工作为今后无机钙钛矿太阳能电池的飞速发展开辟了新的道路[4]。截至 2021 年，无机钙钛矿太阳能电池光电转换效率已经超过 20%[5]。无机钙钛矿材料在发光领域也展示出极大的应用潜力。2015 年，苏黎世联邦理工学院 Protesescu 等通过热注入法制备无机钙钛矿 CsPbX$_3$（X = Cl、Br、I）量子点（quantum dots，QDs）材料。该材料具有光致发光量子产率（photoluminescence quantum yield，PLQY）高（约 90%）和色域宽等非常优异的光电性能，引起学术界的广泛关注[6]。同年 8 月，南京理工大学 Song 等基于 CsPbX$_3$ 制备出无机钙钛矿量子点 LED，在电场激发下可以发出蓝、绿、黄等多种色彩，展示了无机钙钛矿量子点成为低成本显示、照明和光通信应用的新一类候选材料的潜力[7]。此外，通过调节卤素 X 的成分，在合适的激发光下，钙钛矿材料可以产生放大自发发射（amplified spontaneous emission，ASE）现象和激光特性。2015 年，Yakunin 等在无机钙钛矿量子点发光的基础上，研究了这种材料的 ASE 现象。他们发现，室温下，无机钙钛矿量子点可在整个可见光波段产生光学放大，且泵浦能量密度阈值只有（5±1）mJ/cm^2[8]。Yan 等研究了配体改性对 CsPbBr$_3$ 量子点的 ASE 性能

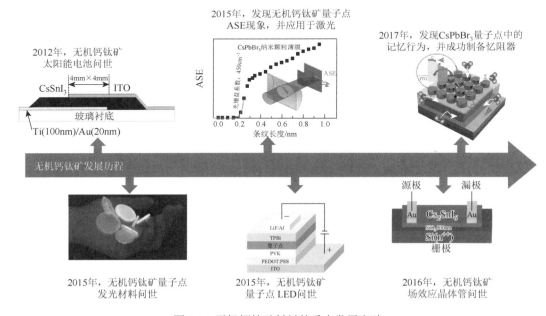

图 1.1　无机钙钛矿材料的重大发展突破

的影响：采用 2-正己基癸酸（2-hexyldecanoic acid，DA）配体改性后，激光泵浦能量密度阈值降低至 5.47μJ/cm²[9]。在晶体管和存储器方面，无机钙钛矿材料也有重要应用。2016 年，南京大学 Wang 等利用溶液法制备了基于 Cs_2SnI_6 纳米晶（nanocrystals，NCs）的场效应晶体管，显示了 p 型半导体特性，并具有高空穴迁移率[>20cm²/(V·s)]和高电流开关比（>10⁴）等优异性能[10]。2017 年，Wu 等利用 $CsPbBr_3$ 量子点制备了基于无机钙钛矿材料的忆阻器，具有电场感应双极电阻开关和记忆行为[11]。

1.2　无机钙钛矿材料的晶体结构

无机钙钛矿材料的化学结构通式为 ABX_3。其中，A 位为一价的碱金属离子（Cs^+、K^+、Rb^+、Na^+）；B 位为二价的金属离子（Pb^{2+}、Sn^{2+}、Ge^{2+}等）；X 位为一价的卤素离子（I^-、Br^-、Cl^-）。其立方相的晶体结构如图 1.2 所示[12]。钙钛矿立方相的晶体结构可以分别从 A、B 位元素的视角进行解读：①B 位原子位于 6 个 X 位原子组成的八面体体心位置，与 X 配位形成$[BX_6]^{4-}$八面体单元。同时，这些八面体单元以共点的形式在三维空间延伸，形成三维网络。A 位原子填充了这些八面体空隙。②A 位原子与 12 个 X 位原子组成$[AX_{12}]^{11-}$八面体单元，单元排列为立方密堆积结构，且 A 位原子位于八面体体心位置，B 位原子填充于密堆积原子内形成的八面体空隙。典型的无机钙钛矿材料，如 $CsPbI_3$、$CsPbBr_3$、$CsPbI_xBr_{3-x}$、$CsSnI_3$ 和 $CsSnBr_3$，都属于这一结构。该结构赋予钙钛矿材料独特的结构容忍度，这归因于八面体扭曲以及 A、B 位离子的偏移可以缓解 A—X 及 B—X 键对的不匹配度，由此产生了多种低对称性的空间群结构。Glazer 进一步归纳了 23 种八面体的扭曲形式，并基于此建立了 15 种空间群结构[13]。

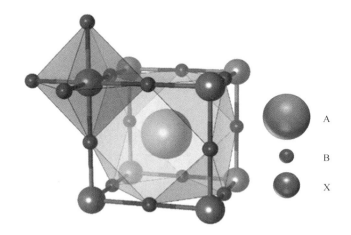

图 1.2　$CsPbX_3$ 典型晶体结构

一些无机钙钛矿材料的立方相在室温下是不稳定的。因此，人们提出了两种半经验性质的结构因子，即八面体因子（μ）和容忍因子（t），来预测钙钛矿结构的稳定性：

$$\mu = R_B / R_X \tag{1.1}$$

$$t = (R_A + R_X) / \left[\sqrt{2}(R_B + R_X) \right] \tag{1.2}$$

式中，R_A、R_B 和 R_X 分别为 A、B 和 X 位的离子半径。无机钙钛矿材料 ABX_3 中常见的各种离子及其有效离子半径如表 1.1 所示[14]。

表 1.1　无机钙钛矿材料 ABX_3 中常见的各种离子及其有效离子半径

离子位置	离子	配位数	离子半径/Å
A 位	Cs^+	6	1.69
	Na^+	6	1.02
	K^+	6	1.38
	Rb^+	6	1.52
B 位	Pb^{2+}	6	1.20
	Sn^{2+}	6	1.18
	Ge^{2+}	6	0.73
	Mn^{2+}	6	0.67
	Ca^{2+}	6	1.00
	Ba^{2+}	6	1.35
	Sr^{2+}	6	1.13
	Zn^{2+}	6	0.74
	Sb^{3+}	6	0.76
	Bi^{3+}	6	1.03
	Eu^{3+}	6	0.95
	Eu^{2+}	6	1.09
	In^{3+}	6	0.80
	Yb^{3+}	6	0.86
	Er^{3+}	6	0.88
	Ho^{3+}	6	0.94
	Tb^{3+}	6	0.92
	Sm^{3+}	6	0.96
	Ag^{3+}	6	1.15
X 位	I^-	6	2.20
	Br^-	6	1.96
	Cl^-	6	1.81

若 A 位和（或）B 位存在多种离子，则通过取其平均半径来推导其容忍因子。例如，当 B 位同时存在一价和三价阳离子时，

$$t = (R_A + R_X) / \left\{ \sqrt{2} \left[(R_B^+ + R_B^{3+}) / 2 + R_X \right] \right\} \tag{1.3}$$

这种半经验公式表明，当 $0.44 < \mu < 0.90$ 和 $0.81 < t < 1.11$ 时，ABX_3 的结构是室温下稳定的。这种半经验公式最初用于研究氧化物钙钛矿的稳定性，现在也用于预测可稳定存在的卤化物钙钛矿。其原理是基于协调网格分析及原子最密堆积 ABX_3 晶体结构的思想来

猜测合适的离子半径及其构成的钙钛矿晶格稳定性。实验结果表明，当 $0.81<t<1.13$ 时，钙钛矿晶体为三维结构。进一步细分，当 $t<0.89$ 时，钙钛矿的八面体网格会被扭曲并形成低对称性的四方相（β 相，$P4/mbm$ 空间群）和正交相（γ 相，$Pnma$ 空间群）。当 $t>1.0$ 时，钙钛矿结构被高度扭曲。当 $t>1.13$ 时，钙钛矿通常会产生具有共面八面体的层状结构。这些低维钙钛矿表现了较宽的带隙和较大的激子结合能，因此不适合用于单节钙钛矿太阳能电池。然而，它们在串联太阳能电池结构中显示了作为顶电池吸光材料的潜力，并在离子传导或铁电方面具有重要的应用价值。当 $0.89<t<1.00$ 时，钙钛矿结构为较稳定的立方相（α 相，$Pm\overline{3}m$ 空间群），这类结构的钙钛矿材料表现了优异的物理化学性能，因此广泛应用于太阳能电池、传感器等领域。

目前，典型的无机钙钛矿材料都是铅卤化合物，并与 Cs^+ 结合形成 $CsPbX_3$ 构型。其中，$CsPbI_3$、$CsPbBr_3$ 和 $CsPbCl_3$ 是三种最常见的无机钙钛矿材料。在这三种材料中，随着卤素离子的半径逐渐减小（$R_I>R_{Br}>R_{Cl}$），其钙钛矿晶格逐渐收缩，立方相的晶面间距也从 6.2Å（$CsPbI_3$）[15] 变为 5.8Å（$CsPbBr_3$）[16] 和 5.6Å（$CsPbCl_3$）[17]，如图 1.3 所示。如前所述，其他非立方相的钙钛矿材料都有部分晶格畸变，不再维持对称结构。例如，γ-$CsPbI_3$ 的晶格常数变为 $a=(8.8561\pm0.0004)$ Å，$b=(8.5766\pm0.0003)$ Å，$c=(12.4722\pm0.0006)$ Å[18]。同时，利用其他元素对 Pb^{2+} 进行替代，也会导致 $[BX_6]^{4-}$ 八面体的变化，从而影响立方相无机钙钛矿的晶格常数。但是，相比于氧化物钙钛矿，卤化物钙钛矿中 B 位金属元素的可选择范围较小。这主要是由卤素离子的两个特点导致的：①卤素离子呈 -1 价，其只能将 B 位金属离子维持于较低的氧化态；②卤素离子的半径较大，一些半径过小的 B 位金属离子无法与之配位形成稳定八面体结构[19]。

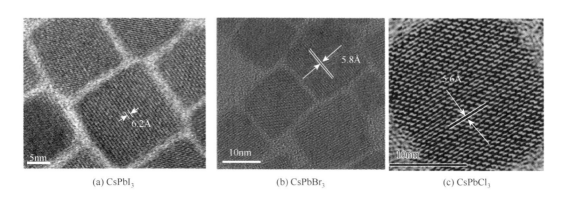

(a) $CsPbI_3$　　　　　　　　　　(b) $CsPbBr_3$　　　　　　　　　　(c) $CsPbCl_3$

图 1.3　三种常见无机钙钛矿材料的高分辨透射电镜图和晶面间距

一般来说，无机钙钛矿的晶体结构在温度和压力变化的情况下会发生连续变化。这种结构的灵活性来源于 B 位金属离子与 X 位卤素离子之间（B—X—B）的键角发生变化，如图 1.4 所示[19]。理想的立方相钙钛矿结构中，B—X—B 键角为 180°。外界刺激将会使 $[BX_6]^{4-}$ 八面体发生扭曲，从而降低整体结构的对称性。这种八面体扭曲并不会改变整体三维结构，但是 B—X—B 键角会在 150°～180° 发生变化。$CsPbBr_3$ 的 α 相到 β 相和 β 相到 γ 相的转变温度分别为 130℃ 和 88℃，并在室温下保持 γ 相的晶体结构[20, 21]。$CsPbI_3$ 的容忍因子（0.81）

和八面体因子（0.55）都很小，因此在室温下呈非钙钛矿的黄相（δ 相，$Pnma$ 空间群）。在外界温度逐渐降低的情况下，$CsPbI_3$ 会从 α 相转变为 β 相（281℃），再到 γ 相（184℃）。一旦将 γ 相的 $CsPbI_3$ 暴露于潮湿环境，会立即转变为非钙钛矿的 δ 相[22]。

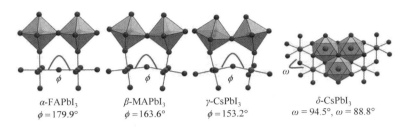

图 1.4　不同晶相结构扭曲和 B—X—B 键角变化示意图

FA 指甲脒（formamidine）；MA 指甲胺（methylamine）；ϕ 和 ω 指键角

1.3　无机钙钛矿材料的光电性能

众所周知，材料的物理结构与光电性能之间有着紧密的联系。无机钙钛矿材料的光电性能主要来源于材料本身固有的特性，如较大的光吸收系数、较长的载流子扩散长度、双极性电荷传输、较高的载流子迁移率、铁电性和导热性等。四种常见 $CsPbX_3$ 的物理性质如表 1.2 所示[23-25]。

表 1.2　四种常见 $CsPbX_3$ 的物理性质

物理性质	$CsPbI_3$	$CsPbI_2Br$	$CsPbIBr_2$	$CsPbBr_3$
立方晶格常数/Å	$a = 6.201$	$a = 6.400$	$a = 6.423$	$a = 5.874$
光学带隙/eV	1.73	1.92	2.05	2.30
激子结合能/meV	15±1①/20②	22±3	NA	33±1①/40②
载流子扩散长度/μm	1①	NA	NA	0.08①/10②
光吸收系数/cm^{-1}	>10^4	>10^4	NA	$9.8×10^4$④
载流子迁移率/[$cm^2/(V·s)$]	25①	10①	NA	>$10^3$④
介电常数	10.0①	8.6②	NA	7.3③
载流子寿命/ns	>20①或$10^4$③	14①	NA	$2×10^3$~$7×10^3$④
电子有效质量 m_e/m_0	0.43	0.37	0.38	0.38
空穴有效质量 m_h/m_0	0.26	0.25	0.24	0.24

注：①溶液法制备的多晶薄膜；②纳米晶；③热蒸发法制备的多晶薄膜；④单晶；m_e 为电子质量，m_0 为自由电子质量，m_h 为空穴质量；NA 指未给出。

1.3.1　电子结构

无机钙钛矿材料优异的光电性能（如激发态寿命、载流子复合行为、迁移率和本征载流子浓度等）以及基于这些性能的光电应用与钙钛矿材料本身独特的电子结构息息相关。具体来讲，无机钙钛矿半导体器件的光电性能受器件内部的光学跃迁和光生电荷转移等物理过程的影响。这些物理过程又由无机钙钛矿材料的导带最小值（conduction band minimum，CBM）和价带最大值（valence band maximum，VBM）所决定，即与无机钙钛矿材料的电子结构密切相关。一般来说，无机钙钛矿材料的电子结构具有三个特点：能带结构与传统Ⅲ-Ⅴ族半导体相反、严重的相对论效应及动态电子无序性。传统无机钙钛矿（ABX₃）材料的电子结构如图 1.5 所示。可以看出，传统无机钙钛矿材料属于直接带隙半导体材料，其 CBM 和 VBM 位于倒易空间的同一高对称点（R 点），两者差值即带隙（E_g）。广义上来说，无机钙钛矿材料都是直接带隙半导体材料，但是一些非中心对称的无机杂化钙钛矿能带结构存在拉什巴（Rashba）、德雷斯尔豪斯（Dresselhaus）或者 Rashba/Dresselhaus 分裂而导致能带结构发生变化，形成了间接带隙材料[26]。同时，VBM 和 CBM 本质上都是反键轨道，CBM 能够稳定存在的原因是存在强自旋轨道耦合（spin-orbit coupling，SOC）作用。由图 1.5 可以发现，VBM 是由 B 位金属离子的 $n\mathrm{s}^2$ 轨道（n 为该金属离子主量子数）和 X 位卤素离子的 $n\mathrm{p}^6$ 轨道（n 为该卤素离子主量子数）杂化而成的，其中，卤素离子轨道占主导地位。另外，CBM 的形成主要由 B 位金属离子的 $n\mathrm{p}^6$ 轨道决定，而 X 位卤素离子的 $n\mathrm{p}^6$ 轨道也对 CBM 有部分影响。同时，由于 A 位金属离子的电子态远离价带和导带位置，其电子轨道结构不会对钙钛矿材料的电子结构产生直接影响。但是，从式（1.2）中可以看出，A 位金属离子的半径可以改变钙钛矿材料的晶体结构，使其发生晶格畸变，间接影响材料的能带结构。

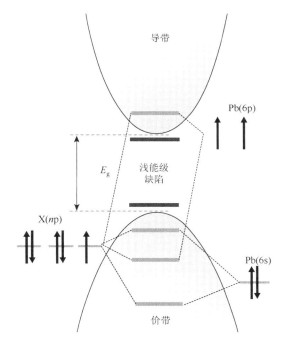

图 1.5　无机钙钛矿材料电子结构示意图

在铅卤钙钛矿 ABX₃（如 CsPbX₃）材料中，带隙是在两组反键轨道之间形成的。因此，空位形成的缺陷态是存在于导带和价带内部的，大多数为浅能级缺陷。铅卤钙钛矿量子点表面的悬键也有类似的作用，导致局部的非成键状态。无机钙钛矿材料中，大量浅能级缺陷不会对材料的光电性能造成本质上的影响，这种性能在之后的计算研究中也得到了证实[27]。铅卤钙钛矿材料与金属硫化物最重要的区别在于钙钛矿结构对反位和间隙点缺陷的形成具有较高的容忍度，而这两者都很可能形成缺陷态。

无机钙钛矿材料电子能带结构的另一个特点是导带和价带在倒易空间 R 点附近都具有类似的抛物线型（图 1.5）。因此，能量（E）和动量（k）之间的关系可以用抛物线来描述：

$$E = \frac{k^2\hbar^2}{2m^*} \qquad (1.4)$$

式中，$\hbar$ 为约化普朗克常量；m^* 为电子（或空穴）在导带（或价带）中的有效质量。对群速度（v_g）进行时间求导：

$$\frac{\partial v_g}{\partial t} = \frac{1}{\hbar}\frac{\partial^2 E}{\partial k \partial t} = a \qquad (1.5)$$

结合外力（F_{ext}）与晶格内电子的关系：

$$F_{ext} = \hbar\frac{\partial k}{\partial t} \qquad (1.6)$$

可以得到著名的电子有效质量的抛物线近似关系：

$$m^* = \frac{F_{ext}}{a} = \hbar^2\left(\frac{\partial^2 E}{\partial k^2}\right)^{-1} \qquad (1.7)$$

虽然通过抛物线近似来求解电子或空穴有效质量通常是非常有效的，但在铅卤钙钛矿和锡卤钙钛矿中，相对论效应可能会导致不可忽视的偏差。Pankove 通过计算得出，CsPbI₃ 的电子有效质量和空穴有效质量分别为 $m_e/m_0 = 0.43$ 和 $m_h/m_0 = 0.26$，其中，m_e、m_h 和 m_0 分别为电子质量、空穴质量和自由电子质量（CsPbI₂Br、CsPbIBr₂ 和 CsPbBr₃ 的电子有效质量和空穴有效质量如表 1.2 所示）。可以看出，无机钙钛矿材料的电子有效质量和空穴有效质量都比较接近，而传统的 III-V 族化合物的电子有效质量往往低于空穴有效质量，如 CdTe（$m_e/m_0 = 0.11$、$m_h/m_0 = 0.35$）和 GaAs（$m_e/m_0 = 0.07$、$m_h/m_0 = 0.50$）[28]。根据迁移率与载流子有效质量成反比的关系，可以从无机钙钛矿材料的电子结构中看出其具有平衡的（或双极性的）电子和空穴漂移/扩散长度的特性。此外，虽然无机钙钛矿材料的电子有效质量和空穴有效质量比较接近，但其空穴有效质量略低于电子有效质量，说明这类材料具有更高的空穴迁移率。Huang 和 Lambrecht 通过理论计算，利用准粒子自洽格林函数–屏蔽库仑相互作用（quasi-particle self-consistent Green function with screened Coulomb interaction，QSGW）方法获得了立方相 CsSnX₃ 的空穴有效质量。他们发现，随着卤素离子半径的增大，其相应无机钙钛矿材料的空穴有效质量呈减小趋势[29]。

无机钙钛矿材料的一些本征特性使得通过计算的方法来获得其电子结构和带隙面临

挑战。从 20 世纪 70 年代开始，大量关于无机钙钛矿材料的电子模型取得了不同程度的成功。一类基于原子轨道线性组合（linear combination of atomic orbitals，LCAO）的半经验计算方法和扩展的休克尔（Hückel）模型用于研究 $CsBX_3$（B = Pb，Sn）的电子结构，但是在计算过程中忽略了 Cs^+ 的影响[30, 31]。Hückel 模型中没有考虑反键特性，导致其准确性降低。基于 LCAO 的半经验计算方法则大大低估了 $CsSnBr_3$ 的带隙，并将这种半导体材料错误归类为半金属材料[30, 32]。相较之下，目前对于钙钛矿材料电子结构的研究大多基于密度泛函理论（density functional theory，DFT），但其准确性由于方法的不同而呈现差异，如图 1.6 所示[29]。目前来看，QSGW + SOC 是唯一可以准确预测无机钙钛矿材料电子结构的方法[29]。同时，DFT 可以对相同类型的无机钙钛矿材料的电子结构以及参数进行半定量的比较，但对于各种参数值的精确求解，则需要谨慎使用[33]。

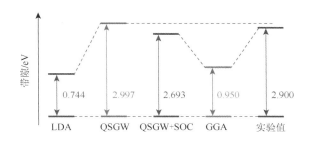

图 1.6　基于 DFT 计算得到的 $CsSnCl_3$ 带隙

LDA 指局部密度近似（local-density approximation）；GGA 指广义梯度近似（generalized gradient approximation）

1.3.2　吸收和发射光谱

通过调节 $CsPbX_3$ 的成分（主要是 B 位金属离子和 X 位卤素离子），可以实现其发射光谱在近紫外光到近红外光、整个可见光光谱范围内的连续可调。根据分子轨道理论，当卤素组分从 Cl（$3p^6$）、Br（$4p^6$）向 I（$5p^6$）改变时，这三个轨道能级逐渐降低，导致 VBM 朝着低电势方向移动。通过调节卤素，可以实现 $CsPbCl_3$ 到 $CsPbI_3$ 的转变，并会经过 $CsPb(Cl/Br)_3$ 和 $CsPb(Br/I)_3$ 等混合卤素离子钙钛矿材料的转变过程，如图 1.7（a）所示[34]。从微观上看，它们的 VBM 从–6.24eV 提升至–5.44eV，变化较大，达到 0.80eV；对应的 CBM 则出现了从–3.26eV 到–3.45eV 的微小变化（0.19eV）。从宏观上看，这种转变过程导致材料荧光发射从蓝紫色到红色的变化。Protesescu 等的研究结果表明，通过调节卤素成分，可以基本实现钙钛矿发射光谱在可见光区间内的全覆盖，例如，$CsPbX_3$（X = Cl，Br，I）量子点的发射波长可以从 410nm（X = Cl）转移到 512nm（X = Br）再到 685nm（X = I），如图 1.7（b）所示[6]。他们还证实了当 $CsPbBr_3$ 量子点的平均尺寸从 11.8nm 减小至 3.8nm 时，荧光发射峰位对应地从 512nm 蓝移至 460nm，在此过程中，吸收光谱也发生相应的蓝移。他们进一步指出，与传统未包覆的硫化物量子点相比较，未进行后处理的 $CsPbX_3$ 量子点发光非常明亮，这意味着表面的点缺陷和悬键没有形成很严重的缺陷态而影响其发光性能，故 PLQY 一般很高。

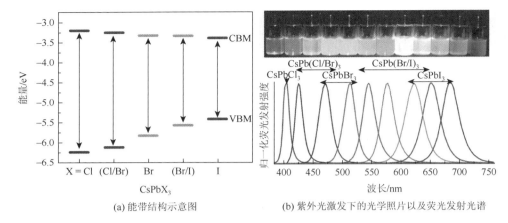

(a) 能带结构示意图　　　　　　　(b) 紫外光激发下的光学照片以及荧光发射光谱

图 1.7　卤素调节 CsPbX₃ 荧光特性

　　这种荧光发射可调特性可以用晶格收缩或膨胀来解释。无机钙钛矿材料独特的带边电子结构使其具有取值为正的形变势能（α_v）：

$$\alpha_v = \frac{\partial E_g}{\partial \ln V} > 0 \qquad (1.8)$$

式中，V 为单位体积。大量工作通过对光学特性随外界温度和压力的变化函数的探索，证明了式（1.8）的准确性[35, 36]。晶格收缩时，Pb-6s 轨道和 I-5p 轨道相互作用增强，导致反键轨道能量增加，VBM 升高。然而，由于 CBM 的非键合特性，晶格变形对其影响不大。因此，晶格收缩会导致 VBM 升高而 CBM 保持不变，从而引起钙钛矿材料吸收边红移。这与 VBM 和 CBM 分别由成键轨道和反键轨道的传统半导体所观察到的情况相反。对于 CsSnX₃，温度导致吸收和发射光谱出现位移的内在原因是晶格维度的变化，而不是电子-声子相互作用的改变[37]。

　　此外，对 Pb²⁺ 进行等价或者异价掺杂也可以调节无机钙钛矿材料的带隙以及发光性能。由于 Pb²⁺ 对无机钙钛矿材料电子结构具有独特的贡献，利用其他离子对其进行替代甚至小部分替代会对钙钛矿材料的能带结构、吸收、激子复合行为等方面产生重大影响。根据 B 位掺杂离子对无机钙钛矿材料光谱的影响，可以将其分为两大类。第一类离子包括 Sn²⁺、Cd²⁺、Zn²⁺、Sr²⁺ 和 Ni²⁺，它们共同的特点是替代 Pb²⁺ 后会出现钙钛矿晶格的膨胀或收缩，导致光谱的蓝移或者红移，如图 1.8（a）所示[38]。同时，它们的引入不会产生新的辐射复合中心或缺陷中心，并有利于无机钙钛矿材料荧光强度的提高。第二类离子包括 Bi³⁺、Mn²⁺ 和稀土元素离子。它们的引入会导致主体材料和掺杂剂之间的能量转移，从而引发荧光强度的衰减或新荧光发射峰的出现。例如，将 Bi³⁺ 引入 CsPbBr₃ 晶格中后，会在 CsPbBr₃ 带隙内引入新的缺陷态，导致荧光强度和 PLQY 急剧下降。在 CsPbCl₃ 纳米晶中掺杂 Mn²⁺ 会使其荧光光谱展宽并出现两个荧光发射峰，其中，主峰位于 600nm，而 CsPbCl₃ 本征峰位于 402nm[图 1.8（b）][39]。这种双峰现象仅存在于 CsPbCl₃ 中，对 CsPbBr₃ 和 CsPbI₃ 进行 Mn²⁺ 掺杂仅会出现荧光增强的现象。由于稀土元素具有丰富的能级，利用它们对钙钛矿进行掺杂就会使钙钛矿出现新荧光发射峰。对于 Eu³⁺ 掺杂 CsPbCl₃，激子能量会先转移至 Eu³⁺ 的较高能级，再通过非辐射复合的方式回到发射能级（⁵D₀），如图 1.8

（c）所示[40]。这种能量转移特性也在 Ce^{3+}、Sm^{3+}、Tb^{3+}、Dy^{3+}、Er^{3+} 和 Yb^{3+} 等稀土元素掺杂的钙钛矿中观察到[41]。

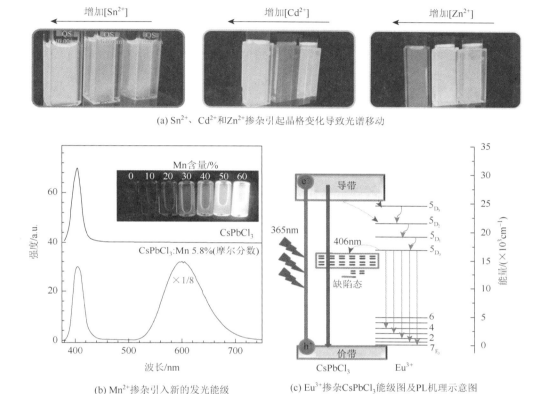

(a) Sn^{2+}、Cd^{2+} 和 Zn^{2+} 掺杂引起晶格变化导致光谱移动

(b) Mn^{2+} 掺杂引入新的发光能级　　(c) Eu^{3+} 掺杂 $CsPbCl_3$ 能级图及 PL 机理示意图

图 1.8　B 位掺杂对荧光光谱的影响

PL 指光致发光（photoluminescence）

　　钙钛矿的荧光发射半高宽（full width at half maximum，FWHM）对于发光应用是一个关键参数。在大多数报告中，荧光光谱显示在波长尺度上，其半高宽根据卤化物组分强烈变化（卤素为 Cl 的钙钛矿的半高宽为 10～12nm，而卤素为 I 的钙钛矿的半高宽达到40nm）。这主要是由于能量跃迁的波长与能量相关。事实上，钙钛矿的半高宽通常为 70～110meV，与卤化物含量没有明显关系。这些钙钛矿的半高宽极其狭窄，可与目前用于商业照明技术的 CdSe 量子点相媲美。在钙钛矿中，荧光发射半高宽主要分为两种：一是均匀展宽，这是钙钛矿材料固有的；二是非均匀展宽，它依赖于单个量子点的变化。探测量子点的吸收展宽和荧光发射半高宽展宽的起源有两种方法，即测量单个量子点或四波混频（four wave mixing）技术[42]。研究表明，对于 $CsPbX_3$ 量子点，当在室温下使用这些方法时，非均匀展宽只对总半高宽的形成起很小的作用。相反，均匀展宽主要基于电子-声子的强耦合，是半高宽展宽的主要来源。随着温度的降低，占位声子模态的数量减少，使均匀展宽也相应减小。在极低的温度下，非均匀展宽是半高宽展宽的主要来源。即使

没经过表面钝化处理，铅卤钙钛矿量子点通常表现极高的 PLQY。这些高的 PLQY 是铅卤钙钛矿材料的缺陷容忍度高的标志，归因于它们的电子结构和两个反键轨道之间形成的带隙。事实上，这一特点，加上间隙缺陷和反位缺陷需要很高的形成能，导致了占主要作用的浅能级缺陷的形成。一般而言，卤素为 Cl 的钙钛矿的 PLQY 相比卤素为 Br、I 的钙钛矿低得多，这可能是由于 Cl 的离子半径小及其对晶体结构的影响，或者是由于卤素为 Cl 的钙钛矿的缺陷不像卤素为 Br 和 I 的钙钛矿的缺陷那样浅，因此，它们可能作为电子非辐射缺陷态。

1.3.3　量子限域效应

除了组分调控（包括 B 位掺杂和卤素调控），调节钙钛矿材料荧光光谱的另一个手段是利用尺寸效应。随着纳米晶尺寸逐渐逼近甚至小于其玻尔半径（CsPbCl$_3$、CsPbBr$_3$ 和 CsPbI$_3$ 对应的玻尔半径分别为 5nm、7nm 和 12nm），其带隙也会逐渐变宽，荧光光谱则向短波长方向移动。这种效应引起的能带结构的变化可以表示为[43]

$$\Delta E = \frac{h^2\pi^2}{2m^*r^2} \tag{1.9}$$

式中，h 为普朗克常量；m^* 为电子或空穴有效质量；r 为材料晶体尺寸。

纳米材料中的量子限域效应是一种非常重要的现象。一般而言，当纳米材料的尺寸小于激子玻尔半径时，电子的平均自由程限制小，费米能级附近的电子能级由连续态分裂为分立能级，带隙增加，吸收峰和荧光发射峰都出现蓝移现象，如图 1.9 所示[43]。例如，对于 CsPbBr$_3$，其玻尔半径为 7nm。当 CsPbBr$_3$ 量子点尺寸为 4～18nm 时，其带隙变化量可达 0.4eV[图 1.10（a）][43]。除了在量子点中观察到量子限域效应，二维纳米盘材料的带隙也与其厚度有关。当其厚度小于玻尔半径时，带隙也会随着厚度发生相应变化，如图 1.10（b）所示[44]。量子限域效应除了影响材料的发光性能，还可以影响某些纳米材料的三重态能量转移特性。例如，中国科学院大连化学物理研究所 Luo 等研究发现，CsPbBr$_3$ 纳米粒与多环芳烃之间的三重态能量转移特性受纳米粒尺寸以及随之而来的量子限域效应的影响[45]。瞬态和稳态吸收光谱都表明三重态能量转移效率只发生在小尺寸且量子限域的 CsPbBr$_3$ 纳米粒上：在大尺寸的纳米晶体系里，几乎不发生三重态能量转移现象；在强量子限域的小尺寸颗粒上，三重态能量转移效率可达 99%。惠林顿维多利亚大学 Butkus 等也在不同尺寸的 CsPbBr$_3$ 纳米粒瞬态荧光和吸收光谱中观察到量子限域效应带来的变化。他们发现，当 CsPbBr$_3$ 纳米粒尺寸小于 7nm（CsPbBr$_3$ 的玻尔半径）时，强烈的量子限域效应会带来能量态离散化、带隙重正化能量变高、载流子冷却偏离玻尔兹曼统计分布等影响[43]。

钙钛矿材料的斯托克斯位移一般都比较小（2～85meV）。斯托克斯位移随着纳米材料尺寸的减小而增大。这可以通过形成一个限域孔状态来解释。这个限域孔可以在整个量子点内离域，因此，它依赖于量子点的大小。量子限域效应赋予了纳米材料（量子点等）极其独特的光学性能。光学性能优异的钙钛矿量子点材料同样具备非常明显的量子限域效应，这在无机钙钛矿材料中也得到了广泛的报道[15, 46]。近几年的研究表明，钙钛矿量子点具有 PLQY 超高和发射波长可调的性质，这主要取决于钙钛矿材料的组分元素及其平均粒径。

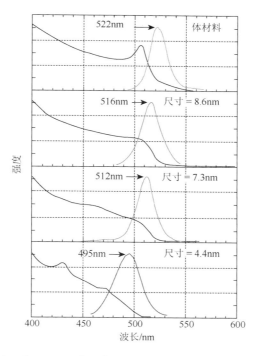

图 1.9　不同尺寸 CsPbBr$_3$ 的吸收光谱（宽谱）和瞬态荧光光谱（窄谱）

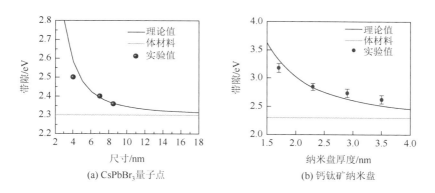

图 1.10　不同材料带隙受量子限域效应的影响

1.3.4　激子结合能

激子结合能是光电材料中最重要的参数之一，它决定了材料光生电子和空穴复合的形式：激子复合或载流子复合。无机钙钛矿材料的激子结合能与其尺寸密切相关，即激子结合能受材料量子限域效应的影响。铅卤钙钛矿中激子结合能足够小（或者玻尔半径足够大），因此可以认为它们是万尼尔–莫特（Wannier-Mott）激子。无机钙钛矿量子点材料的尺寸往往接近或者小于其玻尔半径，导致其具有很强的激子结合能，保证了这类材料的复合机制由自由激子发射主导，这也是无机钙钛矿量子点材料具有很高 PLQY 的原因之一。在无机钙钛矿量子点材料中，电子和空穴在量子限制势能的挤压下靠得更近，导致其激子半径减小，相互之间的库仑力作用增强，激子结合能变大且寿命变长。浙江大学 Li 等从吸收和发射光谱中计算出准二维 CsPbBr$_3$ 纳米盘（横向尺寸为20nm）的激子结合能为 120meV，远大于三维体材料的激子结合能（55meV）[47]。慕尼黑大学 Hintermayr 等也在钙钛矿二维纳米片（nanoplatelets，NPLs）中观察到类似现象。他们通过将埃利奥特（Elliot）模型应用于钙钛矿材料的线性吸收光谱，确定了这种纳米片材料的激子结合能高达几百毫电子伏特，是相关钙钛矿体材料的 10 倍以上[48]。他们同时指出，根据极限理论并考虑几何因素，三维材料到二维材料的转变会导致激子结合能增强 4 倍。但是，这并没有考虑二维结构的介电环境：钙钛矿中的高介电性无机层被低介电性有机配体包围，随着尺寸的减小，电子与空穴之间的静电作用被屏蔽得越来越严重。

Elliot 模型是基于二维量子阱（quantum wells，QWs）结构材料吸收光谱的拟合模型，可以计算出材料的激子结合能。一般来说，这个模型只考虑了激子和连续能带对于吸收光谱的贡献：

$$A(E) = c \cdot \alpha(E) \tag{1.10}$$

式中，$A(E)$ 为材料吸收光谱；c 为权重因子；$\alpha(E)$ 为带边激子吸收强度：

$$\alpha(E) = X(E) + \mathrm{Con}(E) \tag{1.11}$$

其中，$X(E)$ 为激子吸收光谱；$\mathrm{Con}(E)$ 为连续能带吸收光谱。它们的定义由式（1.12）和式（1.13）给出：

$$X(E) = \frac{1}{2\eta}\left[\mathrm{erf}\left(\frac{E-E_x}{w_x} - \frac{w_x}{2\eta}\right) + 1\right]\exp\left(\frac{w_x^2}{4\eta^2} - \frac{E-E_x}{\eta}\right) \tag{1.12}$$

$$\mathrm{Con}(E) = \frac{H}{2}\left[\mathrm{erf}\left(\frac{E-E_x-E_b}{w_c} - \frac{w_c}{2\eta}\right) + 1\right] \tag{1.13}$$

式中，E_x 为激子转移能量；E_b 为激子结合能；w_x 为激子峰宽；w_c 为连续带边宽度；H 为带边阶跃高度；η 为非对称展宽。

洛桑联邦理工学院 Vale 等基于 Elliot 模型计算出 CsPbBr$_3$ 纳米片的激子结合能高达350meV，远高于其他纳米片材料（120～260meV），也比 CsPbBr$_3$ 体材料激子结合能高出1 个数量级（约 40meV）[49]。具体计算数值如表 1.3 所示。

表 1.3　基于 Elliot 模型拟合 CsPbBr$_3$ 纳米片吸收光谱获得的参数（单位：eV）

参数	数值
c	$0.0186 \pm 3 \times 10^{-4}$
E_x	$2.7516 \pm 5 \times 10^{-4}$
E_b	0.350 ± 0.010

续表

参数	数值
w_x	$0.0363 \pm 5 \times 10^{-4}$
w_c	$0.317 \pm 5 \times 10^{-3}$
H	8.8 ± 0.2
η	$0.077 \pm 2 \times 10^{-3}$

钙钛矿发光材料需要较大的激子结合能来维持较高的 PLQY，但是，在光伏应用中，往往需要较小的激子结合能（几十毫电子伏特）。这意味着只需要极少的外界能量就能将钙钛矿材料中的光生载流子分离成自由移动的电子和空穴，这有利于减少能量损耗及提升电池器件性能。此外，载流子在钙钛矿薄膜两侧具有边缘效应，加速了激子的分离，使得钙钛矿体系中激子的分离时间通常在皮秒量级。

1.4　特殊无机钙钛矿材料

1.4.1　无机非铅钙钛矿

根据离子尺寸和戈尔德施密特（Goldschmidt）容忍因子定理推测，大量金属阳离子可以对 Pb^{2+} 进行有效替代，制备无毒的非铅无机钙钛矿材料。这些阳离子包括 I-IV 族元素 Sn 和 Ge；碱土金属元素 Be、Mg、Ca、Sr 和 Ba；I-V 族元素 Ti 和 Sb；过渡金属元素 V、Mn、Fe、Co、Ni、Pd、Cu、Zn、Cd 和 Hg；镧系稀土元素 Eu、Tm 和 Yb；以及 p 区元素 Ga 和 In。目前来看，比较成功的无铅钙钛矿材料主要包括无机 Sn 基、Ge 基、Cu 基以及 Bi 基和 Sb 基钙钛矿。

1. 无机 Sn 基钙钛矿

Sn^{2+} 的电子结构与 Pb^{2+} 类似，两者的离子半径也比较相近。因此，利用 Sn^{2+} 对 Pb^{2+} 进行有效替代是无机钙钛矿材料光电应用去铅化的重要手段之一。与 $CsPbX_3$ 一样，$CsSnX_3$ 也是直接带隙半导体材料，即 CBM 和 VBM 位于倒易空间的同一高对称点。与传统半导体材料（如 CdTe 和 Si）相比，无机 Sn 基钙钛矿材料的光学带隙低（吸收截止边可达 10^3nm）、载流子迁移率高[约 2000cm^2/(V·s)]、扩散长度长。在结构类型方面，$CsSnI_3$ 具有可以互相转换的四种同质多晶构型：黑色立方相（B-α 相）、黑色四方相（B-β 相）、黑色正交相（B-γ 相）和一维双链结构（Y 相）。一般来说，室温下，$CsSnI_3$ 的 γ 相是一种扭曲的钙钛矿构型，属于正交晶系的 *Pnma* 空间群。$CsSnI_3$ 具有其特定的光电性能。首先，$CsSnI_3$ 的电导率与其 Sn—I 键长和对称性有关：Sn—I 键越长，电导率越低；八面体结构越扭曲，电导率越低。其次，室温下，$CsSnI_3$ 表现 p 型半导体的性质，载流子浓度约为 10^{17}cm^{-3}，空穴迁移率约为 585cm^2/(V·s)，激子结合能约为 18meV，带隙为 1.27eV。这些性质使得 $CsSnI_3$ 十分适合作为钙钛矿太阳能电池的吸光层。同时，$CsSnX_3$ 具有与铅卤钙钛矿材料类似的能带可调性质，利用 Br^- 对 I^- 进行替代可以将材料带隙提高至 1.75eV，晶体结构也从正交相向立方相转变。

但是，$CsSnX_3$ 面临严重的稳定性问题，即 Sn^{2+} 极易氧化为 Sn^{4+}。Sn^{2+}/Sn^{4+} 的标准氧化还原电位为 +0.15eV，远低于 Pb^{2+}/Pb^{4+} 的标准氧化还原电位（+1.67eV）。这样一来，从热力学角度看，Pb^{2+} 不容易被氧化为 Pb^{4+}。无机 Pb 基钙钛矿材料的制备条件没有无机 Sn 基钙钛矿材料那么苛刻，一些无机 Pb 基钙钛矿材料的制备甚至可以在大气环境中进行。在无机 Sn 基钙钛矿体系中，Sn^{2+} 氧化为 Sn^{4+} 这一过程可以看作对无机 Sn 基钙钛矿进行 p 型掺杂。但是这种不可控的过量掺杂对光伏吸光材料的影响是负面的，会造成空间电荷区变窄、载流子迁移率变小和寿命缩短等不利影响。因此，在太阳能电池等特定的光电应用场景中，需要抑制 Sn^{2+} 的氧化。

除了控制 $CsSnX_3$ 的制备环境，在 $CsPbI_3$ 前驱体溶液中加入一些添加剂来抑制 Sn^{2+} 氧化为 Sn^{4+} 也是提高 $CsSnX_3$ 稳定性的方法之一。其中，最常见的做法是在 $CsPbI_3$ 前驱体溶液中加入部分 SnF_2，这样可以减少 Sn^{2+} 氧化后留下的 Sn 空位，从而提高光生载流子迁移率。同时，由于 F^- 的半径（1.33Å）远小于 I^- 的半径（2.20Å），F^- 无法进入 $CsSnI_3$ 晶格，并且无法对其晶相产生影响。除了加入 SnF_2，其他锡卤化合物，如 $SnCl_2$、SnI_2 和 $SnBr_2$，同样可以提高 $CsSnX_3$ 的稳定性。相关研究表明，在提高 $CsSnI_3$ 的光学吸收稳定性方面，这几种锡卤化合物的提升效果（相同添加量）满足以下关系：$SnCl_2 >$ $SnF_2 > SnBr_2 > SnI_2$。其中，没有添加锡卤化合物的 $CsSnI_3$ 的光学吸收在 30min 内下降了 70%，而加入 10%$SnCl_2$ 的 $CsSnI_3$ 的光学吸收在 30min 内仅下降 10%[50]。

如前所述，$CsSnX_3$ 优异的光电性能使得其在太阳能电池方面有着极大的应用潜力。从能带结构来看，$CsSnI_3$ 的带隙相较于 $CsPbI_3$ 更接近理想太阳能电池吸光层的带隙，其对应的理论极限能量转换效率可以达 30% 以上。但是，Sn^{2+} 氧化带来的自掺杂会引发严重的载流子复合，从而影响器件开路电压。因此，尽管基于介孔 TiO_2 电子传输层的 $CsSnI_3$ 太阳能电池短路电流密度高达 22.7mA/cm², 但是开路电压仅为 0.24V，且光电转换效率低至 2%。为了提高 $CsSnX_3$ 的性能，除了前述的抗氧化手段，利用混合卤素来进行材料的形貌和结晶控制也是一种有效方法。清华大学 Li 等利用次磷酸作为添加剂来改善 $CsSnIBr_2$ 薄膜的结晶性和 Sn 空位缺陷，在介孔结构中实现了 3.2% 的光电转换效率，且在 473K 的温度下也表现出很好的稳定性[51]。

2. 无机 Ge 基钙钛矿

无机 Ge 基钙钛矿材料与无机 Pb 基钙钛矿材料有着类似的载流子传输层和光学吸收特性。同时，理论和实验结果均证明，无机 Ge 基钙钛矿材料的带隙与卤素离子半径负相关：$CsGeI_3$、$CsGeBr_3$ 和 $CsGeCl_3$ 的带隙分别为 1.6eV、2.3eV 和 3.2eV。从带隙上看，满足单节钙钛矿电池材料要求的只有 $CsGeI_3$。理论研究也表明，$CsGeI_3$ 比 $CsPbI_3$ 具有更高的光学吸收能力和光电导率，是一种潜力很大的光电应用材料[52]。但是，无机 Ge 基钙钛矿材料面临比无机 Sn 基钙钛矿材料更严重的氧化问题。这个问题的根源是 Ge $4s^2$ 电子的离化能过低，影响了材料的稳定性和太阳能电池光电转换效率。因此，除了 $CsGeI_3$，其余无机 Ge 基钙钛矿材料在太阳能电池方面的应用前景并不乐观。

Krishnamoorthy 等报道了第一例无机 Ge 基钙钛矿太阳能电池[53]。同时，由于采用 N, N-二甲基甲酰胺（N, N-dimethylformamide，DMF）作为前驱体溶液的溶剂，钙钛矿薄膜质量得到很大改善。但是 Ge^{2+} 易氧化的问题依旧存在，导致其整体光电性能不尽如人意，光电转换效率仅为 0.11%。鉴于无机 Ge 基钙钛矿严重的稳定性问题，目前对其光电应用的开发比较缓慢，大多数研究集中在理论研究方面，并借鉴了部分有机无机杂化 Ge 基钙钛矿的经验。例如，利用 B 位合金化方法，在降低无机 Ge 基钙钛矿材料光学带隙的同时，大幅提高其稳定性。B 位合金化最常用的方法是用 Sn^{2+} 替代部分 Ge^{2+}，从而形成 Sn-Ge 合金钙钛矿材料。理论计算表明，$RbSn_{0.5}Ge_{0.5}I_3$ 不仅具有非常适合的光学带隙（1.1eV）和吸收光谱，其载流子迁移率和湿度稳定性都远远优于现有的钙钛矿材料，在光电领域有很大的应用潜力。除了利用 Sn^{2+} 掺杂，还可以使用 Si^{2+} 对 Ge^{2+} 进行部分替代，从而形成 $CsGe_{2/3}Si_{1/3}I_3$[54]。这种钙钛矿材料的光学带隙为 1.34eV，并且具有很好的热稳定性。

3. 无机 Cu 基钙钛矿

近几年，无机 Cu 基钙钛矿材料凭借其出色的光电性能、丰富的资源储备、低廉的价格和环境友好等特点，成为无机钙钛矿家族重要的分支。根据碱金属元素与卤素的比例和 Cu 的元素价态，可以将无机 Cu 基钙钛矿分为四类：$A_3B_2X_5$、AB_2X_3、A_2BX_3 和 A_2BX_4，如图 1.11 所示。从结构上看，这些碱金属卤化铜实际上不再保持经典的钙钛矿结构，但是保留了部分无机钙钛矿材料的性能，并且其衍生和发展受到金属卤化物钙钛矿的启发。因此，这种碱金属卤化铜材料也称为钙钛矿材料或者类钙钛矿材料，近几年在光电领域大放异彩。

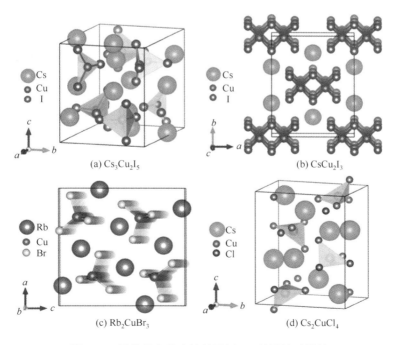

(a) $Cs_3Cu_2I_5$

(b) $CsCu_2I_3$

(c) Rb_2CuBr_3

(d) Cs_2CuCl_4

图 1.11　四种具有代表性的无机 Cu 基钙钛矿结构

$Cs_3Cu_2I_5$ 属于正交晶系的 *Pnma* 空间群，其典型结构模型如图 1.11（a）所示。在这个晶体结构中，$[Cu_2I_5]^{3-}$ 由 $[CuI_3]^{2-}$ 四面体和 $[CuI_2]^-$ 三角形构成；同时，每个 $[Cu_2I_5]^{3-}$ 又被 Cs^+ 分隔开来，形成孤立的零维结构。也有报道指出，$Cs_3Cu_2Cl_5$ 晶体隶属于 *Cmcm* 空间群，其中，Cu^+ 在两个与 Cl^- 配位的位点上扭曲排列。正是基于这种特殊的晶体结构，$Cs_3Cu_2Cl_5$ 绿光发射 PLQY（约 100%）和载流子寿命远远高于 $Cs_3Cu_2Br_5$ 和 $Cs_3Cu_2I_5$。$CsCu_2X_3$ 属于正交晶系的 *Cmcm* 空间群，如图 1.11（b）所示。其中，共边的 $[Cu_2X_3]^-$ 阴离子链被 Cs^+ 隔开，形成一维带状结构。正是基于这种特殊的一维结构，$CsCu_2X_3$ 具有许多独特的光电性能。A_2CuX_3（A = K，Rb；X = Cl，Br）是一类同构型化合物，其隶属于正交晶系的 *Pnma* 空间群，如图 1.11（c）所示。其中，被 K^+（或 Rb^+）隔开的一维 $[CuX_3]^{2-}$ 阴离子链由共点的 $[CuX_4]^{3-}$ 四面体沿 *b* 轴延伸得到。Cs_2CuX_4（X = Cl，Br）是这四种常见结构中唯一呈现 Cu^{2+} 的钙钛矿材料，如图 1.11（d）所示。它同样属于正交晶系的 *Pnma* 空间群。但是，Cs_2CuCl_3Br 由于 Br^- 的加入引起 $[CuCl_6]^{4-}$ 八面体的扭曲，从而形成四方晶系的 I_4/mmm 空间群。除了上述四种常见无机 Cu 基钙钛矿材料，人们成功开发了另外一种混合卤素的无机 Cu 基钙钛矿材料——$Cs_5Cu_3Cl_6I_2$。$Cs_5Cu_3Cl_6I_2$ 属于正交晶系的 *Cmcm* 空间群（a = 16.896Å，b = 9.1399Å，c = 14.033Å），包含 $[Cu_3Cl_6I_2]_n^{5n-}$ 链状结构和实现电荷平衡的 Cs^+。$[Cu_3Cl_6I_2]_n^{5n-}$ 是一个锯齿状的长链结构，其一个顶点通过 I^- 与 $[CuCl_2I_2]_2^{6-}$ 单元或者 $[CuCl_2I_2]^{3-}$ 单元相连[55]。

无机 Cu 基钙钛矿材料具有优异的荧光性能（表 1.4），因此在 LED 中得到广泛的关注。其中，$Cs_3Cu_2I_5$ 单晶的荧光发射峰位于 445nm，PLQY 高达 91%，在白光和蓝光 LED 中具有很大的应用潜力。此外，如果半径较大的 I^- 用半径更小的 Cl^- 来替代，那么荧光发射峰将会出现明显的红移，正好与无机 Pb 基钙钛矿的荧光发射峰移动的方向相反（蓝移）。这个现象产生的原因主要是无机 Cu 基钙钛矿和无机 Pb 基钙钛矿荧光产生方式不同。前者是由零维结构中的电荷局域引发的自限域激子发射，后者则产生于能带与能带之间的辐射复合。蓝光发射的零维 $Cs_3Cu_2I_5$ 除了在 LED 方面有很好的应用，还可以作为激光直写技术中的荧光墨水来绘制图案，并应用于光学加密系统。$CsCu_2X_3$ 的荧光发射范围位于绿光至黄光波段。尽管其 PLQY 一般较低，但出色的稳定性还是使其在显示和发光领域占有一席之地。三维 Cs_2CuBr_4 可以充当锂电池的阳极材料，电池容量高达 420mA·h/g，且性能在 1400 个恒流充放电实验后依旧保持不变，表现了很好的工作稳定性[56]。

表 1.4　常见无机 Cu 基钙钛矿材料发光性能和维度比较

材料	荧光激发/发射波长/nm	稳态荧光寿命	PLQY/%	维度
K_2CuCl_3	291/392	NA	97%	1
K_2CuBr_3	296/388	NA	55%	1
Rb_2CuCl_3	300/400	NA	100%	1
Rb_2CuBr_3	300/385	NA	98.6%	1
$CsCu_2Cl_3$	NA	NA	NA	1
$CsCu_2Br_3$	NA	NA	NA	1
$CsCu_2I_3$	334/570	71ns，1μs	15.7%	1

材料	荧光激发/发射波长/nm	稳态荧光寿命	PLQY/%	维度
Cs_2CuCl_4	NA/394~474	40ns，160ns	51.8%	NA
Cs_2CuBr_4	NA/410~466	43ns，137ns	37.5%	NA
$Cs_3Cu_2Cl_5$	310/525	NA	60%	0
$Cs_3Cu_2Br_5$	298/455	NA	10%	0
$Cs_3Cu_2I_5$	294~310/436~445	1.2μs	91%	0

4. 无机 Bi 基钙钛矿和无机 Sb 基钙钛矿

在化学元素周期表中位于 Pb 附近的 I-V 族金属元素锑（Sb）和铋（Bi）具有与 Pb 类似的电子结构和离子半径，可以很容易地进入无机 Pb 基钙钛矿晶格中，对 Pb^{2+} 进行有效替代并形成零维或二维结构。因此，基于这种三价金属的无机钙钛矿材料[$A_3M_2X_9$（A = Cs；M = Sb，Bi；X = I，Cl，Br）]凭借其无毒和稳定性高等优势，也逐渐崭露头角。$A_3Bi_2X_9$ 的晶体结构根据 AX_3 排列方式主要可以分为两类，即立方紧密排列构型或六方紧密排列构型。特别地，对于零维 $Cs_3Bi_2I_9$，共面的[BiX_6]$^{3-}$ 八面体形成孤立的[Bi_2X_9]$^{3-}$ 结构。相比较之下，$K_3Bi_2I_9$ 和 $Rb_3Bi_2I_9$ 由于存在空位（□），仅有 2/3 的 Bi^{3+} 与 X^- 结合形成[BiX_6]$^{3-}$ 八面体结构，最终成为 $K(Bi_{2/3}\square_{1/3})I_3$ 和 $Rb(Bi_{2/3}\square_{1/3})I_3$ 立方结构。正是这种结构上的差异，导致 $Cs_3Bi_2I_9$、$K_3Bi_2I_9$ 和 $Rb_3Bi_2I_9$ 在能级结构和光电性能上有较大差异。类似地，无机 Sb 基钙钛矿材料一般具有二维结构并包含 Sb^{3+}-X^- 基本单元。例如，$Cs_3Sb_2I_9$ 和 $Rb_3Sb_2I_9$ 都是由共点的[SbX_6]$^{3-}$ 八面体和孤立的碱金属离子组成的。除了 $Cs_3Bi_2I_9$ 具有零维结构，其余无机 Sb 基钙钛矿材料和无机 Bi 基钙钛矿材料均是二维结构。

如前所述，三价金属钙钛矿材料基本都是低维材料，在光吸收性能方面由于光学带隙宽和激子结合能高等原因无法与三维钙钛矿材料相提并论。因此，业内提出用一价金属离子和 Sb^{3+} 或 Ti^{3+} 共同替代 Pb^{2+} 来制备三维双钙钛矿材料 $A_2MM'X_6$（A = Cs；M = Ag，Au，Cu；M' = Ti，Sb；X = I，Cl，Br）。例如，在这种双钙钛矿晶体结构中，Ag^+ 占据前述的空位，$Cs_2AgBiBr_6$ 能够以立方体形式紧密排列，同时，Br—Ag—Br 键角呈理想的 180°。此外，$Cs_2AgBiBr_6$ 晶体结构的轻微扭曲以及电子和空穴的位置关系使得它的载流子有效质量（$m_e^* = 0.34$，$m_h^* = -0.23$）和激子结合能（86meV）都处于适合光电应用的水平。

1.4.2　低维无机钙钛矿

从材料的形貌维度上，一般可以将无机钙钛矿材料分为三维无机钙钛矿和低维（二维、一维和零维）无机钙钛矿两大类。在低维无机钙钛矿中，零维结构一般包括量子点、纳米晶、纳米粒；一维结构一般包括纳米线（nanowires，NWs）和纳米棒（nanorods，NRs）；二维结构则包括纳米片和纳米盘。相比于三维结构，低维无机钙钛矿一般以单晶的形式制备，它们往往具有较高的结晶度。因此，低维无机钙钛矿具有更少的离子缺陷和晶界缺陷，相关光电器件的电流迟滞和稳定性都处于较好的水平。同时，由于低维无机钙钛矿往往具有更大的比表面积和各向异性，它们的电荷传输行为可以通过调整表面状态和电荷传输方向来进行最大限度的优化。另外，低维无机钙钛矿往往只具有原子级别的厚度，在柔性以及可穿戴领域有着巨大的应用潜力。

由于量子尺寸效应的存在，低维无机钙钛矿材料表现了独特的光电性能，其中最重要的性质就是态密度关于其维度的函数，如图 1.12 所示[57]。三维体材料的态密度 $D(E)$ 正比于带隙 E 的 1/2 次方；二维材料的态密度与单个量化态带隙 E^0 有关；一维材料的态密度与单个量化态带隙 E^0 的 $-1/2$ 次方有关；零维材料的态密度则是一个 δ 函数。一般来说，这些材料的带隙还与原子数有关：原子数越少，带隙越大。正是由于量子限域效应，低维无机钙钛矿纳米材料表现了独特的光电性能，如 PLQY 高、光学带隙宽等。

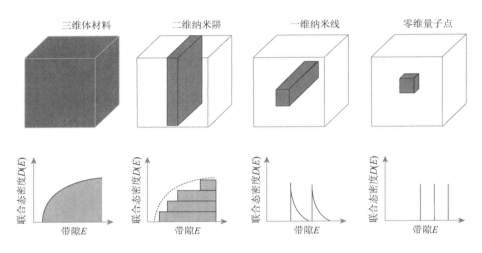

图 1.12　不同维度低维无机钙钛矿材料中的量子尺寸效应

1. 零维无机钙钛矿

零维无机钙钛矿材料（包括纳米晶、量子点、纳米粒等）由于其优异的光电性能和简单的制备方法而引起广泛关注。同时，这种低维材料还具有尺寸可调（一般从几纳米到几十纳米）、高吸收系数和多重激子发射等优点。因此，零维无机钙钛矿材料广泛用于太阳能电池、LED、光电探测和光催化等领域。与零维 HOIPs 材料相比，零维无机钙钛矿材料还具有缺陷容忍度高的特点，相关器件的重复性和稳定性都得到了很大提高。

2015 年，Song 等首次将 CsPbX$_3$ 量子点作为发光层应用在电致发光（electroluminescence，EL）LED 中[7]。当加正向电压时，载流子进入钙钛矿层，产生辐射复合而发光。随着研究的不断深入，不同卤素量子点构成的 LED 的外量子效率（external quantum efficiency，EQE）进一步提高，LED 器件的各项性能指标得到优化。电驱动几乎不改变光学的优越特性，包括高色纯度、宽色域和稳定的光谱。在技术层面，薄膜沉积的相容性是成功制造钙钛矿量子点的关键因素。基于铅卤钙钛矿量子点的 LED 在发光效率方面已经取得重大进展，但是其器件工作稳定性差的问题一直存在，这使得这一尖端显示技术的发展前景充满了不确定性。如果可以抑制外加电场带来的离子迁移效应，器件的稳定性会得到显著提高。所有关于 EL 特性方面的担忧，如载流子输运和注入、薄膜形态与相容性相关技术问题，都可以得到很好的解决。

2. 一维无机钙钛矿

一维材料具有线性偏振光发射、激光泵浦能量密度阈值低和电荷传输能力强等优点，在液晶显示（liquid crystal display，LCD）、激光、太阳能电池和光催化等方面具有非常好的应用前景。一维无机钙钛矿材料通常包括纳米线和纳米棒两种结构[58]，如图 1.13 所示。以 $CsPbX_3$ 纳米棒为例，其制备方法通常包括湿化学法、衬底辅助生长法和阴离子交换反应法等。在湿化学法中，通常需要一些表面活性剂或配体来约束 $CsPbX_3$ 纳米棒的各向异性生长。油酸（oleic acid，OA）和油胺（oleylamine，OAm）是制备无机钙钛矿量子点的重要配体。同时，两者的比例对于调控无机钙钛矿的维度至关重要。当溶液中 OAm 比例过高时，这种长碳链的有机分子会大量附着在钙钛矿单体上，阻止其进一步垂直生长，从而形成二维纳米片；相反地，如果溶液中加入少量 OAm，那么部分表面形核位点将被钙钛矿单体覆盖，从而形成纳米棒或者纳米晶。可以看出，这种维度控制的过程是通过控制配体与钙钛矿纳米晶表面接触来实现的，即无机钙钛矿取向生长往往发生在表面配体较少或者结合能较低的位点。除了 OAm，其他有机铵盐，如辛胺、癸胺、十六烷基胺等，也可以用作控制钙钛矿纳米晶择优生长的配体和表面活性剂。此外，湿化学法制备 $CsPbX_3$ 纳米棒还包括化学剪裁和相转换控制这两种方式。与湿化学法不同，衬底辅助生长法不需要借助配体和表面活性剂，仅通过改变衬底状态或者控制结晶过程即可获得 $CsPbX_3$ 纳米棒。

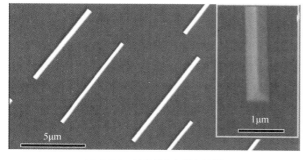
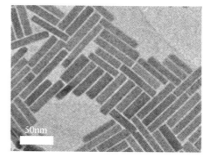

(a) $CsPbBr_3$ 纳米线的扫描电镜图　　　　　　　　　　(b) $CsPbBr_3$ 纳米棒的透射电镜图

图 1.13　一维 $CsPbBr_3$ 的形貌

半导体纳米棒材料最重要的一个特点就是线性偏振光发射。纳米棒体系的偏振光发射来源于激子的基态（即带尾态），因此，基态波函数的对称性对发射光的偏振度有很大的影响。在球状的零维量子点体系中，由于最低的两重激发态具有对称性，其发射光的偏振方向局限于 xy 平面内。纳米棒的激发态与其比表面积有很大关系。因此，改变纳米棒的比表面积，可以实现发射光偏振态的大幅度改变。

3. 二维无机钙钛矿

相较于三维无机钙钛矿材料，二维无机钙钛矿材料具有稳定性高、量子限域效应强、光学带隙宽、可柔性化等特点，在 LED、激光、太阳能电池等领域受到广泛关注。从结构上看，二维钙钛矿材料可以分为三大类：鲁德尔斯登-波普尔（Ruddlesden-Popper）构型、迪翁-雅各布森（Dion-Jacobson）构型和层间阳离子交替构型（这种构型常见于二维 HOIPs 中）。对于卤化物无机钙钛矿材料，当它们的形貌接近原子量级（纳米片、纳米盘和纳米板）时，二维量子阱与顶层、底层之间的电子耦合便会出现。这种量子限域效应使得纳米片的荧光发射波长的改变可以通过调节纳米片厚度来实现。

上面提到，可以通过改变溶液中 OA 和 OAm 的比例来获得 $CsPbBr_3$ 纳米线或者纳米片。相比于 $CsPbBr_3$ 其他纳米结构，$CsPbBr_3$ 纳米片具有一些特别的光学性能。例如，吸收截止边位于 508nm 且 PL 峰位为 510nm（$CsPbBr_3$ 薄膜的 PL 峰位约为 540nm）。同时，二维无机钙钛矿材料通常具有平面单晶形貌，表面缺陷态更少，在面内具有更好的载流子传输特性。

通过配体辅助的方法，可以实现形貌和厚度可控的二维无机钙钛矿的大规模制备，其间需要严格控制制备温度。Bekenstein 等指出，当制备温度为 90℃时，获得的纳米片厚度较小，且 PL 呈蓝色；当制备温度为 130℃时，得到厚度一般且 PL 呈青色的纳米片；当制备温度提高至 150℃时，纳米片厚度进一步增加，形成对称块状纳米立方体，PL 呈绿色，如图 1.14 所示[59]。如果采用长链羧酸和短链胺类配体，可以减弱制备温度对纳米片形貌的制约，在 170℃下也能获得纳米片。这类有机配体有助于改善体系的分散性和稳定性，从而对晶体的生长动力学产生影响。例如，当采用长、短链配体制备 $CsPbX_3$ 纳米片时，改变两者比例，可以实现纳米片边长的变化。通过这种配体改性制备出来的 $CsPbX_3$ 纳米片具有极高的均匀性，且纳米片之间以阵列形式规则排布。这种二维钙钛矿薄膜具有极强的极化特性，对偏振光十分敏感且响应度高，在相关领域有很高的应用价值。

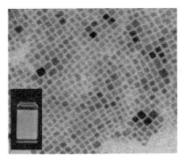  

(a) 150℃下，生成尺寸为8~10nm 发绿光的纳米立方体　(b) 130℃下，生成边长约20nm、厚度约3nm发青光的纳米片　(c) 90℃下，生成边长为几百纳米发蓝光的纳米片

图 1.14　制备温度对 $CsPbBr_3$ 纳米片形貌和厚度的影响

扫一扫　看彩图

4. 维度转换

无机钙钛矿材料家族中,与 $CsPbX_3$ 结构不同的材料有很多种类,如已经被很多课题组成功合成的 $CsPb_2X_5$ 和 Cs_4PbX_6 [60-63]。尽管化合物中元素组成都是一样的,但是它们呈现出完全不同的晶体结构。例如,$CsPbX_3$ 是三维材料;$CsPb_2X_5$ 是二维纳米片材料;Cs_4PbX_6 是零维量子点材料。与 $CsPbX_3$ 相比,Cs_4PbX_6 展现完全解耦状态,Cs^+ 填充四个相邻的 $[PbX_6]^{4-}$ 八面体空间。对 $CsPb_2X_5$ 而言,$[PbX_6]^{4-}$ 八面体与 $[PbX_8]^{6-}$ 帽状三角形棱柱形成亚稳态四方结构,表现为由 Cs^+ 嵌入 $[Pb_2X_5]^-$ 层而成的三明治结构。在一定条件下,无机钙钛矿的结构可以相互转化,这主要与特定的化学反应条件有关。一般认为,Cs_4PbX_6 量子点是一种含 Pb 比较少的钙钛矿材料,可以用过量的 PbX_2 处理 Cs_4PbX_6 量子点来获得 $CsPbX_3$ 量子点。在此基础上,用过量的胺处理 $CsPbX_3$ 量子点后,可以将 $CsPbX_3$ 量子点转化为 Cs_4PbX_6 量子点[62]。相应地,可以把 Cs_4PbX_6 定义为富 CsX 结构材料。Cs_4PbX_6 量子点在水中溶解度高,经水处理后,CsX 溶出,可以转化为高发光效率的 $CsPbX_3$ 纳米粒。另外,$CsPbX_3$ 量子点通过双十二烷基二甲基溴化铵(didodecyl dimethylammonium bromide,DDAB)配体处理后,可以转换为 $CsPb_2X_5$ 纳米片[64]。此外,Cs-Pb-Br 体系的结构和形态维度还取决于添加配体的浓度、密度和空间体积。

参 考 文 献

[1] Sun Y,Giebink N C,Kanno H,et al. Management of singlet and triplet excitons for efficient white organic light-emitting devices[J]. Nature,2006,440(7086):908-912.

[2] Kojima A,Teshima K,Shirai Y,et al. Organometal halide perovskites as visible-light sensitizers for photovoltaic cells[J]. Journal of the American Chemical Society,2009,131(17):6050-6051.

[3] Kulbak M,Gupta S,Kedem N,et al. Cesium enhances long-term stability of lead bromide perovskite-based solar cells[J]. Journal of Physical Chemistry Letters,2016,7(1):167-172.

[4] Chen Z,Wang J J,Ren Y,et al. Schottky solar cells based on $CsSnI_3$ thin-films[J]. Applied Physics Letters,2012,101(9):093901.

[5] Yoon S M,Min H,Kim J B,et al. Surface engineering of ambient-air-processed cesium lead triiodide layers for efficient solar cells[J]. Joule,2021,5(1):183-196.

[6] Protesescu L,Yakunin S,Bodnarchuk M I,et al. Nanocrystals of cesium lead halide perovskites($CsPbX_3$,X = Cl,Br,and I):Novel optoelectronic materials showing bright emission with wide color gamut[J]. Nano Letters,2015,15(6):3692-3696.

[7] Song J,Li J,Li X,et al. Quantum dot light-emitting diodes based on inorganic perovskite cesium lead halides($CsPbX_3$)[J]. Advanced Materials,2015,27(44):7162-7167.

[8] Yakunin S,Protesescu L,Krieg F,et al. Low-threshold amplified spontaneous emission and lasing from colloidal nanocrystals of caesium lead halide perovskites[J]. Nature Communications,2015,6(1):8056.

[9] Yan D,Shi T,Zang Z,et al. Stable and low-threshold whispering-gallery-mode lasing from modified $CsPbBr_3$ perovskite quantum dots@SiO$_2$ sphere[J]. Chemical Engineering Journal,2020,401:126066.

[10] Wang A,Yan X,Zhang M,et al. Controlled synthesis of lead-free and stable perovskite derivative Cs_2SnI_6 nanocrystals via a facile hot-injection process[J]. Chemistry of Materials,2016,28(22):8132-8140.

[11] Wu Y,Wei Y,Huang Y,et al. Capping $CsPbBr_3$ with ZnO to improve performance and stability of perovskite memristors[J]. Nano Research,2017,10(5):1584-1594.

[12]　Seok S I，Guo T F. Halide perovskite materials and devices[J]. MRS Bulletin，2020，45（6）：427-430.

[13]　Glazer A M. Simple ways of determining perovskite structures[J]. Acta Crystallographica Section A，1975，31（6）：756-762.

[14]　Ning W，Gao F. Structural and functional diversity in lead-free halide perovskite materials[J]. Advanced Materials，2019，31（22）：1900326.

[15]　Swarnkar A，Marshall A R，Sanehira E M，et al. Quantum dot-induced phase stabilization of α-CsPbI$_3$ perovskite for high-efficiency photovoltaics[J]. Science，2016，354（6308）：92-95.

[16]　Rana P J S，Swetha T，Mandal H，et al. Energy transfer dynamics of highly stable Fe^{3+} doped CsPbCl$_3$ perovskite nanocrystals with dual-color emission[J]. Journal of Physical Chemistry C，2019，123（27）：17026-17034.

[17]　Xia J，Lu S，Lei L，et al. Uncovering the microscopic mechanism of incorporating Mn^{2+}ions into CsPbCl$_3$ crystal lattice[J]. Journal of Materials Chemistry C，2019，7（36）：11177-11183.

[18]　Sutton R J，Filip M R，Haghighirad A A，et al. Cubic or orthorhombic? Revealing the crystal structure of metastable black-phase CsPbI$_3$ by theory and experiment[J]. ACS Energy Letters，2018，3（8）：1787-1794.

[19]　Stoumpos C C，Kanatzidis M G. The renaissance of halide perovskites and their evolution as emerging semiconductors[J]. Accounts of Chemical Research，2015，48（10）：2791-2802.

[20]　Møller C K. Crystal structure and photoconductivity of cæsium plumbohalides[J]. Nature，1958，182（4647）：1436.

[21]　Stoumpos C C，Malliakas C D，Peters J A，et al. Crystal growth of the perovskite semiconductor CsPbBr$_3$：A new material for high-energy radiation detection[J]. Crystal Growth & Design，2013，13（7）：2722-2727.

[22]　Tian J，Xue Q，Yao Q，et al. Inorganic halide perovskite solar cells：Progress and challenges[J]. Advanced Energy Materials，2020，10（23）：2000183.

[23]　Chen H，Li M，Wang B，et al. Structure，electronic and optical properties of CsPbX$_3$ halide perovskite：A first-principles study[J]. Journal of Alloys and Compounds，2021，862：158442.

[24]　Ouedraogo N A N，Chen Y，Xiao Y Y，et al. Stability of all-inorganic perovskite solar cells[J]. Nano Energy，2019，67：104249.

[25]　Chen Y，Shi T，Liu P，et al. The distinctive phase stability and defect physics in CsPbI$_2$Br perovskite[J]. Journal of Materials Chemistry A，2019，7（35）：20201-20207.

[26]　Even J. Pedestrian guide to symmetry properties of the reference cubic structure of 3D all-inorganic and hybrid perovskites[J]. Journal of Physical Chemistry Letters，2015，6（12）：2238-2242.

[27]　ten Brinck S，Infante I. Surface termination，morphology，and bright photoluminescence of cesium lead halide perovskite nanocrystals[J]. ACS Energy Letters，2016，1（6）：1266-1272.

[28]　Pankove J I. Optical Processes on Semiconductors[M]. New York：Dover Publication，1971.

[29]　Huang L，Lambrecht W R L. Electronic band structure，phonons，and exciton binding energies of halide perovskites CsSnCl$_3$，CsSnBr$_3$，and CsSnI$_3$[J]. Physical Review B，2013，88（16）：165203.

[30]　Parry D E，Tricker M J，Donaldson J D. The electronic structure of CsSnBr$_3$ and related trihalides：Studies using XPS and band theory[J]. Journal of Solid State Chemistry，1979，28（3）：401-408.

[31]　Fröhlich D，Heidrich K，Künzel H，et al. Cesium-trihalogen-plumbates a new class of ionic semiconductors[J]. Journal of Luminescence，1979，18-19：385-388.

[32]　Lefebvre I，Lippens P E，Lannoo M，et al. Band structure of CsSnBr$_3$[J]. Physical Review B，1990，42（14）：9174-9177.

[33]　Manser J S，Christians J A，Kamat P V. Intriguing optoelectronic properties of metal halide perovskites[J]. Chemical Reviews，2016，116（21）：12956-13008.

[34]　Ravi V K，Markad G B，Nag A. Band edge energies and excitonic transition probabilities of colloidal CsPbX$_3$（X = Cl，Br，I）perovskite nanocrystals[J]. ACS Energy Letters，2016，1（4）：665-671.

[35]　Dittrich T，Awino C，Prajongtat P，et al. Temperature dependence of the band gap of CH$_3$NH$_3$PbI$_3$ stabilized with PMMA：A modulated surface photovoltage study[J]. Journal of Physical Chemistry C，2015，119（42）：23968-23972.

[36]　Matsuishi K，Ishihara T，Onari S，et al. Optical properties and structural phase transitions of lead-halide based

inorganic-organic 3D and 2D perovskite semiconductors under high pressure[J]. Physica Status Solidi（B），2004，241（14）：3328-3333.

[37]　Yu C，Chen Z，Wang J，et al. Temperature dependence of the band gap of perovskite semiconductor compound $CsSnI_3$[J]. Journal of Applied Physics，2011，110（6）：063526.

[38]　van der Stam W，Geuchies J J，Altantzis T，et al. Highly emissive divalent-ion-doped colloidal $CsPb_{1-x}M_xBr_3$ perovskite nanocrystals through cation exchange[J]. Journal of the American Chemical Society，2017，139（11）：4087-4097.

[39]　Zou S，Liu Y，Li J，et al. Stabilizing cesium lead halide perovskite lattice through Mn（Ⅱ）substitution for air-stable light-emitting diodes[J]. Journal of the American Chemical Society，2017，139（33）：11443-11450.

[40]　Pan G，Bai X，Yang D，et al. Doping lanthanide into perovskite nanocrystals：Highly improved and expanded optical properties[J]. Nano Letters，2017，17（12）：8005-8011.

[41]　Xu L，Yuan S，Zeng H，et al. A comprehensive review of doping in perovskite nanocrystals/quantum dots：Evolution of structure，electronics，optics，and light-emitting diodes[J]. Materials Today Nano，2019，6：100036.

[42]　Bohn B J，Simon T，Gramlich M，et al. Dephasing and quantum beating of excitons in methylammonium lead iodide perovskite nanoplatelets[J]. ACS Photonics，2018，5（2）：648-654.

[43]　Butkus J，Vashishtha P，Chen K，et al. The evolution of quantum confinement in $CsPbBr_3$ perovskite nanocrystals[J]. Chemistry of Materials，2017，29（8）：3644-3652.

[44]　Wang Q，Liu X D，Qiu Y H，et al. Quantum confinement effect and exciton binding energy of layered perovskite nanoplatelets[J]. AIP Advances，2018，8（2）：025108.

[45]　Luo X，Lai R，Li Y，et al. Triplet energy transfer from $CsPbBr_3$ nanocrystals enabled by quantum confinement[J]. Journal of the American Chemical Society，2019，141（10）：4186-4190.

[46]　Wang Y，Tu J，Li T，et al. Convenient preparation of $CsSnI_3$ quantum dots，excellent stability，and the highest performance of lead-free inorganic perovskite solar cells so far[J]. Journal of Materials Chemistry A，2019，7：7683-7690.

[47]　Li J，Luo L，Huang H，et al. 2D behaviors of excitons in cesium lead halide perovskite nanoplatelets[J]. Journal of Physical Chemistry Letters，2017，8（6）：1161-1168.

[48]　Hintermayr V A，Richter A F，Ehrat F，et al. Tuning the optical properties of perovskite nanoplatelets through composition and thickness by ligand-assisted exfoliation[J]. Advanced Materials，2016，28（43）：9478-9485.

[49]　Vale B R C，Socie E，Burgos-Caminal A，et al. Exciton，biexciton，and hot exciton dynamics in $CsPbBr_3$ colloidal nanoplatelets[J]. Journal of Physical Chemistry Letters，2020，11（2）：387-394.

[50]　Marshall K P，Walker M，Walton R I，et al. Enhanced stability and efficiency in hole-transport-layer-free $CsSnI_3$ perovskite photovoltaics[J]. Nature Energy，2016，1（12）：16178.

[51]　Li W Z，Li J W，Li J L，et al. Addictive-assisted construction of all-inorganic $CsSnIBr_2$ mesoscopic perovskite solar cells with superior thermal stability up to 473K[J]. Journal of Materials Chemistry A，2016，4（43）：17104-17110.

[52]　Roknuzzaman M，Ostrikov K，Wang H，et al. Towards lead-free perovskite photovoltaics and optoelectronics by ab-initio simulations[J]. Scientific Reports，2017，7（1）：14025.

[53]　Krishnamoorthy T，Ding H，Yan C，et al. Lead-free germanium iodide perovskite materials for photovoltaic applications[J]. Journal of Materials Chemistry A，2015，3（47）：23829-23832.

[54]　Liu D，Li Q，Jing H，et al. First-principles modeling of lead-free perovskites for photovoltaic applications[J]. Journal of Physical Chemistry C，2019，123（6）：3795-3800.

[55]　Li J，Inoshita T，Ying T，et al. A highly efficient and stable blue-emitting $Cs_5Cu_3Cl_6I_2$ with a 1D chain structure[J]. Advanced Materials，2020，32（37）：2002945.

[56]　Pandey P，Sharma N，Panchal R A，et al. Realization of high capacity and cycling stability in Pb-free A_2CuBr_4（A = CH_3NH_3/Cs，2D/3D）perovskite-based Li-ion battery anodes[J]. ChemSusChem，2019，12（16）：3742-3746.

[57]　Katan C，Mercier N，Even J. Quantum and dielectric confinement effects in lower-dimensional hybrid perovskite semiconductors[J]. Chemical Reviews，2019，119（5）：3140-3192.

[58]　Tong Y，Bohn B J，Bladt E，et al. From precursor powders to CsPbX$_3$ perovskite nanowires：One-pot synthesis，growth mechanism，and oriented self-assembly[J]. Angewandte Chemie，2017，56（44）：13887-13892.

[59]　Bekenstein Y，Koscher B A，Eaton S W，et al. Highly luminescent colloidal nanoplates of perovskite cesium lead halide and their oriented assemblies[J]. Journal of the American Chemical Society，2015，137（51）：16008-16011.

[60]　Wu L，Hu H，Xu Y，et al. From nonluminescent Cs$_4$PbX$_6$（X＝Cl，Br，I）nanocrystals to highly luminescent CsPbX$_3$ nanocrystals：Water-triggered transformation through a CsX-stripping mechanism[J]. Nano Letters，2017，17（9）：5799-5804.

[61]　Akkerman Q A，Park S，Radicchi E，et al. Nearly monodisperse insulator Cs$_4$PbX$_6$（X＝Cl，Br，I）nanocrystals，their mixed halide compositions，and their transformation into CsPbX$_3$ nanocrystals[J]. Nano Letters，2017，17（3）：1924-1930.

[62]　Liu Z，Bekenstein Y，Ye X，et al. Ligand mediated transformation of cesium lead bromide perovskite nanocrystals to lead depleted Cs$_4$PbBr$_6$ nanocrystals[J]. Journal of the American Chemical Society，2017，139（15）：5309-5312.

[63]　Balakrishnan S K，Kamat P V. Ligand assisted transformation of cubic CsPbBr$_3$ nanocrystals into two-dimensional CsPb$_2$Br$_5$ nanosheets[J]. Chemistry of Materials，2018，30（1）：74-78.

[64]　Wang K H，Wu L，Li L，et al. Large-scale synthesis of highly luminescent perovskite-related CsPb$_2$Br$_5$ nanoplatelets and their fast anion exchange[J]. Angewandte Chemie International Edition，2016，128（29）：8468-8472.

第 2 章   无机钙钛矿 LED

2.1   概   述

无机钙钛矿是直接带隙半导体,具有荧光光谱覆盖范围广、PLQY 高及半高宽窄的优点,其色域接近国际电信联盟新标准(Rec.2020),在照明和显示领域具有广阔的应用前景[1, 2]。2015 年,第一个无机钙钛矿 LED 被报道,其 EQE 低于 1%[3]。近几年,通过提高无机钙钛矿纳米晶的结晶质量和优化 LED 器件结构等方法,绿光和红光无机钙钛矿 LED 的 EQE 已经超过 20%[4, 5]。蓝光无机钙钛矿 LED 的 EQE 明显低于绿光和红光无机钙钛矿 LED。目前,制备高性能的蓝光 LED 仍然是关键性挑战[6]。除此之外,目前商业化生产白光 LED(white light emitting diode,WLED)的路线为 YAG:Ce^{3+}荧光粉与蓝光 LED 芯片组合[7]。这种方法获得的白光缺乏红光和绿光的成分,而且它只依赖蓝光和宽黄光,不足以产生宽色域,通常显色指数(color rendering index,CRI)较低、相关色温较高,并且对稀土消耗巨大,造成资源浪费。尽管大量的研究投入无机钙钛矿 LED 这一领域,但是目前无机钙钛矿 LED 器件的使用寿命仍然无法满足实际应用的需求[8, 9]。因此,越来越多的研究者开始关注提升无机钙钛矿材料和器件的稳定性[10, 11],报道了一系列无机钙钛矿 LED 器件成果。本章将主要阐述无机钙钛矿材料在 LED 中的应用。

2.2   LED 工作原理及关键参数

2.2.1   工作原理

无机钙钛矿 LED 器件一般由钙钛矿发光层、电子传输层(electron transport layer,ETL)、空穴传输层(hole transport layer,HTL)以及上/下电极组成。无机钙钛矿 LED 器件中存在两种载流子复合的可能过程[12, 13]:第一种是载流子直接注入与复合,如图 2.1(a)所示,在加上正向电压后,电子和空穴分别经过电子注入/传输层和空穴注入/传输层注入钙钛矿发光层,形成激子,且通过辐射复合发射光子;第二种是福斯特(Förster)共振能量转移复合,如图 2.1(b)所示,电子或空穴没有限制在钙钛矿发光层中,而是传输到空穴传输层或电子传输层中,然后通过 Förster 共振能量转移给钙钛矿材料,在钙钛矿中产生激子,从而发射光子。以上两种过程可能同时存在,且互不影响。目前,LED 器件一般分为两种结构[14],分别为正式结构和反式结构。这两种结构的区别是:正式结构的 LED 器件的空穴从透明电极注入,电子从另一端金属电极注入;反式结构的 LED 器件的电子从透明电极注入,空穴从另一端金属电极注入。

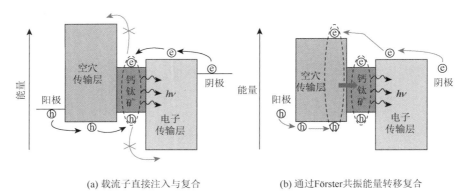

(a) 载流子直接注入与复合　　　　　(b) 通过Förster共振能量转移复合

图 2.1　钙钛矿 LED 器件的工作原理

2.2.2　关键参数

评估无机钙钛矿 LED 器件性能的主要参数有 EQE、最大亮度（luminance maximum，$L_{\max}$）、电流效率（current efficiency，CE）、开启电压（turn on voltage，V_{ON}）、稳定性、发光效率、EL 光谱和国际照明委员会（Commission Internationale de l'Eclairage，CIE）色坐标。

1. EQE

EQE 是指器件发出的光子数与注入器件中的电子数之比：

$$EQE = IQE \cdot \eta_0$$

式中，IQE 为内量子效率（internal quantum efficiency）；η_0 为光学耦合系数，表示 LED 发射到自由空间的光子数。

2. 最大亮度

最大亮度是指在某一个特定方向上单位面积的最大发光强度，单位是坎德拉每平方米（cd/m^2）。

3. 电流效率

电流效率是指器件亮度与电流密度（current density，J）的比值，单位是坎德拉每安培（cd/A）。

4. 开启电压

开启电压是指 LED 的亮度达到 $1cd/m^2$ 时的器件的电压。

5. 稳定性

稳定性是指在器件工作情况下亮度或效率衰减的快慢程度。

6. 发光效率

发光效率也称流明效率，是指器件发出的光通量与电功率的比值，单位是流明每瓦（lm/W）。

7. EL 光谱

EL 光谱是指发射出的光子在不同波长范围的能量分布情况。

8. CIE 色坐标

CIE 色坐标是指器件发出颜色的坐标，用 (x, y) 表示，x 相当于红色的比例，y 相当于绿色的比例，结合 x 和 y 可以在色度图上得到一个点，即 CIE 色坐标。

2.3　绿光无机钙钛矿 LED

近年来，绿光无机钙钛矿 LED 器件的性能得到了快速发展，其 EQE 超过 20%[15]。绿光无机钙钛矿 LED 实现方式有两种：一种是上转换实现绿光无机钙钛矿 LED，即通过在 GaN 基蓝光 LED 芯片上加 $CsPbBr_3$ 量子点的方式，实现荧光转换绿光无机钙钛矿 LED；另一种是通过构建一个器件，电子和空穴分别经过电子注入/传输层和空穴注入/传输层注入钙钛矿发光层，形成激子，且通过辐射复合制备绿光无机钙钛矿 LED。通常情况下，配体改性、包覆、掺杂和器件结构优化是提高绿光无机钙钛矿 LED 性能的主要方法。表 2.1 总结了近年来绿光无机钙钛矿 LED 的结构及性能参数。

表 2.1　已报道的绿光无机钙钛矿 LED 的结构及性能参数

钙钛矿材料	PLQY /%	EL 峰位 /nm	器件结构	EQE /%	最大亮度/ (cd/m²)	开启电压/V	参考文献
$CsPbBr_3$	16	527	ITO/PEDOT:PSS/Pev/F8/Ca/Ag	0.008	407	3.0	[16]
$CsPbBr_3$ 纳米晶	>85	516	ITO/PEDOT:PSS/PVK/Pev/TPBi/LiF/Al	0.12	946	4.2	[3]
$CsPbBr_3$ 纳米晶 + TMA	60	523	ITO/ZnO/Pev/TFB/MoO$_x$/Ag	0.19	2335	2.7	[17]
$CsPb_{0.7}Sn_{0.3}Br_3$	63	508	ITO/PEDOT:PSS/Poly-TPD/Pev/TPBi/LiF/Al	NA	5495	5.0	[18]
$CsPbBr_3:Mn^{2+}3.8\%$	NA	512~515	ITO/PEDOT:PSS/Poly-TPD/Pev/TPBi/LiF/Al	1.49	9971	2.5	[19]
$CsPbBr_3$-$CsPb_2Br_5$	83	527	ITO/PEDOT:PSS/Pev/TPBi/LiF/Al	2.21	3853	4.6	[20]
$CsPbBr_3$ 量子点（DDAB-OA-量子点）	71	515	ITO/PEDOT:PSS/PVK/Pev/TPBi/LiF/Al	3.0	330	3.0	[21]
$CsPbBr_3$-PEO	60	521	ITO/PEDOT:PSS/Pev/TPBi/LiF/Al	4.3	53525	2.5	[22]
$CsPbBr_3:Ce^{3+}2.88\%$	89	510	ITO/PEDOT:PSS/Poly-TPD/Pev/TPBi/LiF/Al	4.4	3500	2.5	[23]
$CsPbBr_3$-PEO-PVP	NA	522	ITO/Pev/In-Ga	5.7	593178	1.9	[24]

续表

钙钛矿材料	PLQY /%	EL 峰位 /nm	器件结构	EQE /%	最大亮度/ (cd/m²)	开启电压/V	参考文献
CsPbBr₃ 纳米晶	92	512	ITO/PEDOT:PSS/Poly-TPD/Pev/TPBi/LiF/Al	6.27	15185	3.4	[25]
CsPbBr₃ 量子点-ZnBr₂	76	520	ITO/PEDOT:PSS/PTAA/Pev/TPBi/LiF/Al	16.48	76940	NA	[26]
CsPbBr₃-MABr	80	525	ITO/PEDOT:PSS/Pev/PMMA/B3PYMPM/LiF/Al	20.3	14000	2.7	[27]
CsPbBr₃ 纳米晶	约 100	508	ITO/PEDOT:PSS/PTAA/Pev/TPBi/LiF/Al	22.0	10000	2.5	[5]

注：TFB 指聚 [(9, 9-二辛基芴 -2, 7-二基)-co-(4, 4′-(N-(4-仲丁基苯基) 二苯胺))] {poly[(9, 9-dioctylfluorenyl-2, 7-diyl)-co-(4, 4′-(N-(4-sec-butylphenyl)diphenylamine))]}；TMA 指三甲基铝（trimethylaluminum）；PEDOT:PSS 指聚(3, 4-乙撑二氧噻吩)：聚(苯乙烯磺酸盐) [poly(3, 4-ethylenedioxythiophene)：polystyrene sulfonate]；TPBi 指 2, 2′, 2″-(1, 3, 5)-三(1-苯基-1H-苯并咪唑) [2, 2′, 2″-(1, 3, 5-benzenetriyl)tris-(1-phenyl-1H-benzimidazole)]；Poly-TPD 指聚 [双 (4-苯基)(4-丁基苯基) 胺] {poly[N, N′-bis(4-butylphenyl)-N, N′-bis(phenyl)-benzi]}；F8 指聚(9, 9-二正辛基芴-2, 7-二基) [poly(9, 9-di- n-octylfluorenyl-2, 7-diyl)]；PVK 指聚(9-乙烯咔唑) [poly(9-vinlycarbazole)]；PEO 指聚环氧乙烷[poly(ethylene oxide)]；PVP 指聚乙烯吡咯烷酮 [poly(vinylpyrrolidone)]；PTAA 指聚 [双(4-苯基)(2, 4, 6-三甲基苯基)胺]{poly[bis(4-phe-nyl)(2, 4, 6- trimethylphenyl)amine]}；PMMA 指聚甲基丙烯酸甲酯（polymethyl methacrylate）；Pev 指钙钛矿（perovskite）；B3PYMPM 指 4, 6-双(3, 5-二-3-吡啶基苯基)-2-甲基嘧啶{4, 6-bis[3, 5-di(pyridin-3-yl)phenyl]-2-methylpyrimidine}；MABr 指溴化甲胺（methylammonium bromide）。

Li 等通过第一种方式制备了绿光无机钙钛矿 LED[28]。首先，通过热注入法制备 CsPbBr₃ 量子点；然后，将 CsPbBr₃ 量子点甲苯溶液滴涂到 LED 芯片表面；最后，将芯片放置于 50℃ 热板上，让甲苯挥发，在 LED 芯片表面得到 CsPbBr₃ 量子点薄膜，经过多次滴涂，在芯片表面得到较厚薄膜。随着滴涂量的增加，LED 的发射光从蓝色逐渐变化到绿色，最后的 CIE 色坐标为（0.203，0.757）。随着注入电流的增加，强度明显增加。在 200mA 注入电流下，蓝光发射峰也很小，说明量子点层实现了对蓝光的全部吸收。此外，基于四方晶相的 CsPb₂Br₅ 纳米材料因其异于立方晶相的 CsPbBr₃ 纳米粒结构而引起研究者广泛的研究兴趣。Han 等对 CsPb₂Br₅ 纳米片也进行了研究[29]。首先，通过热注入法制备了 CsPb₂Br₅ 纳米片；然后将 CsPb₂Br₅ 甲苯溶液滴涂到 LED 芯片表面得到 CsPb₂Br₅ 纳米片薄膜。随着滴涂量的增加，LED 的发射光从蓝色逐渐变为绿色，最后的 CIE 色坐标为（0.250，0.690）。随着注入电流的增加，强度明显增加。在 200mA 注入电流下，蓝光发射峰也很小，说明纳米片层实现了对蓝光的全部吸收。

尽管基于 CsPbBr₃ 量子点制备的绿光无机钙钛矿 LED 性能良好，但是其稳定性差的问题依然存在。因此，开发一种既能提高量子点稳定性，又能提高绿光无机钙钛矿 LED 性能的方法是非常有必要的。Yan 等利用热注入法制备了 DA 配体代替 OA 配体的高性能的 CsPbBr₃-DA 量子点，如图 2.2（a）所示。制备的 CsPbBr₃-DA 量子点具有立方结构，具有高达 96% 的 PLQY，在紫外灯下发出明亮的绿光，可作为高性能发光器件的发光材料[30]。通过简单地改变 CsPbBr₃-DA 量子点滴涂量来改变蓝光和绿光的比例。随着 CsPbBr₃-DA 量子点滴涂量的增加，光谱的 CIE 色坐标由纯蓝色变为近纯绿色。最后，如图 2.2（b）所示，近纯绿色 LED 的 CIE 色坐标达到（0.2086，0.7635）。另外，如图 2.2（c）所示，随着注入电流的增加，强度明显增加[28]。

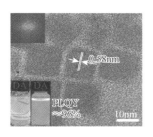

(a) CsPbBr$_3$-DA量子点的
透射电镜图，插图为在正常
日光和365nm紫外光下的照片

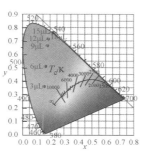

(b) CIE色坐标随CsPbBr$_3$-DA
量子点滴涂量的移动

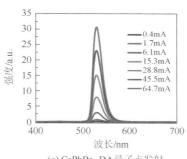

(c) CsPbBr$_3$-DA量子点发射
光谱随着注入电流的变化

扫一扫　看彩图

图 2.2　CsPbBr$_3$-DA 量子点基本性能及涂覆在 LED 芯片上的制备绿光无机钙钛矿 LED 的变化过程

除配体修饰外，世宗大学 Song 等报道了一种基于氧化聚乙烯（polyethylene，PE）自组装制备绿光 CsPbBr$_3$ 聚合物的方法[31]。该方法由于形成了一个由多层结构组成的南瓜子形状的聚合物微胶囊，能够有效隔绝水和氧的影响。聚合物封装的 CsPbBr$_3$ 量子点具有优异的发光特性、较窄的发射光谱和较高的 PLQY。将制备的材料涂覆在近紫外 LED 芯片（发光波长为 405nm）上，并测试了 EL 特性。将 CsPbBr$_3$ 聚合物以 0.21%的质量分数混入聚氨酯丙烯酸酯中，在 15mA 正向偏置电流下，CIE 色坐标为（0.156，0.745），且最大的发光效率达到 30 lm/W，EQE 为 9.9%。

2015 年，Song 等通过第二种方式制备了绿光无机钙钛矿 LED，且绿光无机钙钛矿 LED 器件的 EQE 为 0.12%[3]。随后，越来越多的课题组对这个领域展开研究，绿光无机钙钛矿 LED 的效率及稳定性逐渐提升。表面结合的配体的密度和长度对量子点发光材料的光电性能有重要影响。虽然量子点表面的配体使其具有良好的溶解性和稳定性，但是不利于电荷传输层与发光层之间的能量转移。此外，配体可以钝化和稳定量子点，使其具有较高的 PLQY 和良好的稳定性，但是过量的表面配体会形成绝缘层，从而阻碍电荷的注入。因此，通过对表面配体的设计和后处理是改进绿光无机钙钛矿 LED 器件性能的一种重要方法。Li 等通过正己烷和乙酸乙酯的混合溶剂体系，在不同洗涤次数下控制 CsPbBr$_3$ 纳米晶表面的配体密度[图 2.3（a）]。如图 2.3（b）所示，洗涤两次制备的绿光无机钙钛矿 LED 器件的最大 EQE 为 6.27%，比他们首次报道的器件 EQE 提升了 51.25 倍，最大亮度为 15185cd/m^2[25]。同样，表面配体的长度对发光和器件性能也起到十分重要的作用。多伦多大学 Pan 等通过碳链较短的 DDAB 配体来取代 OA 配体，通过这种方法促进了电子和空穴进入发光层。制备的绿光无机钙钛矿 LED 器件结构为 ITO/PEDOT:PSS/Pev/TPBi/LiF/Al，器件的开启电压为 3V，最大亮度为 330cd/m^2。如图 2.3（c）所示，绿光无机钙钛矿 LED 器件的最大 EQE 为 3.0%[21]。随后，Song 等通过有机（DDAB 和辛酸）和无机（金属溴化物）的混合配体来钝化 CsPbBr$_3$[（图 2.3（d）][26]，将绿光无机钙钛矿 LED 器件的最大 EQE 提升到 16.48%。然而，在较短配体钝化的同时，保持胶体稳定性及量子限域效应仍然是钙钛矿量子点特有的挑战。这是因为表面配体容易脱落，导致量子点团聚，从而减弱量子限域效应。2020 年，Dong 等采用双壳结构，即阳离子作为与量子点结合的内壳，极性溶剂溶解阴离子作为进一步保护量子点的外壳，显著提高了钙钛矿量子点的稳定性和迁移率。如图 2.3（e）所示，制备的绿光无机钙钛矿 LED 器件的最大 EQE 为 22%[5]。以上结果表明，表面配体工程对钙钛矿材料的 PL 和电荷注入有重要的作用，对进一步提升器件的效率有重大意义。

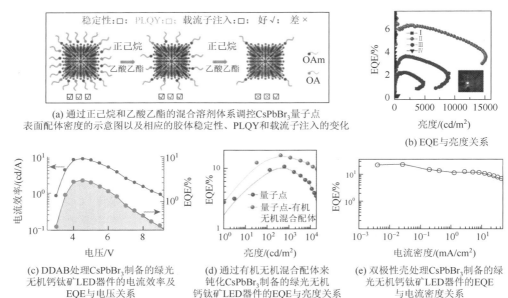

(a) 通过正己烷和乙酸乙酯的混合溶剂体系调控CsPbBr₃量子点
表面配体密度的示意图以及相应的胶体稳定性、PLQY和载流子注入的变化

(b) EQE 与亮度关系

(c) DDAB处理CsPbBr₃制备的绿光无机钙钛矿LED器件的电流效率及EQE与电压关系

(d) 通过有机无机混合配体来钝化CsPbBr₃制备的绿光无机钙钛矿LED器件的EQE与亮度关系

(e) 双极性壳处理CsPbBr₃制备的绿光无机钙钛矿LED器件的EQE与电流密度关系

图 2.3　基于配体修饰的 CsPbBr₃ 的 EL 器件性能

除了表面配体工程，Sakata 等从另一个方面考虑，在较高的温度（≥130℃）下得到了钙钛矿的立方相，但由电导率 σ 与 $1/T$（T 为温度）的关系可知，温度越高，电导率越低[32, 33]。CsPbBr₃ 是一种卤化物离子导体，由于 V_{Br} 空位的迁移而表现高离子电导率。现有的 CsPbBr₃ 量子点的制备方法通常是在 150℃ 或 170℃ 下快速生成立方相[3, 34, 35]。他们首先在较低的温度（100℃）下合成量子点，然后慢慢加热到 130℃ 进行结晶，将制备的双相无机 CsPbBr₃-CsPb₂Br₅ 复合材料作为 LED 的发光层。在此过程中，CsPbBr₃ 量子点经历了从四方相到立方相的相变。热处理可以控制和降低晶体结构中的陷阱密度，这是由于 PbBr₂ 完全反应减少了非辐射复合。高分辨透射电镜显示，CsPbBr₃ 的晶面间距为 0.58nm，CsPb₂Br₅ 的晶面间距为 0.30nm[图 2.4（a）]。将双相无机 CsPbBr₃-CsPb₂Br₅ 复合纳米晶作为发光层，如图 2.4（b）所示，绿光无机钙钛矿 LED 器件的结构为 ITO/PEDOT:PSS/Pev/TPBi/LiF/Al。EL 峰位为 527nm，如图 2.4（c）所示，随着电压的增加，EL 强度提升。如图 2.4（d）所示，无 CsPb₂Br₅ 纳米粒的 CsPbBr₃ 纳米晶发光特性较差，CsPbBr₃-CsPb₂Br₅ 纳米晶的最大 EQE 为 2.21%，最大亮度为 3853cd/m²，电流效率为 8.98cd/A。

在无机钙钛矿 LED 中，电子和空穴的注入不平衡会导致非辐射复合发生，改善方法主要是改变电子传输层或者空穴传输层。华侨大学 Lin 等发现，在发光层和电子传输层中插入一层 PMMA 作为阻挡层，可以平衡电子和空穴的注入，EQE 提升到 20.3%。在 5mA 电流的驱动下，最大亮度从 7130cd/m² 降至其一半的时间为 10min[27]。

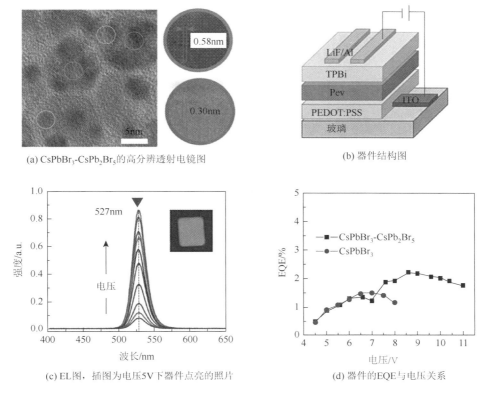

(a) CsPbBr$_3$-CsPb$_2$Br$_5$的高分辨透射电镜图　　　　　(b) 器件结构图

(c) EL图，插图为电压5V下器件点亮的照片　　　　　(d) 器件的EQE与电压关系

图 2.4　双相无机 CsPbBr$_3$-CsPb$_2$Br$_5$ 复合材料及其 EL 器件性能

　　另外，无机钙钛矿里的 Pb 元素可能会对环境和人体造成一定的破坏，但含 Pb 钙钛矿固有的优越的光电性能使其有时不可替代。因此，部分替代或掺杂金属阳离子是一个不错的方法。Zou 等证明了 CsPbBr$_3$ 量子点的钙钛矿晶格可以通过 Mn^{2+}替代方法在空气环境下基本保持稳定。采用第一性原理计算证实，CsPbBr$_3$ 量子点的热稳定性和光学性能显著提高的原因主要是 Mn^{2+}成功掺杂到 CsPbBr$_3$ 量子点的钙钛矿晶格中，从而增强了形成能。Mn^{2+}掺杂 CsPbBr$_3$ 量子点的热稳定性和光学性能得到了极大改善，可以作为高效的光发射体，制备具有更高最大亮度、更高 EQE 的高性能钙钛矿 LED。如图 2.5（a）所示，器件结构为 ITO/PEDOT:PSS/Poly-TPD/CsPbBr$_3$ 量子点/TPBi/LiF/Al，图 2.5（b）为器件的 EL 图，Mn^{2+}掺杂没有改变 EL 峰位。如图 2.5（c）所示，器件电流密度随电压增加而增加。在 2.6V 电压下，如图 2.5（d）所示，制备得到的 Mn^{2+}掺杂 CsPbBr$_3$ LED 器件的最大亮度为 9971cd/m^2，而纯 CsPbBr$_3$ LED 器件的最大亮度只有 7493cd/m^2。对于器件的关键性能参数，如图 2.5（e）和（f）所示，最大 EQE 和电流效率从纯 CsPbBr$_3$ LED 器件的 0.81%和 3.71cd/A 增加到 Mn^{2+}掺杂 CsPbBr$_3$ LED 器件的 1.49%和 6.40cd/A[19]。不久之后，南方科技大学 Zhang 等将 Sn^{2+}掺杂 CsPbBr$_3$ 形成的 CsPb$_{1-x}$Sn$_x$Br$_3$ 用作 LED 发光层，器件结构为 ITO/PEDOT:PSS/Poly-TPD/Pev/TPBi/LiF/Al。通过优化 CsPb$_{0.7}$Sn$_{0.3}$Br$_3$ 的组成，该器件具有良好的性能，最大亮度为 5495cd/m^2[18]。部分 Pb 被替代，不仅降低了材料的毒性，而且提高了器件的性能，这为制备低毒和绿光无机钙钛矿 LED 提供一个新的

方法。2018 年,Yao 等报道的一种 Ce^{3+} 掺杂 $CsPbBr_3$ 纳米晶显示出较高的 PLQY(89%),他们制备了结构为 ITO/PEDOT:PSS/Poly-TPD/Ce:$CsPbBr_3$/TPBi/LiF/Al 的 LED 器件,器件的 EQE 为 4.4%,最大亮度为 3500cd/m^2,开启电压为 2.5V[23]。

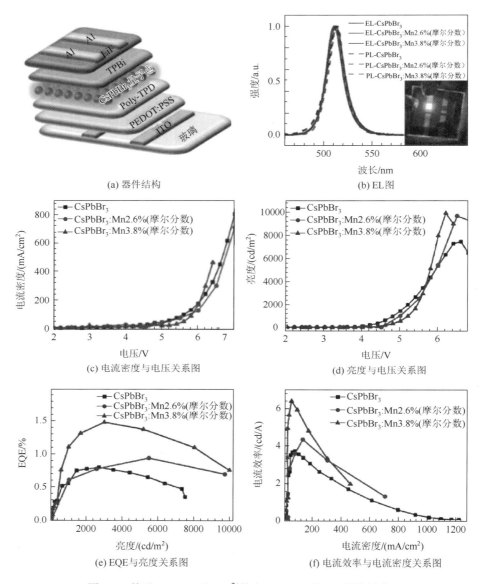

(a) 器件结构

(b) EL图

(c) 电流密度与电压关系图

(d) 亮度与电压关系图

(e) EQE与亮度关系图

(f) 电流效率与电流密度关系图

图 2.5 基于 $CsPbBr_3$ 和 Mn^{2+} 掺杂 $CsPbBr_3$ 的 EL 器件性能

扫一扫 看彩图

2.4 红光无机钙钛矿 LED

红光一般是指发射波长在 620~760nm 的光。CIE 建议,纯红光发射中心波长为 630nm。最近几年,已有很多研究者对红光无机钙钛矿 LED 进行研究,且器件的 EQE 已超过 20%，基本上与绿光无机钙钛矿 LED 相当[4]。但是，发射红光的 I 基钙钛矿 α-CsPbI$_3$ 在热力学上不稳定，容易在室温相变为黄色的非钙钛矿 δ 相。因此，红光无机钙钛矿 LED 器件的使用寿命较短。本节主要总结一些关于提高红光无机钙钛矿光学性能和 LED 器件性能的研究进展。表 2.2 总结了近年来红光无机钙钛矿 LED 的结构及性能参数。

表 2.2　已报道的红光无机钙钛矿 LED 的结构及性能参数

钙钛矿材料	PLQY/ %	EL 峰位 /nm	器件结构	EQE/%	最大亮度/ (cd/m^2)	开启电压 /V	参考文献
CsPbI$_3$-PEO	NA	695	ITO/ZnO/PEI/CsPbI$_3$/Poly-TPD/WO$_3$/Al	1.12	101	4.7	[36]
CsPb(I/Br)$_3$ 纳米晶 + TMA	NA	619	ITO/ZnO/Pev/TFB/MoO$_x$/Ag	1.4	1559	2.1	[17]
CsPbI$_3$-TMSI	约 100	682	ITO/PEDOT:PSS/Poly-TPD/Pev/TPBi/Liq/Al	1.8	365	2.8	[37]
CsPbI$_{3-x}$Br$_x$-KBr	>90	637	ITO/PEDOT:PSS/Poly-TPD/CsPbI$_{3-x}$Br$_x$ 纳米晶 /TPBi/LiF/Al	3.55	2671	3.6	[38]
CsPbI$_3$ 纳米晶 + TMA	85	698	ITO/ZnO/Pev/TFB/MoO$_x$/Ag	5.7	206	1.7	[17]
CsPbI$_3$ 纳米晶 + IDA	95	688	ITO/PEDOT:PSS/Poly-TPD/Pev/TPBi/ LiF/Al	5.02	748	4.5	[39]
CsPbI$_3$-Ni^{2+}	约 100	690	ITO/PEDOT:PSS/Poly-TPD/CsPbI$_3$ 量子点 /TPBi/LiF/Al	约 7	830	NA	[40]
CsPbI$_3$-SDS	96.5	约 690	ITO/ZnO/CsPbI$_3$/TCTA/MoO$_3$/Al	8.4	830	NA	[41]
CsPbI$_3$-NEA	NA	682	ITO/PEDOT:PSS/Pev/TPBi/LiF/Al	8.65	210	2.8	[42]
CsPbI$_3$-L-PHE	约 100	675	ITO/PEDOT:PSS/Poly-TPD/CsPbI$_3$ 量子点 /TPBi/Liq/Al	10.21	406	NA	[43]
CsPbI$_3$-NH$_4$SCN	89	约 690	ITO/ZnO/PEI/CsPbI$_3$/Poly-TPD/WO$_3$/Al	10.3	823	2.2	[44]
CsPbI$_3$-IZI	NA	698	ITO/ZnO/PEIE/CsPbI$_3$/TPBi/MnO$_x$/Au	10.4	340	2	[45]
CsPbI$_3$ 纳米晶 + Ag	70	690	Ag/ZnO/PEI/Pev/TCTA/MoO$_3$/Au/MoO$_3$	11.2	1106	2.2	[46]
CsPb(I/Br)$_3$ 纳米晶	80	653	ITO/PEDOT:PSS/Poly-TPD/Pev/TPBi/Liq/Al	21.3	500	2.8	[47]
CsPbI$_3$-KI	96	640	ITO/PEDOT:PSS/Poly-TPD/Pev/MoO$_x$/Ag	23	1000	2	[4]

注：TMSI 指三甲基碘硅烷（trimethylsilyl iodide）；IDA 指 2, 2′-亚氨基二苯甲酸（2, 2′-iminodibenzoic acid）；TCTA 指 4, 4′, 4″-三（咔唑 -9-基）三苯胺 [4, 4′, 4″-tris(carbazol-9-yl) triphenylamine]；NEA 指 2-(萘 -1-基）乙胺 [2-(naphthalene-1-yl) ethanamine]；L-PHE 指 L-苯丙氨酸（L-phenylalanine）；SDS 指十二烷基硫酸钠（sodium dodecylsulfate）；PEI 指聚乙烯亚胺（polyethylenimine）；PEIE 指聚乙氧基乙烯亚胺（polyethylenimine ethoxylated）；IZI 指碘化咪唑（imidazolium iodide）；Liq 指 (8-羟基喹啉)锂（lithium 8-quinolinolate）。

　　通过优化合成方法制备发射红光的钙钛矿材料，有利于制备性能优异的红光无机钙钛矿 LED 器件。厦门大学 Cai 等考虑到传统的热注入法制备 CsPbI$_3$ 的过程中，前驱体中 I/Pb 物质的量之比为 2，小于 CsPbI$_3$ 体系中的化学计量比（3），I 不足会影响钙钛矿材料的发光性能和稳定性，因此，他们利用 TMSI 作为 I 源，在 I/Pb 物质的量之比为 4.2 的反应条件下合成高亮度、稳定的 CsPbI$_3$ 量子点[37]。CsPbI$_3$ 量子点的 PLQY 接近 100%，且 PLQY 在存储 105d 后仅损耗 9%，具有优异的稳定性。利用该材料作为发光层，制备的 LED 器件的 EQE 为 1.8%，最大亮度为 365cd/m^2。

钙钛矿纳米晶表面配体是影响器件性能的关键因素之一，通过配体的调控可以提升钙钛矿材料的发光性能和稳定性，进而提升 LED 的性能。阿卜杜拉国王科技大学 Pan 等用一种双齿配体 IDA 来钝化钙钛矿纳米晶表面缺陷[39]。理论计算表明，这种双齿配体与钙钛矿纳米晶表面比 OA 与钙钛矿纳米晶表面具有更大的结合力，从而减少表面缺陷，不仅 PLQY 高达 95%，具有更好的稳定性，而且 EQE 提升了 2 倍，IDA 处理的钙钛矿纳米晶制备的红光无机钙钛矿 LED 的 EQE 为 5.02%，最大亮度为 748cd/m^2，EL 峰位为 688nm，半高宽为 33nm。2021 年，多伦多大学 Wang 等采用一种无机配体 KI 交换钙钛矿表面的有机配体[4]，KI 交换后的钙钛矿量子点制备成薄膜后还保持着发红光的 α 相，没有 δ 相的出现，并且 PLQY 从 75% 提升到了 96%，将KI 交换后的钙钛矿作为发光层制备 LED，器件结构为 ITO/PEDOT:PSS/Poly-TPD/Pev/MoO$_x$/Ag，制备得到的 LED 器件的 EL 峰位为 640nm，KI 交换后的 LED 的 EQE 高达 23%，当亮度达到 100cd/m^2 时，EQE 还能保持在 21%，这比截至 2021 年报道的最大 EQE 的红光无机钙钛矿 LED 还高 1.4 倍。不仅如此，LED 的开启电压较低，为 2V，亮度最大达到 10^{3}cd/m^2 时的开启电压比截至 2020 年报道的低 60%[43, 48-51]。KI 交换后的 LED 半衰期（T_{50}）为 10h。在 150mA/cm^2 电流密度下，用近红外热成像相机来监测器件的温度，KI 交换的量子点 LED 在 100s 后温度为 60.2℃，而单独的量子点 LED 在仅 30s 后温度就上升到 77.9℃。

在环境温度下，α-CsPbI$_3$ 会发生自发相变，形成不发光的 δ 相，导致器件性能下降。在前驱体溶液中加入添加剂有助于形成较好的钙钛矿，从而提升 LED 性能。Han 等在前驱体溶液中加入长链阳离子如 NEA，合成了稳定的 α-CsPbI$_3$[42]。DFT 计算表明，NEA 可以有效降低 α-CsPbI$_3$ 的形成能（ΔE_f）。NEA 覆盖在 α-CsPbI$_3$ 颗粒表面，保护 α-CsPbI$_3$ 颗粒免受潮湿和氧的影响。将 α-CsPbI$_3$ 膜作为发光材料应用于 LED 器件中，如图 2.6（a）所示，器件结构为 ITO/PEDOT:PSS/（α-CsPbI$_3$/δ-CsPbI$_3$）/TPBi/LiF/Al。EL 峰位为 682nm，呈典型红光发射，如图 2.6（b）所示，EQE 为 8.65%，LED 器件表现了出色的稳定性，在 3 个月后保留了 90% 的 EQE。器件的半衰期（T_{50}）约为 6h。延世大学 Jeong 等在 CsPbI$_3$ 前驱体溶液中加入 PEO，成功地抑制了 δ 相晶体的形成，并促进了由尺寸较小 CsPbI$_3$ 晶体向 α 相的发展[36]。在室温下，将含有少量 PEO 的前驱体溶液在二甲基亚砜（dimethyl sulfoxide，DMSO）中旋转涂覆，制备了一种薄的、致密的、无针孔的 α-CsPbI$_3$ 膜，随后在 80℃退火 5min。系统研究显示，前驱体的大分子 PEO 链有效减缓前驱体离子在晶体生长过程中的扩散，从而阻止钙钛矿晶体形成的种晶在旋转涂覆步骤快速增长为 δ 相晶体。在随后的热处理过程中，大量种晶的晶体生长受到明显的阻碍，形成了一层薄薄的 CsPbI$_3$ 膜，其晶体尺寸小至 100nm。α-CsPbI$_3$ 膜在低湿度条件下非常稳定，并在室温下显示了 24h 以上的可靠的 PL 特性。组成的器件产生特有的红光发射，发射波长为 695nm，半高宽为 32nm，当掺杂浓度为 3%（摩尔分数）时，制备的器件结构为 ITO/ZnO/PEI/CsPbI$_3$/Poly-TPD/WO$_3$/Al。如图 2.6（c）所示，器件的最大 EQE 为 1.12%。路易斯安那州立大学 Lu 等选择硫氰酸铵（NH$_4$SCN）作为添加剂，钝化 CsPbI$_3$ 纳米晶合成过程中形成的表面缺陷，进一步提高钙钛矿 LED 的器件性能[44]。通过调节前驱体溶液中 NH$_4$SCN 的比例，得到了具有较长的平均 PL 寿命和较高 PLQY（84%～89%）的 CsPbI$_3$ 纳米晶。随着 NH$_4$SCN 比例的增加，纳米晶整体能级降低，电子注入势垒降低，载流子注入效率提高，载流子复合效率提高。结果表明，如图 2.6（d）所示，基于钝化 CsPbI$_3$ 纳米晶的 LED 实现了 10.3% 的 EQE 和 823cd/m^2 的亮度，高于基于未钝化纳米晶的 LED。

Yuan 等和 Shi 等认为，原位钝化钙钛矿可以从两个方面考虑：一是与 OAm 和 OA 类似；二是配体的长度适宜，从而改善电荷传输性能[52,53]。他们利用 L-PHE 原位管理高质量 CsPbI$_3$ 量子点的表面配体环境。L-PHE 是一种芳香双功能配体，可以与量子点表面的阳离子和卤素离子进行配位。DFT 计算结果表明，与天然长链配体相比，L-PHE 与 CsPbI$_3$ 量子点表面的键合更强。通过在前驱体溶液中加入 L-PHE，通过非典型热注入法可以方便地实现 L-PHE 钝化表面缺陷。最佳 L-PHE CsPbI$_3$ 量子点的 PLQY 接近 100%，具有更长的自由载流子寿命、更高的稳定性和更少的陷阱状态。如图 2.6（e）所示，当加入摩尔分数为 30% 的 L-PHE 时，红光 LED 的最大 EQE 为 10.21%，显示了配体在改善溶液处理钙钛矿量子点的光电性能方面的巨大潜力[43]。暨南大学 Zhang 等报道了由新型配体 SDS 钝化的稳定和高发光效率的黑色相 CsPbI$_3$ 纳米晶[54]。理论计算结果表明，SDS 分子在 CsPbI$_3$ 表面的吸附能比 OA 更大，极大地抑制了在提纯过程中由配体丢失而导致的缺陷形成。优化后的 SDS-CsPbI$_3$ 纳米晶表面缺陷显著减少，稳定性显著提高，PLQY 显著提高。如图 2.6（f）所示，基于 SDS-CsPbI$_3$ 纳米晶的红光无机钙钛矿 LED 的 EQE 为 8.4%，比基于 OA CsPbI$_3$ 纳米晶的红光无机钙钛矿 LED 的 EQE 提高了 3 倍。

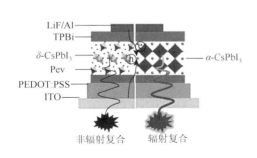

(a) 基于 NEA 合成的 CsPbI$_3$ 制备的器件结构示意图

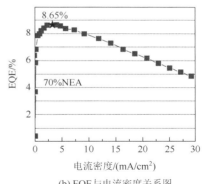

(b) EQE 与电流密度关系图

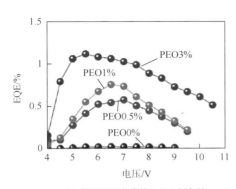

(c) 基于 PEO 合成的 CsPbI$_3$ 制备的
器件的 EQE 与电压关系图

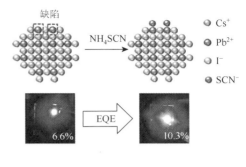

(d) 基于 NH$_4$SCN 合成的 CsPbI$_3$ 制备的器件的性能图

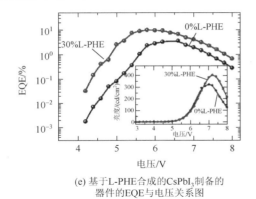

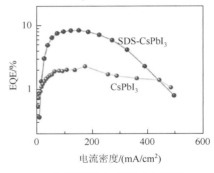

(e) 基于L-PHE合成的CsPbI₃制备的
器件的EQE与电压关系图

(f) 基于SDS合成的CsPbI₃制备的
器件的EQE与电流密度关系图

图 2.6　基于 $CsPbI_3$ 的 EL 器件性能

扫一扫　看彩图

混合卤素钙钛矿体系存在相分离的问题，制备稳定的钙钛矿器件一直是一个挑战。中国科技大学 Yang 等通过热注入法利用溴化钾（KBr）对混合卤素钙钛矿 $CsPbI_{3-x}Br_x$ 纳米晶进行表面钝化，制备了稳定的和高色纯度的红光无机钙钛矿 LED[38]。添加油酸钾（K-OA）前驱体溶液，然后在 180℃迅速注入三甲基溴硅烷（trimethylsilyl bromide，TMSBr）和 TMSI 的混合物，获得 KBr 钝化 $CsPbI_{3-x}Br_x$ 纳米晶，如图 2.7（a）所示，其具有高 PLQY（90%以上）、高分散性和良好的稳定性，在室温环境下能稳定数周。用 KBr 钝化 $CsPbI_{3-x}Br_x$ 纳米晶薄膜作为发光层，制备了 637nm 的纯红光无机钙钛矿 LED，如图 2.7（b）所示，器件结构为 ITO/PEDOT:PSS/Poly-TPD/$CsPbI_{3-x}Br_x$ 纳米晶/TPBi/LiF/Al，如图 2.7（c）所示，器件的最大 EQE 达到 3.55%。基于 KBr 钝化 $CsPbI_{3-x}Br_x$ 纳米晶的纯红光无机钙钛矿 LED 具有很高的颜色稳定性。

金属离子掺杂或取代是调控钙钛矿材料性能的一种有力手段，不仅可以调节其能带结构，还可以改善其发光性能和稳定性。福建师范大学 Liu 等以乙酸镍为掺杂前驱体，采用热注入法成功地将 Ni^{2+} 引入 $CsPbI_3$ 晶格中[40]。如图 2.7（d）所示，所制备的 Ni^{2+} 掺杂 $CsPbI_3$ 纳米晶（Ni^{2+} 摩尔分数为 3.3%）由于辐射衰减率的提高和非辐射衰减率的降低，其 PLQY 提高了 95%~100%。此外，Ni^{2+} 掺杂可以稳定 $CsPbI_3$ 晶格，Ni^{2+} 掺杂 $CsPbI_3$ 薄膜和胶体溶液在大气中分别可以保持其红光长达 15 天和 7 个月。第一性原理计算验证了 Ni^{2+} 掺杂 $CsPbI_3$ 纳米晶光学性能和稳定性的显著提高主要是由于成功掺杂了 Ni^{2+}，使 $CsPbI_3$ 的形成能增加。利用这种有效的掺杂方法制备的 Ni^{2+} 掺杂 $CsPbI_3$ 纳米晶可以作为高效的红光发射体，制备高性能红光无机钙钛矿 LED，其 EQE 约为 7%。

通常黑色相 $CsPbI_3$（γ-$CsPbI_3$）具有较高的形成能，需要 300℃以上的退火温度。2020 年，Yi 等报道了在 100℃下通过添加 IZI，制备了具有高 PLQY 的 γ-$CsPbI_3$ 薄膜[45]。基于 γ-$CsPbI_3$ 薄膜制备了红光无机钙钛矿 LED 器件，器件结构为 ITO/ZnO/PEIE/$CsPbI_3$/TPBi/MoO_x/Au。EL 峰位为 698nm，EL 峰位和形状在不同电压下没有变化。器件的最大 EQE 达到 10.4%，在电流密度为 100mA/cm² 时的半衰期（T_{50}）为 20min，且 EL 峰位随时间保持不变。

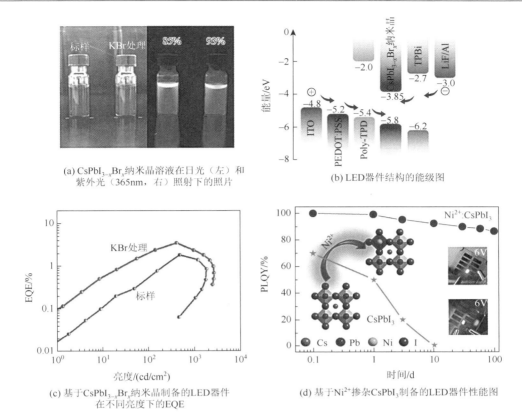

(a) $CsPbI_{3-x}Br_x$ 纳米晶溶液在日光（左）和
紫外光（365nm，右）照射下的照片

(b) LED器件结构的能级图

(c) 基于$CsPbI_{3-x}Br_x$纳米晶制备的LED器件
在不同亮度下的EQE

(d) 基于Ni^{2+}掺杂$CsPbI_3$制备的LED器件性能图

图 2.7　基于 $CsPbI_{3-x}Br_x$ 和 $CsPbI_3$ 的 EL 器件性能

2.5　蓝光无机钙钛矿 LED

蓝光无机钙钛矿 LED 是固态照明和全彩显示中必不可少的三基色之一。基于其较宽的带隙和较差的载流子迁移率，目前蓝光无机钙钛矿 LED 的性能远远不如绿光无机钙钛矿 LED 和红光无机钙钛矿 LED，这无疑会限制其应用，因此，急需提升蓝光无机钙钛矿 LED 的性能。近几年，许多研究小组致力于设计稳定的钙钛矿材料和优化 LED 器件。目前，蓝光无机钙钛矿 LED 的 EQE 已经超过 10%。本节主要总结一些关于提高蓝光无机钙钛矿光学性能和 LED 器件性能的研究进展。表 2.3 总结了近年来蓝光无机钙钛矿 LED 的结构及性能参数。

表 2.3　已报道的蓝光无机钙钛矿 LED 的结构及性能参数

钙钛矿材料	PLQY/%	EL 峰位/nm	器件结构	EQE/%	最大亮度/(cd/m^2)	开启电压/V	参考文献
CsPb(Br/Cl)$_3$纳米晶 + TMA	2	480	ITO/ZnO/Pev/TFB/MoO$_x$/Ag	0.007	8.7	5.4	[17]
CsPb(Br/Cl)$_3$纳米晶	NA	455	ITO/PEDOT:PSS/PVK/Pev/TPBi/LiF/Al	0.07	742	5.1	[3]

续表

钙钛矿材料	PLQY/%	EL 峰位/nm	器件结构	EQE/%	最大亮度/(cd/m²)	开启电压/V	参考文献
CsPbBr₃ 纳米片	96	463	ITO/PEDOT:PSS/Poly-TPD/Pev/TPBi/LiF/Al	0.12	62	4.2	[55]
CsPbBr₃ 纳米片	85	465	ITO/PEDOT:PSS/Poly-TPD/Pev/TPBi/LiF/Al	0.8	631	NA	[56]
CsPb(Br/Cl)₃ 纳米晶	50~60	463	ITO/PEDOT:PSS/Poly-TPD/CBP/Pev/B3PYMPM/LiF/Al	1	318	2.5	[57]
CsPbBr₃ 纳米片	69.4	469	ITO/PEDOT:PSS/Poly-TPD/Pev/TPBi/LiF/Al	1.42	41.8	3.6	[58]
CsPbBr$_x$Cl$_{3-x}$ 纳米晶	NA	490	ITO/PEDOT:PSS/PVK/Pev/TPBi/LiF/Al	1.9	35	5.0	[21]
CsMn$_y$Pb$_{1-y}$Br$_x$Cl$_{3-x}$	28	466	ITO/PEDOT:PSS/TFB/PFI/Pev/TPBi/LiF/Al	2.12	245	1	[59]
CsPb(Br$_{1-x}$Cl$_x$)₃	NA	469	ITO/PEDOT:PSS/TFB/PFI/Pev/TPBi/LiF/Al	0.5	111	4.8	[60]
CsPbClBr₂	60	470	ITO/PEDOT:PSS/TFB/Pev/TPBi/LiF/Al	8.8	482	NA	[61]
CsPbBr₃ 纳米晶	约 100	478	ITO/PEDOT:PSS/PTAA/Pev/TPBi/LiF/Al	12.3	500	2.8	[5]

注：CBP 指 4, 4′-双(N-咔唑)-1, 1′-联苯{[4, 4′-bis(N-carbazolyl)-1, 1′-biphenyl]}；PFI 指全氟离子聚合物（perfluorinated ionomer）；PTAA 指聚[双(4-苯基)(2, 4, 6-三甲基苯基)胺] {poly[bis(4-phenyl)(2, 4, 6-trimethylphenyl)amine]}。

南京理工大学 Song 等通过热注入法合成了蓝光发射的 CsPb(Br$_{1-x}$Cl$_x$)₃（0<x<1）[3]。当 x = 0.8 时，图 2.8（a）所示的 CsPb(Br$_{0.2}$Cl$_{0.8}$)₃ 纳米晶的高分辨透射电镜图中，钙钛矿呈立方结构，尺寸约为 8nm。如图 2.8（b）所示，PL（虚线）和 EL（实线）光谱显示发光峰位为 455nm，半高宽约为 20nm，并制备了器件结构为 ITO/PEDOT:PSS/PVK/CsPb(Br$_{0.2}$Cl$_{0.8}$)₃ 纳米晶/TPBi/LiF/Al 的蓝光无机钙钛矿 LED[图 2.8（c）]。LED 的开启电压为 5.1V，EQE 为 0.07%，最大亮度为 742cd/m²。研究表明，表面配体改性是提升钙钛矿发光性能和器件性能的有效方法。香港城市大学 Yin 等提出了一种软模板方法，利用支链上富含胺基的多齿配体 PEI 来稳定和增强 CsPbBr₃ 纳米片[56]。PEI 有效地阻止了 CsPbBr₃ 纳米片的团聚，并通过其烷胺基中的孤对电子与[PbBr₆]⁴⁻八面体之间的相互作用降低它们的陷阱密度。基于 CsPbBr₃ 纳米片的 LED 器件结构为 ITO/PEDOT:PSS/Poly-TPD/CsPbBr₃ 纳米片/TPBi/LiF/Al，如图 2.9（a）所示。发射波长为 465nm，发出蓝光，如图 2.9（b）所示，EQE 为 0.8%，最大亮度为 631cd/m²。考虑到传统的 OAm 和 OA 配体容易从钙钛矿材料的表面脱落，CsPbBr₃ 纳米片具有较高的比表面积，其发光性能和胶体稳定性对表面极其敏感，另外，OA 和 OAm 虽然可以钝化表面以得到较高的 PLQY，但是它们的链长，电导率较低，从而影响电子和空穴注入。上海交通大学 Zhang 等使用 DDAB 配体对合成的 CsPbBr₃ 纳米片进行后处理，原有的 OA 配体可以部分被 DDAB 配体取代，其形态和晶体结构没有明显变化，但 PLQY 和稳定性显著增强[58]。此外，由于 CsPbBr₃ 纳米片链相对较短，载流子迁移率显著提高，制备了器件结构为 ITO/PEDOT:PSS/Poly-TPD/CsPbBr₃ 纳米片/TPBi/LiF/Al 的蓝光无机钙钛矿 LED。考虑到 CsPbBr₃ 纳米片相对较低的价带水平，以及在空穴传输层/CsPbBr₃ 纳米片界面存在较大的空穴注入势垒和非辐

射复合损失，采用双层结构的空穴传输层来改善空穴注入，优化电荷平衡，进一步提高了 CsPbBr$_3$ 纳米片 LED 的 EQE，如图 2.9（c）所示，可达到 1.42%，最大亮度为 41.8cd/m^2。虽然短的表面配体可以提升钙钛矿量子点的稳定性并改善电子、空穴的注入，但是器件的 EQE 较低，蓝光无机钙钛矿 LED 器件的性能还有待进一步提升。北京理工大学 Wang 等证明了双配体[2-苯基乙胺溴化物（phenethylammonium bromide，PEABr）和 3,3-二苯丙胺溴化物（3,3-diphenylpropylammonium bromide，DPPABr）]可以协同作用，这是调整 CsPbClBr$_2$ 纳米晶薄膜量子阱宽分布（quantum-well width distribution，QWD）的有效方法[61]。通过合理调控这两种配体的比例可以缩小 QWD，实现了在 470nm 处产生强烈的蓝光发射，PLQY 高达 60%，并制备了器件结构为 ITO/PEDOT:PSS/TFB/CsPbClBr$_2$/TPBi/LiF/Al 的蓝光无机钙钛矿 LED，最大亮度为 482cd/m^2。从图 2.9（d）和（e）可以看出，最大 EQE 为 8.8%，统计了 28 个 LED 器件，平均 EQE 为 6.2%，展示出良好的器件性能。2020 年，Dong 等采用双壳结构，即阳离子作为与量子点结合的内壳，极性溶剂溶解阴离子作为进一步保护量子点的外壳，显著提高了钙钛矿量子点的稳定性和迁移率，其 PLQY 超过 90%[5]。基于改性的 CsPbBr$_3$ 制备了高效的蓝光无机钙钛矿 LED 器件，如图 2.9（f）所示，其 EQE 为 12.3%。

(a) 高分辨透射电镜图

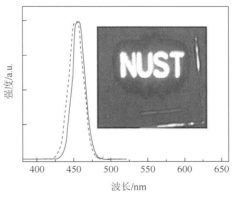

(b) CsPb(Br$_{0.2}$Cl$_{0.8}$)$_3$ 的 PL（虚线）和 EL（实线）光谱

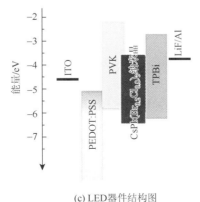

(c) LED 器件结构图

图 2.8　CsPb(Br$_{1-x}$Cl$_x$)$_3$ 的 EL 器件性能

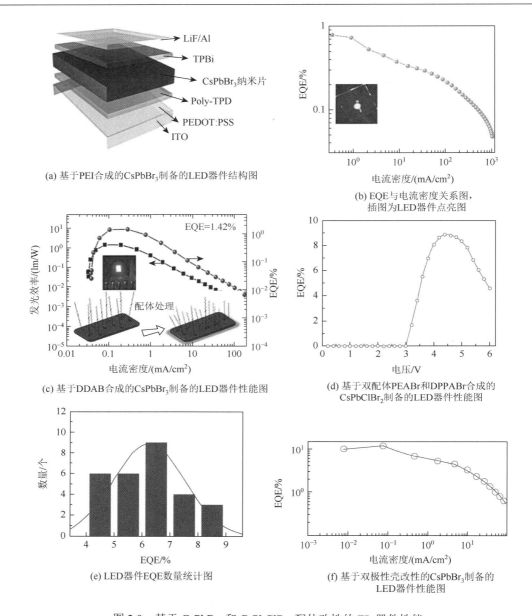

(a) 基于PEI合成的CsPbBr₃制备的LED器件结构图

(b) EQE与电流密度关系图，
插图为LED器件点亮图

(c) 基于DDAB合成的CsPbBr₃制备的LED器件性能图

(d) 基于双配体PEABr和DPPABr合成的
CsPbClBr₂制备的LED器件性能图

(e) LED器件EQE数量统计图

(f) 基于双极性壳改性的CsPbBr₃制备的
LED器件性能图

图 2.9　基于 CsPbBr₃ 和 CsPbClBr₂ 配体改性的 EL 器件性能

　　掺杂是制备高 PLQY 和高稳定性钙钛矿 LED 器件的有效方法。Hou 等将 Mn²⁺ 添加到 CsPbBr$_x$Cl$_{3-x}$ 钙钛矿晶格中，掺杂后其 PLQY 得到明显提升，从 9% 提升到 28%，荧光寿命也得到延长，缺陷态明显减少[59]。制备的器件结构为 ITO/PEDOT:PSS/TFB/PFI/CsMn$_y$Pb$_{1-y}$Br$_x$Cl$_{3-x}$/TPBi/LiF/Al。基于 Mn²⁺ 掺杂 CsPbBr$_x$Cl$_{3-x}$ 制备的蓝光无机钙钛矿 LED 器件性能得到明显提升，其最大 EQE 为 2.12%，最大亮度为 245cd/m²。电子和空穴注入平衡是获得高效钙钛矿 LED 的关键因素。苏黎世联邦理工学院 Ochsenbein 等报道了使用 CsPb(Br/Cl)₃ 纳米晶（EL 峰位为 463nm）的 LED，为了平衡电荷输运，采用了两个空穴传输层来促进空穴注入，分别为 Poly-TPD 和 CBP[57]，制备的器件结构为 ITO/PEDOT:PSS/Poly-TPD/CBP/CsPb(Br/Cl)$_3$ 纳米晶/B3PYMPM/LiF/Al，器件所获得的 EQE 为 1%。

2.6　白光无机钙钛矿 LED

2.6.1　无机钙钛矿组分白光 LED

目前获得白光 LED 的方法有很多，其中，最普遍的方法是钇铝石榴石（yttrium aluminium garnet，YAG）荧光粉与蓝光 LED 结合而产生白光。但是，由蓝光和黄光形成的白光无法完全覆盖整个颜色区域。无机钙钛矿具有高的稳定性、窄的光谱带宽以及高 PLQY，因此，不少科研者对无机钙钛矿量子点用于白光 LED 进行了研究。表 2.4 总结了近年来无机钙钛矿组分白光 LED 结构及性能参数。

表 2.4　已报道的无机钙钛矿组分白光 LED 的结构及性能参数

色转换层	NTSC 色域/%	CIE x	CIE y	发光效率 /(lm/W)	CCT /K	CRI	电流 /mA	参考文献
CsPbBr$_3$/PMMA + CsPb(Br/I)$_3$/PMMA	NA	0.33	0.30	NA	2500～11500	90	8	[48]
CsPbBr$_{2.3}$I$_{0.7}$ + CsPbBr$_{1.4}$I$_{1.6}$	NA	0.436	0.398	NA	2890	86	40	[62]
CsPbBr$_3$/PMA + CsPbBr$_{1.6}$I$_{1.4}$/PMA	NA	NA	NA	4.5	3665	72.4	58.8	[63]
CsPbBr$_3$/POSS + CsPb(Br/I)$_3$/POSS	NA	0.349	0.383	14.1	NA	NA	20	[64]
CsPbBr$_3$/silica + CsPb(Br$_{0.4}$I$_{0.6}$)$_3$/silica	NA	0.3251	0.3304	14.1	5853	82	20	[65]
SiO$_2$CsPbBr$_3$ + CsPb(Br$_{0.6}$I$_{0.4}$)$_3$	113	0.24	0.28	30	NA	NA	NA	[66]
CsPbBr$_3$/SiO$_2$ + CsPbBr$_{1.2}$I$_{1.8}$	127	0.3259	0.3592	35.4	5623	NA	20	[67]
CsPbBr$_3$/SiO$_2$ + CsPb(Br/I)$_3$/SiO$_2$	120	0.33	0.33	61.2	NA	NA	20	[68]
CsPbMnCl$_3$@SiO$_2$ + CsPbBr$_3$	NA	0.392	0.401	77.59	3950	82	20	[69]
CsPbX$_3$/Zeolite-Y + CsPb(Br$_{0.4}$I$_{0.6}$)$_3$	114	0.38	0.37	NA	3876	NA	20	[70]
CsPbBr$_3$-CB + CsPb(Br$_{0.4}$I$_{0.6}$)$_3$-CB	NA	0.41	0.37	NA	NA	NA	NA	[71]
CsPb(Br/Cl)$_3$-MEOPEG + CsPb(Br$_{0.4}$I$_{0.6}$)$_3$-MEOPEG	NA	0.33	0.29	NA	NA	84	NA	[72]

注：NTSC 指国家电视标准委员会（National Television Standards Committee）；CCT 指相关色温（correlated color temperature）；CB 指苯甲酸（carboxybenzene）；MEOPEG 指聚乙二醇单甲醚（methoxypolyethylene glycols）；PMA 指聚(马来酸酐-*alt*-1-十八碳烯) [poly(maleic anhydride-*alt*-1-octadecene)]；POSS 指笼型聚倍半硅氧烷（polyhedral oligomeric silsesquioxane）；Zeolite-Y 指 Y 型沸石；silica 指无定形氧化硅。

Li 等将全无机红、绿光卤化物钙钛矿量子点溶于 PMMA 基体中，如图 2.10（a）所示，并将其作为单独的一层滴在蓝光 LED 芯片上[48]。简单地改变红光量子点和绿光量子点之间的组成比例，如图 2.10（b）所示，所得到白光 LED 的 CCT 可在 2500～11500K 之间调整，其 CIE 色坐标为（0.33，0.30），接近标准白光的 CIE 色坐标[（0.33，0.30）]，如图 2.10（c）所示，所得到的钙钛矿能够覆盖 NTSC 色域。由于钙钛矿量子点存在稳定性差的问题，中国科学院 Wei 等采用膨胀-收缩法，如图 2.10（d）所示，将无机钙钛矿量子点填充到交联聚苯乙烯（polystyrene，PS）中形成了钙钛矿量子点@PS 复合球[49]。研究发现，这种方式能够使钙钛矿量子点在水、酸溶液及碱溶液中保持稳定。采用蓝光 LED 芯片激发绿光 CsPbBr$_3$@PS 和红光 CsPb(Br$_{0.4}$I$_{0.6}$)$_3$@PS 卤化物钙钛矿复合物结构，如图 2.10（e）所示，得到具有三个独立 EL 峰的白光 LED。这表明 PS 能够阻止绿光卤化物钙钛矿和红光卤化物钙钛矿之间发生离子交换反应。在该体系下，白光 LED 的 CIE 色坐标为（0.31，0.30）。

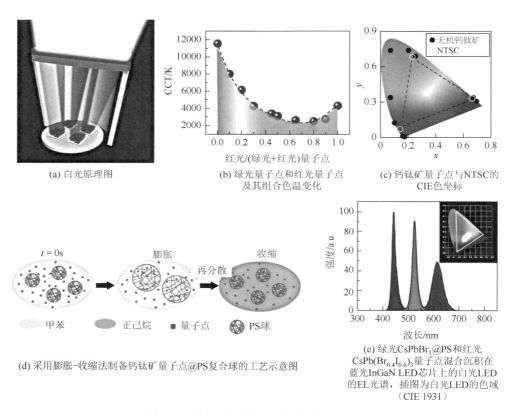

(a) 白光原理图

(b) 绿光量子点和红光量子点及其组合色温变化

(c) 钙钛矿量子点与 NTSC 的 CIE 色坐标

(d) 采用膨胀-收缩法制备钙钛矿量子点@PS复合球的工艺示意图

(e) 绿光 CsPbBr$_3$@PS 和红光 CsPb(Br$_{0.4}$I$_{0.6}$)$_3$ 量子点混合沉积在蓝光 InGaN LED 芯片上的白光 LED 的 EL 光谱，插图为白光 LED 的色域（CIE 1931）

图 2.10　基于无机钙钛矿组分的白光 LED

厦门大学 Xu 等通过将卤化物钙钛矿掺入 CB 晶体中发现，卤化物钙钛矿与 CB 混合后，具有较高的抗潮湿性和抗蓝光性，同时保持其原有优异的 PL 特性[71]。此外，如图 2.11（a）和（b）所示，他们还制备了一种由蓝光 LED 芯片激发绿光 CsPbBr$_3$-CB 和红光 CsPb(Br$_{0.4}$I$_{0.6}$)$_3$-CB 量子点的白光 LED。结果表明，CB 可以阻止钙钛矿发生阴离子交换反应，因此得到的白光 LED 的 CIE 色坐标为（0.41，0.37），即使在连续光照 30h 后，其白光 PL 强度也仅降低了 7%。Yue 等采用摩尔质量为 200g/mol 的低毒性低聚物 MEOPEG，制备

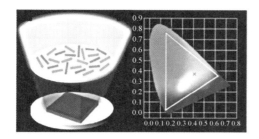

(a) 基于CB修饰量子点在蓝光芯片下的白光原理图

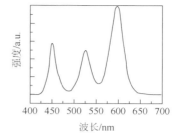

(b) 基于CB修饰量子点的EL图

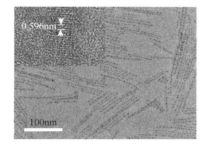

(c) CsPbBr$_3$-MEOPEG纳米线的透射电镜图

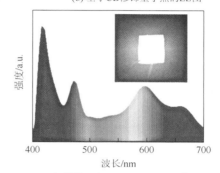

(d) 基于CsPb(Br/Cl)$_3$-MEOPEG和
CsPb(Br/I)$_3$-MEOPEG在蓝光芯片下的EL图

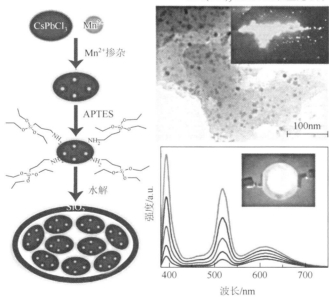

(e) CsPbMnCl$_3$@SiO$_2$的合成示意图及透射电镜图和EL图

图 2.11   基于无机钙钛矿的白光 LED

出一种 CsPbX$_3$-MEOPEG 纳米线，如图 2.11（c）所示[72]。通过这种方法得到的 CsPbX$_3$-MEOPEG 纳米线表现了与主晶格特征发射相对应的双发射光。如图 2.11（d）所示，以 CsPb(Br/Cl)$_3$-MEOPEG 和 CsPb(Br/I)$_3$-MEOPEG 作为白光 LED 的发光层，其 CIE 色坐标为（0.33，0.29），CRI 为 84。Chen 等通过水解 3-氨丙基三乙氧基硅烷[(3-aminopropyl) triethoxysilane，APTES]产生的 SiO_2 包裹 Mn^{2+} 掺杂 $CsPbCl_3$ 量子点，如图 2.11（e）所示，得到 $CsPbMnCl_3@SiO_2$ 复合结构，其 PLQY 高达 55.4%[69]。$CsPbMnCl_3@SiO_2$ 在 100℃温度下退火 1h 后，PL 强度保持初始强度的 61.7%；在 65%相对湿度下存放两周后，其 PL 强度保持初始强度的 69%。此外，SiO_2 的包覆作用可以避免 $CsPbMnCl_3@SiO_2$ 和 $CsPbBr_3$ 发生离子交换。对所制备的白光 LED 器件进行表征，可以得到发光效率高达 77.59 lm/W，CRI 为 82，CCT 为 3950K，CIE 色坐标为（0.392，0.401）等相关器件参数。该器件在连续点亮 24h 之后，白光 EL 强度基本不变，表明钙钛矿具有良好的光稳定性。

2.6.2　单组分白光 LED

单组分白光是指一种材料在芯片的激发下发射的白光。目前，商用制备白光的方法是蓝光芯片加上黄光荧光粉，这种方法制备的白光 LED 通常显色性较差。通过几种材料混合也可制备白光 LED，由于不同材料的使用寿命不一样，其发光颜色随时间而变。为了解决这些问题，人们尝试研制利用芯片激发的单组分宽光谱白光材料。目前这种材料还比较少见，而且大部分是基于掺杂稀土元素发光物的无机材料。这些无机白光荧光粉的发光效率一般比较低，而且通常其生产工艺复杂，制造成本也较高。

因此，探索一种具有高的发光效率和容易制备的钙钛矿材料且能够实现单组分的白光是很有意义的，同时具有广阔的应用前景。表 2.5 总结了近年来单组分白光 LED 的结构及性能参数。

表 2.5　已报道的单组分白光 LED 的结构及性能参数

色转换层	PLQY/%	CIE x	CIE y	发光效率/(lm/W)	CCT/K	CRI	参考文献
$CsPb_2Cl_xBr_{5-x}:Mn^{2+}$	49	0.35	0.32	NA	NA	NA	[73]
$CsPb_{0.76}Zn_{0.014}Cl_{0.93}Br_{2.06}:0.08Mn^{2+}$	NA	0.352	0.302	NA	NA	42	[74]
$CsPbBr_{2.2}Cl_{0.8}:Tm^{3+}/Mn^{2+}$	54	0.33	0.34	NA	1800~12400	91	[75]
$CsPbCl_3:Bi^{3+}/Mn^{2+}$	NA	0.33	0.29	NA	4250~19000	NA	[76]
$CsPbCl_{1.8}Br_{1.2}:Ce^{3+}/Mn^{2+}$	75	0.33	0.29	51	NA	89	[77]
$CsPb(Br_{0.6}/I_{0.4})_3@anthracene$	41.9	0.35	0.30	NA	NA	90	[78]

注：anthracene 指蒽。

东南大学 Wang 等对发蓝光的 $CsPb_2Cl_xBr_{5-x}$ 材料进行 Mn^{2+} 掺杂[73]，Mn^{2+} 的 EL 峰位为 580nm，通过调节 Mn^{2+} 掺杂量，如图 2.12（a）所示，可以实现单组分的白光，PLQY 为 49%，CIE 色坐标为（0.35，0.32），将制备的白光材料与 PS 混合而不改变白光发射，如图 2.12（b）所示，可以看到与 PS 混合后的 EL 光谱随着点亮时间的变化，EL 强度几乎没有下降，而未混合的 EL 强度在 12h 后下降明显，表明与 PS 混合可以显著提高钙钛矿的稳定性。Li 等利用 ZnBr$_2$ 和制备的 CsPb$_{1-x}$Cl$_3$:xMn^{2+} 纳米晶，得到了高 Br$^-$ 含量的 Cs(Pb$_{1-x-z}$Zn$_z$)(Cl$_y$Br$_{1-y}$)$_3$:xMn^{2+} 纳米晶，且 Mn^{2+} 取代率可达 22% 左右，并对它们的交换机理和动力学过程进行了评价[74]。快速的阴离子交换可以通过可溶的卤化物前驱体实现，从强烈的带边发射演化观察到阴离子交换在数秒内完成，而阳离子交换通常需要至少数小时。随着离子交换反应时间的延长，通过控制 Zn^{2+} 取代 Mn^{2+}，可以进一步改变 Mn^{2+} 的 EL 强度。通过这种阳离子/阴离子协同交换方法，如图 2.12（c）和（d）所示，掺杂钙钛矿纳米晶的白光发射得以实现，也成功地在基于商用的 365nm LED 芯片的原型白光 LED 器件中进行了演示，得到的白光 CIE 色坐标为（0.352，0.302）。西南交通大学 Luo 等通过引入稀土元素离子 Tm^{3+} 和 Mn^{2+} 来掺杂 CsPbBr$_{2.2}$Cl$_{0.8}$ 量子点，Tm 独特的 ^{1}G$_4$ 能级作为中间能级，超高效率地促进激子能量从钙钛矿转移到 Mn^{2+} 上[75]，如图 2.12（e）所示，通过调节加入 HBr 的比例可以使得颜色从绿色到橙色，CCT 为 1800～12400K，可以覆盖整个可见光区域。基于此，通过 365nm LED 芯片的激发，可以实现单组分白光，如图 2.12（f）所示，CIE 色坐标为（0.34，0.33），PLQY 为 54%。

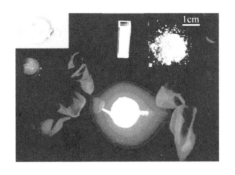

(a)Mn^{2+}掺杂CsPb$_2$Cl$_x$Br$_{5-x}$在紫外灯和芯片上的发光图

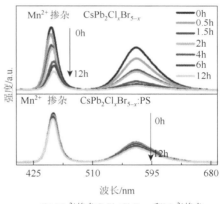

(b) Mn^{2+}掺杂CsPb$_2$Cl$_x$Br$_{5-x}$和Mn^{2+}掺杂
CsPb$_2$Cl$_x$Br$_{5-x}$:PS在不同时间下的EL图

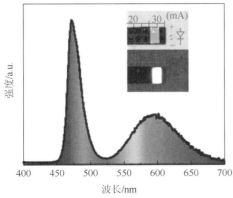

(c) CsPb$_{0.76}$Zn$_{0.014}$Cl$_{0.93}$Br$_{2.06}$:0.08Mn^{2+}纳米晶在芯片下的EL图

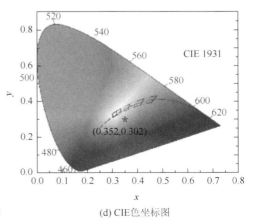

(d) CIE色坐标图

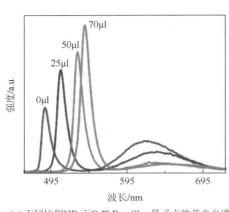

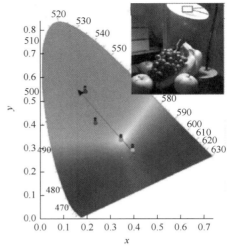

(e) 不同比例HBr下CsPbBr$_{2.2}$Cl$_{0.8}$量子点的荧光光谱 　　(f) 不同比例HBr下CsPbBr$_{2.2}$Cl$_{0.8}$量子点的CIE色坐标图

图 2.12　基于单组分的白光 LED

　　吉林大学 Shao 等采用热注入法制备了双离子 Bi^{3+}/Mn^{2+}共掺杂 CsPbCl$_3$ 纳米晶[76]。通过简单地调节离子掺杂量，共掺杂 CsPbCl$_3$ 纳米晶在紫外光激发下表现出可调谐的发射，Bi^{3+}的掺杂量为 8.7%，改变 Mn^{2+}的掺杂量，其 CCT 为 4250～19000K。这种有趣的光谱行为得益于从 CsPbCl$_3$ 纳米晶主体到 Bi^{3+}或 Mn^{2+}掺杂离子的固有能级的有效能量转移。最后，利用 CsPbCl$_3$ 纳米晶主体的激子跃迁与 Bi^{3+}和 Mn^{2+}的发射之间的合作，在 365nm 芯片激发下，实现了 Bi^{3+}/Mn^{2+}共掺杂 CsPbCl$_3$ 纳米晶的白光发射，其白光 CIE 色坐标为（0.33，0.29）。此外，Pan 等还利用 Ce^{3+}/Mn^{2+}、Ce^{3+}/Eu^{3+}、Ce^{3+}/Sm^{3+}、Bi^{3+}/Eu^{3+} 和 Bi^{3+}/Sm^{3+}等金属离子对 CsPbCl$_x$Br$_{3-x}$ 纳米晶进行掺杂，通过典型的阴离子交换反应，获得了 Ce^{3+}/Mn^{2+}共掺杂 CsPbCl$_{1.8}$Br$_{1.2}$ 纳米晶的高效白色发光，最佳 PLQY 为 75%，该白光 LED 的 CIE 色坐标为（0.33，0.29），发光效率为 51 lm/W，CRI 高达 89[77]。Shen 等还引入了发蓝光的有机组分 anthracene，形成 CsPb(Br$_{0.6}$I$_{0.4}$)$_3$@anthracene，并在 385nm 芯片激发下得到了白光[78]，EL 强度随着电流增加而增加，没有饱和，随着工作电压的增加，白光 LED 的 CIE 色坐标略有偏移，x 和 y 的变化小于 0.03，CIE 色坐标为（0.35，0.30）。

2.6.3　无机钙钛矿 + 荧光粉或其他量子点构成白光 LED

　　无机钙钛矿由于具有优异的发光性能，非常适合应用于白光 LED。在基于 YAG:Ce^{3+} 的白光 LED 应用中，由于产生的光谱中红光成分不足，通常获得的白光 CRI 偏低，并且 CCT 较高。针对这个问题，可以通过引入钙钛矿材料来提升 CRI 和降低 CCT，并且优化白光的 CIE 色坐标。表 2.6 总结了近年来基于无机钙钛矿 + 荧光粉或其他量子点构成白光 LED 的结构及性能参数。

表 2.6　已报道的无机钙钛矿 + 荧光粉或其他量子点构成白光 LED 的结构及性能参数

色转换层	NTSC 色域/%	CIE x	CIE y	发光效率 /(lm/W)	CCT /K	CRI	电流 /mA	参考文献
$CsPbBrI_2$/PMMA + $Y_3Al_5O_{12}$:Ce^{3+}	NA	0.3248	0.3162	58	6500	96	120	[79]
$CsPb(Br_{0.3}I_{0.7})_3$ + $Y_3Al_5O_{12}$:Ce^{3+}	NA	0.4030	0.3654	19	3328	84.7	NA	[80]
$CsPbBr_3$ + $(Ba,Ca,Sr)_3SiO_5$:Eu	NA	0.3339	0.3671	NA	5447	93.2	20	[81]
mesoporous-$CsPbBr_3$/SDDA@ PMMA + K_2SiF_6:Mn^{4+}	102	0.271	0.232	NA	NA	NA	NA	[82]
ethyl cellulose-$CsPbBr_3$ + $Sr_2Si_5N_8$:Eu^{2+}	NA	NA	NA	67.93	7540	67.93	20	[83]
ethyl cellulose-$CsPb(Br_{0.4}I_{0.6})_3$ + $Y_3Al_5O_{12}$:Ce^{3+}	NA	NA	NA	46.45	3897.9	90.3	20	[84]
$CsPbBr_{1.2}I_{1.8}$/PMMA + $Y_3Al_5O_{12}$:Ce^{3+}	NA	0.358	0.315	78.41	4222	92	20	[85]
$CsPbI_2Br$ + $Y_3Al_5O_{12}$:Ce^{3+}	NA	0.3759	0.3752	42.12	4067	90.5	20	[86]
$CsPbBr_3$/PMMA + K_2SiF_6:Mn^{4+}	105	NA	NA	NA	NA	NA	350	[50]
$CsPbBr_3$/PMMA + CdSe	NA	0.3413	0.3329	NA	NA	89.2	NA	[87]
$CsPbBr_3$/PMMA + CdSe/ZnS/PMMA	125	0.31	0.32	65	NA	NA	20	[87]
$CsPbBr_3$/TDPA + K_2SiF_6:Mn^{4+}	122	0.31	0.29	63	7072	83	20	[88]
$CsPbBrI_2$/PMMA + YAG:Ce^{3+}	NA	0.3248	0.3162	58	5907	90	20	[79]
$CsPbBr_3$/LMA + K_2SiF_6:Mn^{4+}	115	0.293	0.304	135	9622	NA	NA	[89]
$CsPbBr_3$/PSZ + K_2SiF_6:Mn^{4+}	NA	0.308	0.328	138.6	6762	NA	NA	[90]
$CsPb_{0.64}Sn_{0.36}Br_3$/silica + $CaAlSiN_3$:Eu^{3+}	NA	0.3179~0.3596	0.3174~0.3665	29.06	3128~6119	74.2	NA	[91]
$CsPbBr_3$:Na + K_2SiF_6:Mn^{4+}	NA	0.31	0.33	67.3	6652	75.2	9	[92]
$CsPbBr_3$/MPMs@SiO_2 $CaAlSiN_3$:Eu^{2+}	NA	0.32	0.26	81	NA	NA	5	[93]
$CsPbBr_3$-DA + AgInZnS	NA	0.44	0.42	64.8	3018	93	NA	[94]
$CsPbBr_3$@SiO_2 + AgInZnS	NA	0.40	0.41	40.6	3689	91	NA	[7]
DDAB-$CsPbBr_3$/SiO_2 + AgInZnS	NA	0.41	0.38	63.4	3209	88	NA	[95]
$CsPbBr_3$@ZrO_2 + $CaAlSiN_3$:Eu^{2+}	NA	0.351	0.346	64	4734	NA	NA	[96]
$CsPbBr_3$:Sn^{2+} + AgInZnS	NA	0.41	0.48	43.2	3954	89	NA	[97]

注：PSZ 指聚硅氮烷（polysilazane）；ethyl cellulose 指乙基纤维素；LMA 指甲基丙烯酸月桂酯（lauryl methacrylate）；mesoporous 指介孔；TDPA 指烷基磷酸盐（alkyl phosphate）；MPMs 指介孔聚苯乙烯微球（mesoporous polystyrene microspheres）。

　　龙岩大学 Zhou 等将 $CsPbI_3$ 与 Br^- 混合，制备出具有较好稳定性的红光钙钛矿量子点（$CsPbBr_{1.2}I_{1.8}$）[85]。如图 2.13（a）所示，将红光钙钛矿量子点分散在 PMMA/氯仿溶液中，再通过旋涂法旋涂到覆盖了 YAG:Ce^{3+} 的白光 LED 的上表面。如图 2.13（b）所示，该白光 LED 体系的 CRI 为 92，CCT 为 4222K，发光效率为 78.41 lm/W，优于基于单一 YAG:Ce^{3+} 的白光 LED 体系（CRI 为 74，CCT 为 6713K）。Zhou 等也报道了一种用于 YAG:Ce^{3+} 的白光 LED 体系的红光卤化物钙钛矿 $CsPbBr_{3-x}I_x$ 量子点[79]。研究发现，当 x 达到其最优值 2 时，$CsPbBr_{3-x}I_x$ 量子点表现出高的 PLQY 和高发光效率。将 $CsPbBr_{3-x}I_x$ 量子点分散在 PMMA 中，并与 YAG:Ce^{3+} 结合制备了白光 LED，如图 2.13（c）和（d）所示，结果表明，得到的白光 LED 器件的 CRI 为 90，CCT 为 5907K，发光效率为 58 lm/W。

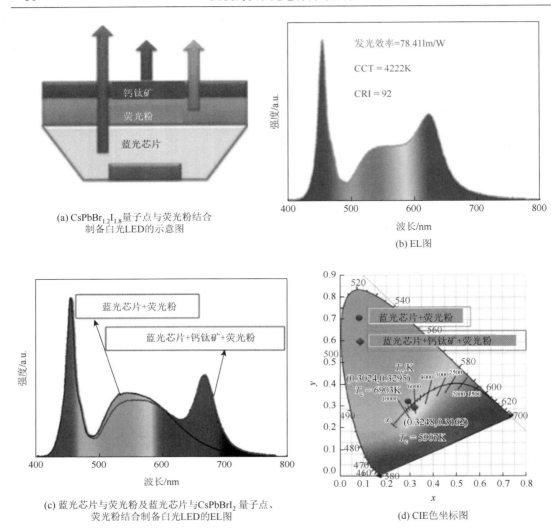

(a) CsPbBr$_{1.2}$I$_{1.8}$量子点与荧光粉结合
制备白光LED的示意图

(b) EL图

(c) 蓝光芯片与荧光粉及蓝光芯片与CsPbBrI$_2$量子点、
荧光粉结合制备白光LED的EL图

(d) CIE色坐标图

图 2.13　基于红光卤化物钙钛矿和芯片激发 YAG:Ce^{3+}荧光粉的白光 LED

在制备白光 LED 时，所使用的聚合物基体也会对白光发射产生影响。对于普遍适用的 PMMA，由于其具有高透明性，能够保持钙钛矿量子点的亮光，但由于其氧扩散系数相对较高，对紫外光照射和光氧化的稳定性并没有显著提高[98]。此外，成均馆大学 Song 等认为 PMMA 会导致钙钛矿的降解，提出用乙基纤维素取代 PMMA[84]。他们将制备的 CsPb(Br$_{0.4}$I$_{0.6}$)$_3$分散在乙基纤维素和 PMMA 基体中，制备了钙钛矿聚合物薄膜。由于乙基纤维素具有钝化特性，基于乙基纤维素的钙钛矿纳米晶对水的稳定性优于基于 PMMA 的钙钛矿纳米晶。两种薄膜分别在水中浸泡 200h 后，基于乙基纤维素的钙钛矿量子点的 PLQY 由 34.2%降至 19.8%，而基于 PMMA 的钙钛矿量子点的 PLQY 由 34.9%降至 9.5%。同时，钙钛矿量子点与乙基纤维素复合后制备的白光 LED 显示出优良的性能，其 CRI 为 90.3，CCT 为 3897.9K，发光效率为 46.45 lm/W。南京大学 Tong 等报道了一种后处理方法，即采用紫外光可聚合的 LMA 作为单体，与 CsPbBr$_3$量子点进行复合，可获得 CsPbBr$_3$ 聚合物薄膜[89]。结果表明，其 PLQY 为 85%～90%，明显高于典型的 CsPbBr$_3$ 薄膜（40%～50%）。CsPbBr$_3$ 聚合物薄膜在强光氙灯照射下具有良好的光稳定性。与此同时，CsPbBr$_3$ 聚合物薄膜在 50℃ 的水中处理超过 200h 后仍然表现出良好的稳定性。将 CsPbBr$_3$ 聚合物薄膜与 K$_2$SiF$_6$:Mn^{4+}（KSF）荧光粉相结合，制备的白光 LED 的 CCT 为 9622K，发光效率和 CIE 色坐标分别为 135 lm/W 和（0.293，0.304）。京熙大学 Yoon 采用后处理方法加入 PSZ 合成了 CsPbBr$_3$/PSZ 复合量子点，改善了 CsPbBr$_3$ 量子点的热稳定性、光稳定性、空气稳定性和湿度稳定性等，并且其 PLQY 可达 81.7%[90]。结合红光荧光粉 KSF 与商用蓝光 LED，获得的白光 LED 可以在 60mA 的驱动电流下呈现优良的器件性能：CIE 色坐标为（0.308，0.328），发光效率为 138.6 lm/W，EQE 为 51.4%等。

除了关注和优化与钙钛矿量子点结合的基体，研究者还从钙钛矿量子点本身的优化角度出发，有针对性地提高了白光 LED 的综合性能。温州大学 Liu 等采用高温固相法制备了 Sn^{2+} 掺杂 CsPbBr$_3$ 量子点，并将其封装到硼硅酸盐玻璃（borosilicate glass）中。这种方法合成的钙钛矿量子点具有良好的抗水性及高温稳定性，在水或高温条件下 100h 仍然可以保持较高的发光性能[91]。通过优化 Sn^{2+} 掺杂的比例，得到的 CsPb$_{0.64}$Sn$_{0.36}$Br$_3$ 量子点可作为白光 LED 的绿光源，结合蓝光 LED 与红光荧光粉（CaAlSiN$_3$:Eu^{2+}）制备白光 LED 器件[图 2.14（a）]。如图 2.14（b）所示，在 2.6V 驱动电压下，持续工作 50h 后，EL 强度基本没有下降。在进一步优化后，如图 2.14（c）所示，白光 LED 的 CCT 从 6119K 变化到 3128K，CIE 为（0.3179～0.3596，0.3174～0.3665），发光效率为 29.06 lm/W，CRI 为 74.2。东北师范大学 Li 等在室温下，利用过饱和度再结晶方法在钙钛矿量子点中原位掺杂 Na$^+$[92]。将优化的 CsPbBr$_3$:Na$^+$量子点用作白光器件绿光成分，并结合固态红光荧光粉，如图 2.14（d）和（e）所示，制备出的白光 LED 的 CCT 为 6652K，CRI 为 75.2，CIE 色坐标为（0.31，0.33），发光效率为 67.3 lm/W。此外，这种白光 LED 在空气环境中持续运行时表现出良好的稳定性。如图 2.14（f）所示，器件运行 500h 后仅出现 15%的发射衰减。

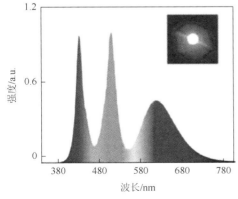

(a) 基于钙钛矿掺杂Sn^{2+}后封装在
硼硅酸盐玻璃中制备的白光LED的EL图

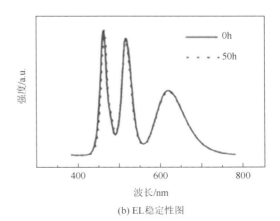

(b) EL稳定性图

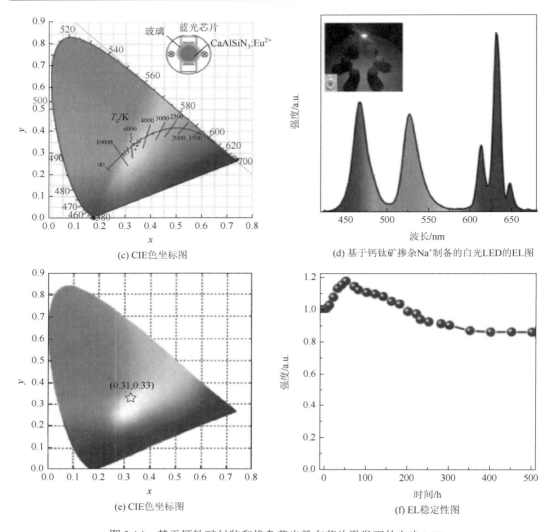

(c) CIE色坐标图

(d) 基于钙钛矿掺杂Na⁺制备的白光LED的EL图

(e) CIE色坐标图

(f) EL稳定性图

图2.14 基于钙钛矿封装和掺杂荧光粉在芯片激发下的白光 LED

此外，也可采用液态钙钛矿 $CsPbBr_{3-x}I_x$ 量子点，使相关量子点溶液保持液态，同时防止其干燥。例如，清华大学 Sher 等使用玻璃材料使量子点溶液保持液态，发现在其中的钙钛矿对外界环境表现出较高的稳定性的同时，还显示出较高的 CRI[99]。Sher 等还发现该方法可以提高量子点的效率，并且降低热效应。吉林大学 Ke 等制备了红光液态卤化物钙钛矿 $CsPb(Br/I)_3$ 量子点[100]，结合传统的 YAG:Ce^{3+}制备的白光 LED，在保持初始 PLQY 的同时，调整量子点的浓度，可使发光效率为 84.7 lm/W、CRI 为 89、CCT 为 2853～11068K。

包覆和配体改性也是提高钙钛矿基白光 LED 器件性能的一种方法。Yang 等提出了一种简单的水解有机硅烷方法，即将钙钛矿量子点嵌入 MPMs 中，采用 SiO_2 包覆工艺，制备具有明显增强稳定性的 $CsPbBr_3$/MPMs@SiO_2 杂化微球[93]。$CsPbBr_3$/MPMs@SiO_2 杂化微球具有较高的 PLQY（84%），即使在去离子水、异丙醇、酸/碱溶液、阴离子交换反应和加热等恶劣环境下，也表现了良好的化学/物理稳定性。在水中储存 30d 后，CsPbBr₃/MPMs@SiO₂ 杂化微球还能保持初始荧光强度的 48%。此外，将绿光 CsPbBr₃/MPMs@SiO₂ 微球与红光荧光粉混合置于蓝光芯片上，可以实现白光发射。在 5mA 驱动电流下，器件的发光效率为 81 lm/W，CIE 色坐标为（0.32，0.26）。器件连续工作 5h，EL 强度几乎没有下降，表明具有良好的 EL 稳定性。Yan 等采用热注入法，通过引入 DA 配体来替代传统 OA 配体，OA 配体由长碳链组成，DA 配体由两条短支链组成[94]。理论计算表明，与 OA 配体相比，DA 配体与量子点有更大的结合能，有利于量子点稳定性的提高。DA 配体改性后的量子点稳定性和 PLQY 均显著提高，具备更好的 EL 效率。利用改性后的量子点与红光 AgInZnS 量子点在蓝光 InGaN 芯片上制备了白光 LED。在该体系下，白光 LED 的 CIE 色坐标为（0.44，0.42），发光效率为 64.8 lm/W，CRI 为 93，CCT 为 3018K。由于配体改性不能有效地保护量子点不受湿和热的影响，而且热注入法较复杂，他们又尝试通过简便的方法在室温下制备了 SiO₂ 包覆的 CsPbBr₃ 量子点，如图 2.15 所示。CsPbBr₃@SiO₂ 量子点复合材料显示了较高的 PLQY 和良好的乙醇稳定性及热稳定性。利用改性后的量子点与红光 AgInZnS 量子点在蓝光 InGaN 芯片上制备了白光 LED。在该体系下，白光 LED 的 CIE 色坐标为（0.40，0.41），发光效率为 40.6 lm/W，CRI 为 91，CCT 为 3689K[7]。

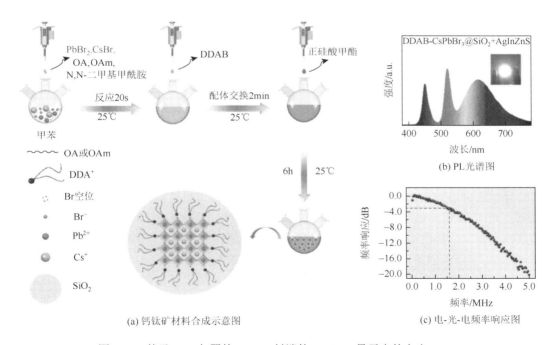

图 2.15　基于 SiO₂ 包覆的 DDAB 封端的 CsPbBr₃ 量子点的白光 LED

2021 年，Mo 等利用正丁醇锆[zirconium n-butoxide，Zr(OC₄H₉)₄]在室温下进行水解，然后对 CsPbBr₃ 纳米晶进行包覆，制备过程如图 2.16（a）所示。制备的 CsPbBr₃@ZrO₂ 复合材料可以提升 PLQY、增强热稳定性和乙醇稳定性[96]。此外，将该材料与红光荧光粉 CaAlSiN₃:Eu²⁺分别涂覆在蓝光 LED 芯片上制备白光 LED，PL 光谱如图 2.16（b）所示，这种白光 LED 的发光效率为 64 lm/W，CCT 为 4734K，CIE 色坐标为（0.351，0.346）。将这种白光 LED 作为光源应用于可见光通信，如图 2.16（c）所示，−3dB 带宽约为 2.7MHz。经过正交频分复用调制，显示出 33.5Mbit/s 的高传输速率。这为实现高效率白光 LED 和高可见光通信传输速率提供了一种新思路。

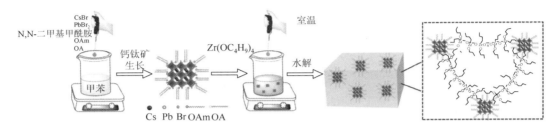

(a) 钙钛矿材料合成示意图

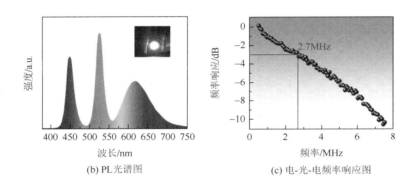

(b) PL光谱图 (c) 电-光-电频率响应图

图 2.16 基于 CsPbBr₃@ZrO₂ 的白光 LED

除此之外，掺杂也是提升钙钛矿材料稳定性的有效方法。Yan 等在室温下对 CsPbBr₃ 量子点进行掺杂，通过调整掺杂量，制备的 Sn²⁺掺杂 CsPbBr₃ 量子点的 PLQY 达到 82.77%[97]。Sn²⁺掺杂 CsPbBr₃ 量子点的热稳定性得到明显提升，在 80℃加热 105min 后能保持初始 PLQY 的 93%。采用 Sn²⁺掺杂 CsPbBr₃ 量子点与红光 AgInZnS 量子点在蓝光 InGaN 芯片上制备了白光 LED，PL 光谱如图 2.17（a）所示。这种白光 LED 的发光效率为 43.2 lm/W，CCT 为 3954K，CRI 为 89，CIE 色坐标为（0.41，0.48），如图 2.17（b）所示。

2.6.4 电注入钙钛矿白光 LED

电注入钙钛矿白光 LED 是指对器件施加电压后，使电子和空穴在钙钛矿发光层中辐射复合产生白光。电注入钙钛矿白光 LED 在显示和照明方面都有广阔的应用前景，有望

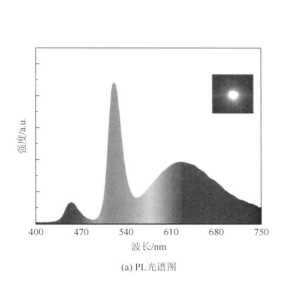

(a) PL光谱图

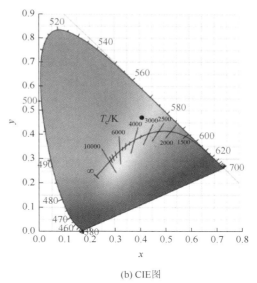

(b) CIE图

图 2.17　基于 Sn^{2+} 掺杂 $CsPbBr_3$ 制备的白光 LED

取代目前主流市场的有机电致 LED。因其色彩纯度高，更易显示鲜艳、浓郁的色彩，故不少研究者展开了对电注入钙钛矿白光 LED 的研究。电注入钙钛矿白光 LED 的制备方法主要有：钙钛矿材料与有机聚合物结合制备白光 LED；与蓝光芯片相结合或对钙钛矿材料进行掺杂，实现多个发光峰，从而制备白光 LED；单独钙钛矿组分白光 LED。表 2.7 总结了近年来电注入钙钛矿白光 LED 的结构及性能参数。

表 2.7　已报道的电注入钙钛矿白光 LED 的结构及性能参数

钙钛矿材料	CIE x	CIE y	器件结构	EQE/%	最大亮度/(cd/m²)	开启电压/V	参考文献
$CsPbBr_xCl_{3-x}$ + MEH:PPV	0.33	0.34	ITO/NiO$_x$/CsPbBr$_x$Cl$_{3-x}$:MEH:PPV/TPBi/LiF/Al	NA	350	4.7	[101]
$CsPbBr_{1.5}I_{1.5}$ + HFSO	0.28	0.33	ITO/PEDOT:PSS/HFSO/PQD/Ca/Al	NA	1200	4.7	[102]
$CsPbBr_3$	0.309	0.323	蓝宝石/p-GaN(Ni/Au)/n-ZnO/CsPbBr$_3$/In	NA	267	2.5	[103]
$CsPbCl_3$:Sm^{3+}	0.32	0.31	ITO/ZnO/PEI/PVK/TCTA/MoO$_3$/Au	1.2	938	NA	[104]
α/δ-$CsPbI_3$	0.35	0.43	ITO/PEDOT/TFB/CsPbI$_3$/TPBi/LiF/Al	6.5	12200	3.6	[105]

注：HFSO 指 3, 7-(9, 9-二正十二烷基芴基-2, 7-二基)-9, 9-(二己基-9H-芴-2-基)二苯并噻吩砜二氧化物 {3, 7-bis[7-(9, 9-di-n-hexylfluorenyl-2, 7-diyl)-(9, 9-di-n-hexylfluoren-2-yl)]dibenzothiophene-S, S-dioxide}；MEH:PPV 指聚[2-甲氧基-5-(2-乙基己氧基)-1, 4-苯撑乙烯撑] {poly[2-methoxy-5-(2-ethylhexyloxy)-1, 4-phenylenevinylene]}；PQD 指钙钛矿量子点（perovskite quantum dots）。

2017 年，美国加利福尼亚大学 Yao 等通过钙钛矿材料与有机聚合物结合制备了白光 LED 器件。他们制备的纯 $CsPbBr_3$ 和纯 $CsPbCl_3$ 的发光峰位分别为 510nm 和 390nm，

PLQY 分别为 80%和 1%。由于发射波长可以通过纯 CsPbBr$_3$（发光波长为 510nm）和纯 CsPbCl$_3$（发光波长为 390nm）进行调制，成功地获得了尺寸为 15nm、发蓝光的 CsPbBr$_x$Cl$_{3-x}$ 纳米晶（发光波长为 470nm）[101]。他们将制备的 CsPbBr$_x$Cl$_{3-x}$ 纳米晶与发橙光的高分子聚合物材料 MEH:PPV 进行混合，制备了器件结构为 ITO/NiO$_x$/CsPbBr$_x$Cl$_{3-x}$:MEH:PPV/TPBi/LiF/Al 的白光 LED。其中，NiO$_x$ 和 TPBi 分别作为器件的空穴传输层和电子传输层，如图 2.18（a）所示，这种三明治结构能够成功地将电子和空穴限制在钙钛矿发光层中，从而增大辐射复合的可能性。如图 2.18（b）所示，调节蓝光材料（发光波长为 470nm）和橙光材料（发光波长为 560nm）的比例（1∶0、18∶1、9∶1、3∶1、0∶1），其中，比例为 9∶1 的器件提供了从钙钛矿形成的激子到共轭聚合物的最佳能量转移过程，可以实现白光发射，CIE 色坐标为（0.33，0.34）。另外，中国台湾省台东大学 Huang 等采用热注入法制备了发橙光的 CsPbBr$_{1.5}$I$_{1.5}$ 量子点[102]，提纯后的 CsPbBr$_{1.5}$I$_{1.5}$ 量子点发光峰位为 566nm，半高宽为 21nm，并且 PLQY 较高（82%）。他们将制备的 CsPbBr$_{1.5}$I$_{1.5}$ 量子点与发蓝光的高分子聚合物材料 HFSO 进行混合，制备了器件结构为 ITO/PEDOT:PSS/HFSO:PQD/Ca/Al 的白光器件，如图 2.18（c）所示，该器件具有非常简单的结构，其开启电压为 4.7V，最大亮度为 1200cd/m^2，CIE 色坐标为（0.28，0.33）。此外，在不同电压下，激子的辐射能量可能从 HFSO 转移至量子点，447nm 峰的 EL 强度一开始下降可能是由于量子点对波长较短的光的吸收更强。如图 2.18（d）所示，当电流密度从 34mA/cm^2 增加至 340mA/cm^2 时，量子点的发射比并没有降低，表明在电流密度低于 340mA/cm^2 时，发光层温度对量子点的结晶度影响不明显。

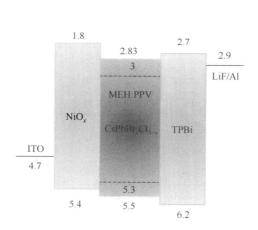

(a) 基于 CsPbBr$_x$Cl$_{3-x}$:MEH:PPV 的电注入
钙钛矿白光 LED 的器件结构图

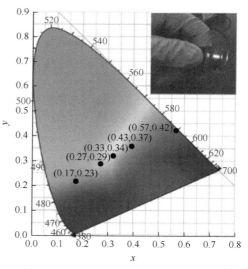

(b) 不同 CsPbBr$_x$Cl$_{3-x}$: (MEH:PPV) 比例的 CIE 色坐标图
（从左至右分别是 1∶0、18∶1、9∶1、3∶1 和 0∶1）

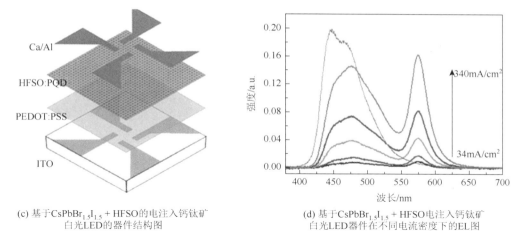

(c) 基于 CsPbBr$_{1.5}$I$_{1.5}$ + HFSO 的电注入钙钛矿白光 LED 的器件结构图

(d) 基于 CsPbBr$_{1.5}$I$_{1.5}$ + HFSO 电注入钙钛矿白光 LED 器件在不同电流密度下的 EL 图

图 2.18　基于钙钛矿与有机聚合物材料的电注入钙钛矿白光 LED 及性能

除了与高分子聚合物结合制备电注入钙钛矿白光 LED，与蓝光芯片结合也是制备电注入钙钛矿白光 LED 很好的方法。东北师范大学 Wang 等通过两步溶液法制备了 CsPbBr$_3$ 纳米晶，并对其结构/组成特性、激子发射特性和环境稳定性进行了详细研究[103]。在室温下对纳米晶的 PL 强度进行监测，2 个月内 PL 强度几乎没有下降，证明了制备的纳米晶具有较好的稳定性。他们制备的电注入钙钛矿白光 LED 器件的结构为蓝宝石/p-GaN(Ni/Au)/n-ZnO/CsPbBr$_3$/In，如图 2.19（a）所示，将这些绿光 CsPbBr$_3$ 纳米晶覆盖在蓝紫光 p-GaN/n-ZnO 芯片上，构建了一个 p 型 LED，如图 2.19（b）所示，制备了 CIE 色坐标为（0.309，0.323）的白光 LED 器件。对钙钛矿材料进行掺杂从而实现多个发光峰来制备白光 LED 也是不错的方法。吉林大学 Sun 等通过热注入法制备了 Sm^{3+} 掺杂 CsPbCl$_3$ 纳米晶，PLQY 高达 85%，通过调控 Sm^{3+} 的掺杂量，发射区域覆盖了蓝光到橙光。如图 2.19（c）所示，他们制备的电注入钙钛矿白光 LED 器件结构为 ITO/ZnO/PEI/PVK/TCTA/MoO$_3$/Au，器件的 EL 峰相比 PL 峰有所展宽，可能是周围介质的介电函数不同[106]、量子点的能量从小量子点转移到大量子点[107-110]，或者由外加电场引起的热效应[111]所导致的。当掺杂量为 5.1%（摩尔分数）时，由于 EL 峰的展宽，实现了 CIE 色坐标为（0.32，0.31）、最大亮度为 938cd/m^2、EQE 为 1.2%、CRI 为 93 的单组分白光 LED 器件，在实际应用中取得了良好的效果[104]。

除了掺杂实现单组分白光，南京理工大学 Chen 等报道了一种基于溶液处理的异相卤化物钙钛矿（α-CsPbI$_3$/δ-CsPbI$_3$）的白光 LED。他们发现，α-CsPbI$_3$ 与 δ-CsPbI$_3$ 相共存时会发生光电协同效应。如图 2.19（d）所示，制备的电注入钙钛矿白光 LED 的器件结构为 ITO/PEDOT/TFB/CsPbI$_3$/TPBi/LiF/Al，它只有一个宽带发射层。制备的单层发光半导体的白光 LED 的最大亮度为 12200cd/m^2，EQE 为 6.5%[105]。

随着无机钙钛矿材料的研究和发展，其在光电器件方面展示了优异的应用前景。无机钙钛矿本身具有优良的发光性能和稳定性，并且其制备工艺简单，成本较低，在 LED 方面的应用优势愈加显现。为了优化 LED 的性能，提升器件的 EQE 和最大亮度等关键参数，研究者一般采用包覆、配体改性和掺杂等方法提升无机钙钛矿的发光性能和稳定

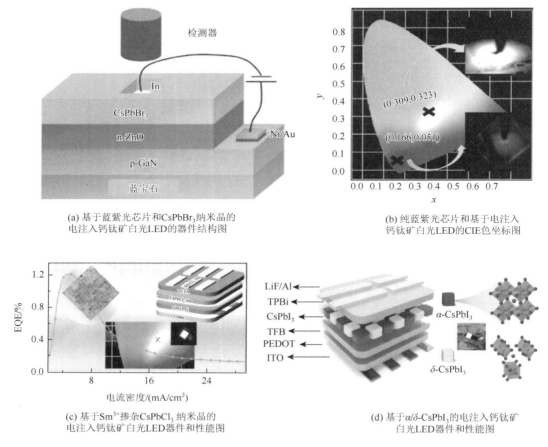

(a) 基于蓝紫光芯片和CsPbBr₃纳米晶的
电注入钙钛矿白光LED的器件结构图

(b) 纯蓝紫光芯片和基于电注入
钙钛矿白光LED的CIE色坐标图

(c) 基于Sm³⁺掺杂CsPbCl₃纳米晶的
电注入钙钛矿白光LED器件和性能图

(d) 基于α/δ-CsPbI₃的电注入钙钛矿
白光LED器件和性能图

图 2.19　基于电注入钙钛矿白光 LED 的发光器件及性能

性。经过研究者的不懈努力，LED 器件的 EQE 和稳定性都得到了较大程度的提升。但是，目前 LED 器件商业化应用的主要问题是其稳定性仍然不足。针对此问题，可以通过改善钙钛矿薄膜的形貌、缺陷和组分等方法提升 LED 中的辐射复合效率或者钙钛矿自身材料的稳定性。另外，载流子注入不平衡是降低 LED 器件稳定性和效率的关键因素。可以通过优化电子传输层和空穴传输层材料，使电子和空穴注入平衡，实现稳定的钙钛矿 LED。此外，采用技术较为成熟的有机发光二极管（organic light-emitting diode，OLED）生产线来制备基于无机钙钛矿的 EL 器件，并且对器件进行封装，可以在很大程度上解决工艺和稳定性的问题。人们还尝试利用热蒸发的方式直接沉积前驱体，形成无机钙钛矿薄膜并结晶，以期完成无机钙钛矿 LED 大面积产业化的"最后一公里"。我们相信在解决了器件的稳定性问题后，未来钙钛矿 LED 在显示和照明领域将有广阔的应用前景。

参 考 文 献

[1]　Zhang Q，Yin Y. All-inorganic metal halide perovskite nanocrystals：Opportunities and challenges[J]. ACS Central Science，2018，4（6）：668-679.

[2]　Yuan M，Quan L N，Comin R，et al. Perovskite energy funnels for efficient light-emitting diodes[J]. Nature Nanotechnology，

2016，11（10）：872-877.

[3] Song J，Li J，Li X，et al. Quantum dot light-emitting diodes based on inorganic perovskite cesium lead halides（CsPbX$_3$）[J]. Advanced Materials，2015，27（44）：7162-7167.

[4] Wang Y K，Yuan F，Dong Y，et al. All-inorganic quantum dot LEDs based on phase-stabilized α-CsPbI$_3$ perovskite[J]. Angewandte Chemie International Edition，2021：16164-16170.

[5] Dong Y，Wang Y K，Yuan F，et al. Bipolar-shell resurfacing for blue LEDs based on strongly confined perovskite quantum dots[J]. Nature Nanotechnology，2020，15（8）：668-674.

[6] Jiang Y，Qin C，Cui M，et al. Spectra stable blue perovskite light-emitting diodes[J]. Nature Communications，2019，10（1）：1-9.

[7] Guan H，Zhao S，Wang H，et al. Room temperature synthesis of stable single silica-coated CsPbBr$_3$ quantum dots combining tunable red emission of Ag-In-Zn-S for high-CRI white light-emitting diodes[J]. Nano Energy，2020，67：104279.

[8] Akkerman Q A，Rainò G，Kovalenko M V，et al. Genesis，challenges and opportunities for colloidal lead halide perovskite nanocrystals[J]. Nature Materials，2018，17（5）：394-405.

[9] Almeida G，Infante I，Manna L. Resurfacing halide perovskite nanocrystals[J]. Science，2019，364（6443）：833-834.

[10] Zou C，Liu Y，Ginger D S，et al. Suppressing efficiency roll-off at high current densities for ultra-bright green perovskite light-emitting diodes[J]. ACS Nano，2020，14（5）：6076-6086.

[11] Cho H，Kim Y H，Wolf C，et al. Improving the stability of metal halide perovskite materials and light-emitting diodes[J]. Advanced Materials，2018，30（42）：1704587.

[12] Shirasaki Y，Supran G J，Bawendi M G，et al. Emergence of colloidal quantum-dot light-emitting technologies[J]. Nature Photonics，2013，7（1）：13-23.

[13] Quan L N，García de Arquer F P，Sabatini R P，et al. Perovskites for light emission[J]. Advanced Materials，2018，30（45）：1801996.

[14] Cao M，Xu Y，Li P，et al. Recent advances and perspectives on light emitting diodes fabricated from halide metal perovskite nanocrystals[J]. Journal of Materials Chemistry C，2019，7（46）：14412-14440.

[15] Li Y F，Feng J，Sun H B. Perovskite quantum dots for light-emitting devices[J]. Nanoscale，2019，11（41）：19119-19139.

[16] Yantara N，Bhaumik S，Yan F，et al. Inorganic halide perovskites for efficient light-emitting diodes[J]. Journal of Physical Chemistry Letters，2015，6（21）：4360-4364.

[17] Li G，Rivarola F W R，Davis N J，et al. Highly efficient perovskite nanocrystal light-emitting diodes enabled by a universal crosslinking method[J]. Advanced Materials，2016，28（18）：3528-3534.

[18] Zhang X，Cao W，Wang W，et al. Efficient light-emitting diodes based on green perovskite nanocrystals with mixed-metal cations[J]. Nano Energy，2016，30：511-516.

[19] Zou S，Liu Y，Li J，et al. Stabilizing cesium lead halide perovskite lattice through Mn（Ⅱ）substitution for air-stable light-emitting diodes[J]. Journal of the American Chemical Society，2017，139（33）：11443-11450.

[20] Zhang X，Xu B，Zhang J，et al. All-inorganic perovskite nanocrystals for high-efficiency light emitting diodes：Dual-phase CsPbBr$_3$-CsPb$_2$Br$_5$ composites[J]. Advanced Functional Materials，2016，26（25）：4595-4600.

[21] Pan J，Quan L N，Zhao Y，et al. Highly efficient perovskite-quantum-dot light-emitting diodes by surface engineering[J]. Advanced Materials，2016，28（39）：8718-8725.

[22] Ling Y，Tian Y，Wang X，et al. Enhanced optical and electrical properties of polymer-assisted all-inorganic perovskites for light-emitting diodes[J]. Advanced Materials，2016，28（40）：8983-8989.

[23] Yao J S，Ge J，Han B N，et al. Ce^{3+}-doping to modulate photoluminescence kinetics for efficient CsPbBr$_3$ nanocrystals based light-emitting diodes[J]. Journal of the American Chemical Society，2018，140（10）：3626-3634.

[24] Li J，Shan X，Bade S G R，et al. Single-layer halide perovskite light-emitting diodes with sub-band gap turn-on voltage and high brightness[J]. Journal of Physical Chemistry Letters，2016，7（20）：4059-4066.

[25] Li J，Xu L，Wang T，et al. 50-fold EQE improvement up to 6.27% of solution-processed all-inorganic perovskite CsPbBr$_3$

QLEDs via surface ligand density control[J]. Advanced Materials，2017，29（5）：1603885.

[26] Song J，Fang T，Li J，et al. Organic-inorganic hybrid passivation enables perovskite QLEDs with an EQE of 16.48%[J]. Advanced Materials，2018，30（50）：1805409.

[27] Lin K，Xing J，Quan L N，et al. Perovskite light-emitting diodes with external quantum efficiency exceeding 20 percent[J]. Nature，2018，562（7726）：245-248.

[28] Li C，Zang Z，Chen W，et al. Highly pure green light emission of perovskite $CsPbBr_3$ quantum dots and their application for green light-emitting diodes[J]. Optics Express，2016，24（13）：15071-15078.

[29] Han C，Li C，Zang Z，et al. Tunable luminescent $CsPb_2Br_5$ nanoplatelets：Applications in light-emitting diodes and photodetectors[J]. Photonics Research，2017，5（5）：473-480.

[30] Yan D，Zhao S，Wang H，et al. Ultrapure and highly efficient green light emitting devices based on ligand-modified $CsPbBr_3$ quantum dots[J]. Photonics Research，2020，8（7）：1086-1092.

[31] Song Y H，Park S Y，Yoo J S，et al. Efficient and stable green-emitting $CsPbBr_3$ perovskite nanocrystals in a microcapsule for light emitting diodes[J]. Chemical Engineering Journal，2018，352：957-963.

[32] Sakata M，Nishiwaki T，Harada J. Neutron diffraction study of the structure of cubic $CsPbBr_3$[J]. Journal of the Physical Society，1979，47（1）：232-233.

[33] Sakata M，Harada J，Cooper M，et al. A neutron diffraction study of anharmonic thermal vibrations in cubic $CsPbX_3$[J]. Acta Crystallographica Section A：Crystal Physics，Diffraction，Theoretical and General Crystallography，1980，36（1）：7-15.

[34] Protesescu L，Yakunin S，Bodnarchuk M I，et al. Nanocrystals of cesium lead halide perovskites（$CsPbX_3$，X = Cl，Br，and I）：Novel optoelectronic materials showing bright emission with wide color gamut[J]. Nano Letters，2015，15（6）：3692-3696.

[35] Akkerman Q A，D'Innocenzo V，Accornero S，et al. Tuning the optical properties of cesium lead halide perovskite nanocrystals by anion exchange reactions[J]. Journal of the American Chemical Society，2015，137（32）：10276-10281.

[36] Jeong B，Han H，Choi Y J，et al. All-inorganic $CsPbI_3$ perovskite phase-stabilized by poly(ethylene oxide) for red-light-emitting diodes[J]. Advanced Functional Materials，2018，28（16）：1706401.

[37] Cai Y，Wang H，Li Y，et al. Trimethylsilyl iodine-mediated synthesis of highly bright red-emitting $CsPbI_3$ perovskite quantum dots with significantly improved stability[J]. Chemistry of Materials，2019，31（3）：881-889.

[38] Yang J N，Song Y，Yao J S，et al. Potassium bromide surface passivation on $CsPbI_{3-x}Br_x$ nanocrystals for efficient and stable pure red perovskite light-emitting diodes[J]. Journal of the American Chemical Society，2020，142（6）：2956-6297.

[39] Pan J，Shang Y，Yin J，et al. Bidentate ligand-passivated $CsPbI_3$ perovskite nanocrystals for stable near-unity photoluminescence quantum yield and efficient red light-emitting diodes[J]. Journal of the American Chemical Society，2017，140（2）：562-565.

[40] Liu M，Jiang N，Huang H，et al. Ni^{2+}-doped $CsPbI_3$ perovskite nanocrystals with near-unity photoluminescence quantum yield and superior structure stability for red light-emitting devices[J]. Chemical Engineering Journal，2021，413：127547.

[41] Liu F，Zhang Y，Ding C，et al. Highly luminescent phase-stable $CsPbI_3$ perovskite quantum dots achieving near 100% absolute photoluminescence quantum yield[J]. ACS Nano，2017，11（10）：10373-10383.

[42] Han B，Cai B，Shan Q，et al. Stable，efficient red perovskite light-emitting diodes by（$α$，$δ$）-$CsPbI_3$ phase engineering[J]. Advanced Functional Materials，2018，28（47）：1804285.

[43] Shi J，Li F，Jin Y，et al. In situ ligand bonding management of $CsPbI_3$ perovskite quantum dots enables high-performance photovoltaics and red light-emitting diodes[J]. Angewandte Chemie International Edition，2020，59（49）：22230-22237.

[44] Lu M，Guo J，Lu P，et al. Ammonium thiocyanate-passivated $CsPbI_3$ perovskite nanocrystals for efficient red light-emitting diodes[J]. Journal of Physical Chemistry C，2019，123（37）：22787-22792.

[45] Yi C，Liu C，Wen K，et al. Intermediate-phase-assisted low-temperature formation of $γ$-$CsPbI_3$ films for high-efficiency deep-red light-emitting devices[J]. Nature Communications，2020，11（1）：1-8.

[46] Lu M，Zhang X，Bai X，et al. Spontaneous silver doping and surface passivation of $CsPbI_3$ perovskite active layer enable

light-emitting devices with an external quantum efficiency of 11.2%[J]. ACS Energy Letters，2018，3（7）：1571-1577.

[47]　Chiba T，Hayashi Y，Ebe H，et al. Anion-exchange red perovskite quantum dots with ammonium iodine salts for highly efficient light-emitting devices[J]. Nature Photonics，2018，12（11）：681-687.

[48]　Li X，Wu Y，Zhang S，et al. $CsPbX_3$ quantum dots for lighting and displays：Room-temperature synthesis，photoluminescence superiorities，underlying origins and white light-emitting diodes[J]. Advanced Functional Materials，2016，26（15）：2435-2445.

[49]　Wei Y，Deng X，Xie Z，et al. Enhancing the stability of perovskite quantum dots by encapsulation in crosslinked polystyrene beads via a swelling-shrinking strategy toward superior water resistance[J]. Advanced Functional Materials，2017，27（39）：1703535.

[50]　Ma K，Du X Y，Zhang Y W，et al. In situ fabrication of halide perovskite nanocrystals embedded in polymer composites via microfluidic spinning microreactors[J]. Journal of Materials Chemistry C，2017，5（36）：9398-9404.

[51]　Otto T，Müller M，Mundra P，et al. Colloidal nanocrystals embedded in macrocrystals：Robustness，photostability，and color purity[J]. Nano Letters，2012，12（10）：5348-5354.

[52]　Yuan J，Ling X，Yang D，et al. Band-aligned polymeric hole transport materials for extremely low energy loss α-$CsPbI_3$ perovskite nanocrystal solar cells[J]. Joule，2018，2（11）：2450-2463.

[53]　Shi J，Li F，Yuan J，et al. Efficient and stable $CsPbI_3$ perovskite quantum dots enabled by in-situ ytterbium doping for photovoltaic application[J]. Journal of Materials Chemistry A，2019，7（36）：20936-20944.

[54]　Zhang J，Yin C，Yang F，et al. Highly luminescent and stable $CsPbI_3$ perovskite nanocrystals with sodium dodecyl sulfate ligand passivation for red-light-emitting diodes[J]. Journal of Physical Chemistry Letters，2021，12（9）：2437-2443.

[55]　Wu Y，Wei C，Li X，et al. In situ passivation of $PbBr_6^{4-}$ octahedra toward blue luminescent $CsPbBr_3$ nanoplatelets with near 100% absolute quantum yield[J]. ACS Energy Letters，2018，3（9）：2030-2037.

[56]　Yin W，Li M，Dong W，et al. Multidentate ligand polyethylenimine enables bright color-saturated blue light-emitting diodes based on $CsPbBr_3$ nanoplatelets[J]. ACS Energy Letters，2021，6（2）：477-484.

[57]　Ochsenbein S T，Krieg F，Shynkarenko Y，et al. Engineering color-stable blue light-emitting diodes with lead halide perovskite nanocrystals[J]. ACS Applied Materials & Interfaces，2019，11（24）：21655-21660.

[58]　Zhang C，Wan Q，Wang B，et al. Surface ligand engineering toward brightly luminescent and stable cesium lead halide perovskite nanoplatelets for efficient blue-light-emitting diodes[J]. Journal of Physical Chemistry C，2019，123（43）：26161-26169.

[59]　Hou S，Gangishetty M K，Quan Q，et al. Efficient blue and white perovskite light-emitting diodes via manganese doping[J]. Joule，2018，2（11）：2421-2433.

[60]　Gangishetty M K，Hou S，Quan Q，et al. Reducing architecture limitations for efficient blue perovskite light-emitting diodes[J]. Advanced Materials，2018，30（20）：1706226.

[61]　Wang C，Han D，Wang J，et al. Dimension control of in situ fabricated $CsPbClBr_2$ nanocrystal films toward efficient blue light-emitting diodes[J]. Nature Communications，2020，11（1）：1-8.

[62]　Wang P，Bai X，Sun C，et al. Multicolor fluorescent light-emitting diodes based on cesium lead halide perovskite quantum dots[J]. Applied Physics Letters，2016，109（6）：063106.

[63]　Meyns M，Perálvarez M，Heuer-Jungemann A，et al. Polymer-enhanced stability of inorganic perovskite nanocrystals and their application in color conversion LEDs[J]. ACS Applied Materials & Interfaces，2016，8（30）：19579-19586.

[64]　Huang H，Chen B，Wang Z，et al. Water resistant $CsPbX_3$ nanocrystals coated with polyhedral oligomeric silsesquioxane and their use as solid state luminophores in all-perovskite white light-emitting devices[J]. Chemical Science，2016，7（9）：5699-5703.

[65]　Di X，Jiang J，Hu Z，et al. Stable and brightly luminescent all-inorganic cesium lead halide perovskite quantum dots coated with mesoporous silica for warm WLED[J]. Dyes and Pigments，2017，146：361-367.

[66]　Wang H C，Lin S Y，Tang A C，et al. Mesoporous silica particles integrated with all-inorganic $CsPbBr_3$ perovskite quantum-dot nanocomposites（MP-PQDS）with high stability and wide color gamut used for backlight display[J]. Angewandte Chemie-International Edition，2016，55（28）：7924-7929.

[67] Park D H，Han J S，Kim W，et al. Facile synthesis of thermally stable CsPbBr₃ perovskite quantum dot-inorganic SiO₂ composites and their application to white light-emitting diodes with wide color gamut[J]. Dyes and Pigments，2018，149：246-252.

[68] Sun C，Zhang Y，Ruan C，et al. Efficient and stable white LEDs with silica-coated inorganic perovskite quantum dots[J]. Advanced Materials，2016，28（45）：10088-10094.

[69] Chen W，Shi T，Du J，et al. Highly stable silica-wrapped Mn-doped CsPbCl₃ quantum dots for bright white light-emitting devices[J]. ACS Applied Materials & Interfaces，2018，10（50）：43978-43986.

[70] Sun J Y，Rabouw F T，Yang X F，et al. Facile two-step synthesis of all-inorganic perovskite CsPbX₃（X = Cl，Br，and I）zeolite-Y composite phosphors for potential backlight display application[J]. Advanced Functional Materials，2017，27（45）：1704371.

[71] Xu W，Cai Z，Li F，et al. Embedding lead halide perovskite quantum dots in carboxybenzene microcrystals improves stability[J]. Nano Research，2017，10（8）：2692-2698.

[72] Yue Y，Zhu D，Zhang N，et al. Ligand-induced tunable dual-color emission based on lead halide perovskites for white light-emitting diodes[J]. ACS Applied Materials & Interfaces，2019，11（17）：15898-15904.

[73] Wang C，Wu H，Xu S，et al. Single component Mn-doped perovskite-related CsPb₂Cl$_x$Br$_{5x}$ nanoplatelets with a record white light quantum yield of 49%：A new single layer color conversion material for light-emitting diodes[J]. Nanoscale，2017，9（43）：16858-16863.

[74] Li F，Xia Z，Pan C，et al. High Br-content CsPb（Cl$_y$Br$_{1-y}$）₃ perovskite nanocrystals with strong Mn²⁺ emission through diverse cation/anion exchange engineering[J]. ACS Applied，Materials & Interfaces，2018，10（14）：11739-11746.

[75] Luo C，Li W，Fu J，et al. Constructing gradient energy levels to promote exciton energy transfer for photoluminescence controllability of all-inorganic perovskites and application in single-component WLEDs[J]. Chemistry of Materials，2019，31（15）：5616-5624.

[76] Shao H，Bai X，Cui H，et al. White light emission in Bi³⁺/Mn²⁺ ion co-doped CsPbCl₃ perovskite nanocrystals[J]. Nanoscale，2018，10（3）：1023-1029.

[77] Pan G，Bai X，Xu W，et al. Impurity ions codoped cesium lead halide perovskite nanocrystals with bright white light emission toward ultraviolet-white light-emitting diode[J]. ACS Applied Materials & Interfaces，2018，10（45）：39040-39048.

[78] Shen X，Sun C，Bai X，et al. Efficient and stable CsPb(Br/I)₃@anthracene composites for white light-emitting devices[J]. ACS Applied Materials & Interfaces，2018，10（19）：16768-16775.

[79] Zhou J，Huang F，Lin H，et al. Inorganic halide perovskite quantum dot modified YAG-based white LEDs with superior performance[J]. Journal of Materials Chemistry C，2016，4（32）：7601-7606.

[80] Singh B P，Lin S Y，Wang H C，et al. Inorganic red perovskite quantum dot integrated blue chip：A promising candidate for high color-rendering in w-LEDs[J]. RSC Advances，2016，6（83）：79410-79414.

[81] Li G，Wang H，Zhang T，et al. Solvent-polarity-engineered controllable synthesis of highly fluorescent cesium lead halide perovskite quantum dots and their use in white light-emitting diodes[J]. Advanced Functional Materials，2016，26（46）：8478-8486.

[82] Zhang X，Wang H-C，Tang A-C，et al. Robust and stable narrow-band green emitter：An option for advanced wide-color-gamut backlight display[J]. Chemistry of Materials，2016，28（23）：8493-8497.

[83] Song Y H，Yoo J S，Kang B K，et al. Long-term stable stacked CsPbBr₃ quantum dot films for highly efficient white light generation in LEDs[J]. Nanoscale，2016，8（47）：19523-19526.

[84] Song Y H，Choi S H，Yoo J S，et al. Design of long-term stable red-emitting CsPb(Br₀.₄I₀.₆)₃ perovskite quantum dot film for generation of warm white light[J]. Chemical Engineering Journal，2017，313：461-465.

[85] Zhou J，Hu Z，Zhang L，et al. Perovskite CsPbBr₁.₂I₁.₈ quantum dot alloying for application in white light-emitting diodes with excellent color rendering index[J]. Journal of alloys and compounds，2017，708：517-523.

[86] Liu S，He M，Di X，et al. CsPbX₃ nanocrystals films coated on YAG:Ce³⁺ PiG for warm white lighting source[J]. Chemical Engineering Journal，2017，330：823-830.

[87]　Pan Q，Hu H，Zou Y，et al. Microwave-assisted synthesis of high-quality "all-inorganic" CsPbX₃（X = Cl，Br，I）perovskite nanocrystals and their application in light emitting diodes[J]. Journal of Materials Chemistry C，2017，5（42）：10947-10954.

[88]　Xuan T，Yang X，Lou S，et al. Highly stable CsPbBr₃ quantum dots coated with alkyl phosphate for white light-emitting diodes[J]. Nanoscale，2017，9（40）：15286-15290.

[89]　Tong J Y，Wu J J，Shen W，et al. Direct hot-injection synthesis of lead halide perovskite nanocubes in acrylic monomers for ultrastable and bright nanocrystal-polymer composite films[J]. ACS Applied Materials & Interfaces，2019，11（9）：9317-9325.

[90]　Yoon H C，Lee S，Song J K，et al. Efficient and stable CsPbBr₃ quantum-dot powders passivated and encapsulated with a mixed silicon nitride and silicon oxide inorganic polymer matrix[J]. ACS Applied Materials & Interfaces，2018，10（14）：11756-11767.

[91]　Liu S，Shao G，Ding L，et al. Sn-doped CsPbBr₃ QDs glasses with excellent stability and optical properties for WLED[J]. Chemical Engineering Journal，2019，361：937-944.

[92]　Li S，Shi Z，Zhang F，et al. Sodium doping-enhanced emission efficiency and stability of CsPbBr₃ nanocrystals for white light-emitting devices[J]. Chemistry of Materials，2019，31（11）：3917-3928.

[93]　Yang W，Gao F，Qiu Y，et al. CsPbBr₃-quantum-dots/polystyrene@silica hybrid microsphere structures with significantly improved stability for white LEDs[J]. Advanced Optical Materials，2019，7（13）：1900546.

[94]　Yan D，Zhao S，Zhang Y，et al. High efficient emission and high-CRI warm white light-emitting diodes from ligand modified CsPbBr₃ quantum dots[J]. Opto-Electronic Advances，2021：200075.

[95]　Li X，Cai W，Guan H，et al. Highly stable CsPbBr₃ quantum dots by silica-coating and ligand modification for white light-emitting diodes and visible light communication[J]. Chemical Engineering Journal，2021，419：129551.

[96]　Mo Q，Chen C，Cai W，et al. Room temperature synthesis of stable zirconia-coated CsPbBr₃ nanocrystals for white light-emitting diodes and visible light communication[J]. Laser & Photonics Reviews，2021：2100278.

[97]　Yan D，Mo Q，Zhao S，et al. Room temperature synthesis of Sn²⁺doped highly luminescent CsPbBr₃ quantum dots for high CRI white light-emitting diodes[J]. Nanoscale，2021，13：9740-9746.

[98]　Hormats E I，Unterleitner F C. Measurement of the diffusion of oxygen in polymers by phosphorescent quenching[J]. Journal of Physical Chemistry，1965，69（11）：3677-3681.

[99]　Sher C W，Lin C H，Lin H Y，et al. A high quality liquid-type quantum dot white light-emitting diode[J]. Nanoscale，2015，8（13）：1117-1122.

[100]　Ke B，Dan W，Peng W，et al. Cesium lead halide perovskite quantum dot-based warm white light-emitting diodes with high color rendering index[J]. Journal of Nanoparticle Research，2017，19（5）：1-8.

[101]　Yao E P，Yang Z，Meng L，et al. High-brightness blue and white LEDs based on inorganic perovskite nanocrystals and their Composites[J]. Advanced Materials，2017，29（23）：1606859.

[102]　Huang C Y，Huang S J，Liu M. Hybridization of CsPbBr₁.₅I₁.₅ perovskite quantum dots with 9，9-dihexylfluorene co-oligomer for white electroluminescence[J]. Organic Electronics，2017，44：6-10.

[103]　Wang Y，Yang L，Chen H，et al. White LED based on CsPbBr₃ nanocrystal phosphors via a facile two-step solution synthesis route[J]. Materials Research Bulletin，2018，104：48-52.

[104]　Sun R，Lu P，Zhou D，et al. Samarium-doped metal halide perovskite nanocrystals for single-component electroluminescent white light-emitting diodes[J]. ACS Energy Letters，2020，5（7）：2131-2139.

[105]　Chen J，Wang J，Xu X，et al. Efficient and bright white light-emitting diodes based on single-layer heterophase halide perovskites[J]. Nature Photonics，2021，15（3）：238-244.

[106]　Wood V，Panzer M J，Caruge J M，et al. Air-stable operation of transparent，colloidal quantum dot based LEDs with a unipolar device architecture[J]. Nano Letters，2010，10（1）：24-29.

[107]　Sun Q，Wang Y A，Li L S，et al. Bright，multicoloured light-emitting diodes based on quantum dots[J]. Nature Photonics，2007，1（12）：717-722.

[108]　Zhao J，Bardecker J A，Munro A M，et al. Efficient CdSe/CdS quantum dot light-emitting diodes using a thermally

polymerized hole transport layer[J]. Nano Letters，2006，6（3）：463-467.

[109] Anikeeva P O，Halpert J E，Bawendi M G，et al. Quantum dot light-emitting devices with electroluminescence tunable over the entire visible spectrum[J]. Nano Letters，2009，9（7）：2532-2536.

[110] Bae W K，Kwak J，Park J W，et al. Highly efficient green-light-emitting diodes based on CdSe@ ZnS quantum dots with a chemical-composition gradient[J]. Advanced Materials，2009，21（17）：1690-1694.

[111] Senawiratne J，Zhao W，Detchprohm T，et al. Junction temperature analysis in green light emitting diode dies on sapphire and GaN substrates[J]. Physica Status Solidic，2008，5（6）：2247-2249.

第3章 无机钙钛矿激光器

3.1 概 述

激光是一种具有高发光强度和高相干性的光。自 1962 年发明半导体激光器以来[1]，激光已经逐渐成为一种非常具有研究前景的新型技术，并广泛应用于生物成像、激光物理、光通信等众多科学技术领域。从一定程度上，激光的发展促进了几乎所有基础研究领域的突破，而且开启了半导体激光材料的研究。迅速发展的纳米技术和纳米科学对激光器的尺寸有了更高的要求。因此，研究者对物理尺寸接近或小于衍射极限的微激光器开展了深入研究并使之得到广泛应用，如光子晶体[2]、纳米线[3]、垂直表面发射[4]、等离子体[5]和随机激光[6]。此外，蓬勃发展的外延技术给半导体光电子器件领域提供了新的研究方向，量子阱、量子点和量子线（quantum wires）因其优异的性能而获得研究者极大的关注，大量的单晶有机和无机半导体纳米材料被加工为微纳激光器。例如，2005 年，Agarwal 等实现了一种电泵浦的 CdS 纳米线激光器[7]；2008 年，Yoshida 等实现了一种紫外光 AlGaN 量子阱激光器[8]。但是由于模式选择缺乏、效率低、光损耗大，目前大多数微激光器是纯随机激光，具有较高的激光泵浦能量密度阈值[9]。在连续光泵浦或电泵浦下，小型激光器仍然面临着极大的挑战。

在传统激光器中，激光的产生必须满足以下三个基本条件：泵浦光源、增益介质和谐振腔。长期以来，微型半导体激光器的发展受到众多限制，包括输出功率低、价格较高等。探索新的光学增益（optical gain）材料能为解决微型半导体激光器的困境提供较好的方案。近年来，钙钛矿材料因其带隙可调（通过优化结构和组分来实现）、发射光谱范围宽（紫外光到近红外光）及激子结合能可调控（几毫电子伏特到几百毫电子伏特）等优异的特性，成为制造微型半导体激光器的理想材料[10]。相关研究表明，基于无机钙钛矿材料吸收系数大和 PLQY 高等特点，有望实现高品质单晶半导体法布里-珀罗（Fabry-Pérot，F-P）腔和回音壁模式（whispering gallery mode，WGM）腔。在这方面，钙钛矿材料不仅提供了一个研究激子-光子相互作用的理想平台，而且为功能性和高效激光器的发展开辟了新领域。

金属卤化物钙钛矿具有吸收系数高和俄歇复合速率低等优势[11]，是制备低阈值激光器件的优良增益介质[12]。近几年，铅卤钙钛矿量子点在光电器件中的快速发展激发了人们研究钙钛矿量子点激光器的兴趣。例如，Liu 等利用 $CH_3NH_3PbI_3$ 微米片在一种特殊的图案膜上实现了 WGM 激光[13]。Ren 等基于 $CH_3NH_3PbBr_3$ 纳米线获得了激发能量密度阈值为 $62\mu J/cm^2$ 的等离子体激光器[14]。与 HOIPs 相比，无机钙钛矿 $CsPbX_3$（X = Cl，Br，I）量子点具有优异的光学性能，包括 PLQY 高、稳定性高、非辐射复合损耗低、激子结合能大及增益特性优良等，已经在诸多文献中得到了证明[15]。相比

$CsPbCl_3$ 量子点和 $CsPbI_3$ 量子点，$CsPbBr_3$ 量子点的稳定性显著增强，是一种非常有应用前景的激光增益介质。因此，基于 $CsPbBr_3$ 量子点的微型固体激光器是非常值得探索的一道科研命题。

迄今为止，$CsPbBr_3$ 的各种结构（如微球[16]、纳米线[17]及纳米片[18]）已应用于微型固体激光器。虽然研究者已经做了巨大努力，但是基于 $CsPbBr_3$ 量子点的微型固体激光器仍存在一些亟待解决的问题，例如，$CsPbBr_3$ 量子点的稳定性如何进一步增强，发射激光对应的激发能量密度阈值如何进一步降低等。$CsPbBr_3$ 量子点制备的激光器性能降低的原因主要是传统热注入法制备 $CsPbBr_3$ 量子点中所添加的长碳链的 OA 和 OAm 等有机配体易于丢失。因此，如何通过一种简易且低成本的工艺来获得稳定和光学性能优良的无机钙钛矿量子点并制备高性能微型固体激光器仍然是一项重大挑战。

3.2　ASE

3.2.1　无机钙钛矿 PL 机理

一般而言，PL 是一种光生额外载流子对在复合过程中所伴随的发光现象，它以光作为激励源，激发材料中的电子，从而实现发光的过程。从量子力学理论角度，这一过程也可以描述为物质吸收光子，跃迁到较高能级的激发态后返回低能级，同时放出光子。作为多种荧光形式之一，光致荧光发射的基本原理是半导体材料对能量高于其吸收限的光子有很强的吸收（即本征吸收），因此在材料的浅表层内会产生大量的额外电子-空穴对，使样品处于非平衡态。这些额外载流子一边向材料内部扩散，一边通过各种可能存在的复合机制复合。其中，有的复合过程中只发射声子（非辐射复合），有的复合过程只发射光子（辐射复合），有的复合过程既发射光子也发射声子。

2015 年，Protesescu 等首次报道了 $CsPbX_3$ 纳米粒的合成，并对其进行了初步的光学和结构性能研究，如图 3.1 所示[19]。他们指出，其吸收光谱和发射光谱很容易在整个可见光区域内进行调节[图 3.1（a）]，这一般通过改变其化学成分（即调节混合卤素离子的比例）和颗粒尺寸（主要通过量子尺寸效应）来实现。通过调节卤素，可以实现从 $CsPbCl_3$ 到 $CsPbI_3$ 的光谱调节，且半高宽比较窄（12～42nm），如图 3.1（b）所示。他们还证实了当 $CsPbBr_3$ 量子点平均尺寸由 11.8nm 减小至 3.8nm 时，PL 峰位对应地从 512nm 蓝移至 460nm，在此过程中，吸收光谱也发生相应的蓝移[图 3.1（c）]。$CsPbBr_3$ 量子点具有非常强的荧光，其 PLQY 普遍达到 50%～90%。$CsPbX_3$ 量子点的时间分辨 PL 衰减实验表明，其辐射寿命为 1～29ns，如图 3.1（d）所示。他们进一步指出，与传统未包覆的硫化物量子点相比较，$CsPbX_3$ 量子点非常明亮，这意味着表面点缺陷和悬键没有形成很严重的中间缺陷态，因此未影响其发光。

(a) 紫外灯下甲苯中的量子点溶液（λ = 365nm）

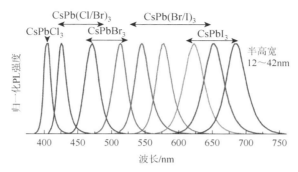

(b) 典型的PL光谱（CsPbCl₃样品的激发光波长为350nm，其余样品均为400nm）

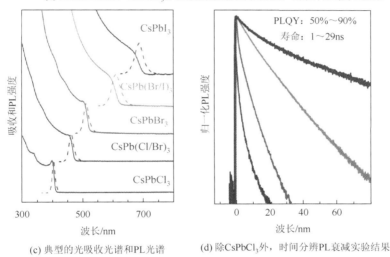

(c) 典型的光吸收光谱和PL光谱　　　　(d) 除CsPbCl₃外，时间分辨PL衰减实验结果

图 3.1　无机钙钛矿 CsPbX₃ 量子点的光学特征

　　Ravi 等通过用循环伏安法测定了 CsPbX₃ 量子点的 VBM 和 CBM 位置，如图 3.2 所示[20]。他们通过调节卤素组成来逐渐实现 CsPbCl₃ 量子点到 CsPbI₃ 量子点的转变，并获得了混合卤素离子的钙钛矿材料 CsPb(Cl/Br)₃ 和 CsPb(Br/I)₃。在这个过程中，材料的 VBM 从−6.24eV 提升至−5.44eV，变化值为 0.80eV；对应的 CBM 则从−3.26eV 变为−3.45eV，出现了 0.19eV 的微小变化。由此可以看出，卤素在钙钛矿结构中对 VBM 的贡献要大于对 CBM 的贡献，但是它们对后者的贡献也不容忽视。图 3.2（a）为 CsPbBr₃ 纳米晶的循环伏安图测试结果：从 0V 向更正的电位扫描时，在 + 1.35V 处观察到一个明显的阳极峰（标记为 A_1）。在 A_1 之后，观察到电流增加，同时趋向更正的电位，这可能是由 CsPbBr₃ 量子点的进一步氧化所致。扫描反向时，在−0.73V 和−1.15V 处观察到两个阴极峰，分别标记为 C_1 和 C_2。将扫描再次反转为负电位较小时，观察到两个强度较小的峰，并标记为

A_1 和 A_2。A_1 和 C_1 之间的电位差是 2.07V，而 A_1 和 C_2 之间的电位差是 2.50V。无机半导体量子点的 VBM 和 CBM 分别分配在阳极峰和阴极峰，而不是峰起始点。为了比较不同 $CsPbX_3$ 量子点样品，他们在相同条件下使用 50mV/s 的扫描速率对这些样品进行了循环伏安法测量。根据图 3.2（b）可以发现，A_1 和 C_2 的峰值电势随着卤素组成的不同而相应地变化，而 C_1 的峰值电势与卤素组成没有任何关系。由 A_1 和 C_2 的峰值电势可以绘制图 3.2（c）所示的能带结构图，从 $CsPbCl_3$ 到 $CsPbBr_3$ 再到 $CsPbI_3$，VBM 显著地向较高能量（正电势较小）移动，而 CBM 向较低能量（负电势较小）移动较小。这表明 $CsPbX_3$ 中的电化学（electrochemistry，ECM）带隙呈现与其光学带隙变化相一致的趋势，如图 3.2（d）所示。

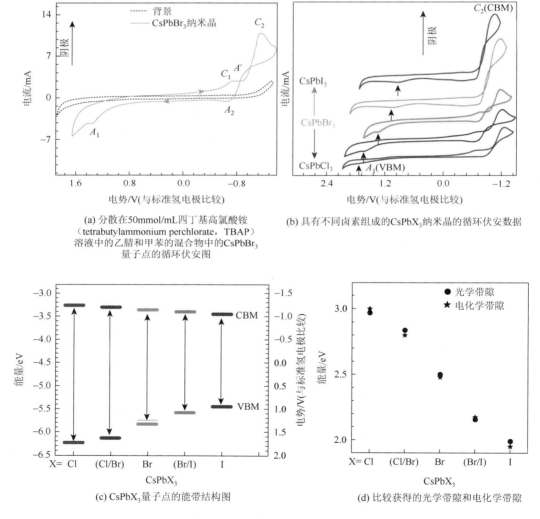

(a) 分散在50mmol/mL四丁基高氯酸铵
（tetrabutylammonium perchlorate，TBAP）
溶液中的乙腈和甲苯的混合物中的$CsPbBr_3$
量子点的循环伏安图

(b) 具有不同卤素组成的$CsPbX_3$纳米晶的循环伏安数据

(c) $CsPbX_3$量子点的能带结构图

(d) 比较获得的光学带隙和电化学带隙

图 3.2　$CsPbX_3$ 量子点的带隙图

随后几年中,很多研究团队制备了具有一系列光学特性和稳定性的 $CsPbX_3$ 量子点[21-23]。与 $CsPbBr_3$ 量子点和 $CsPbI_3$ 量子点相比,$CsPbCl_3$ 量子点具有非常弱的发光特性[24]。这是因为 $CsPbCl_3$ 量子点的缺陷主要来源于反应条件或晶体的微小形变,其缺陷密度和类型与前两者的差异很大。因此,了解这些缺陷的化学性质、物理性质、表面性质和内部性质对提升无机钙钛矿量子点发光性能具有重要意义。目前,研究 $CsPbX_3$ 的一个焦点是实现无缺陷材料与单一复合通道(激子辐射)以及近乎 100% 的 PLQY。早期的研究表明,卤素空位是无机钙钛矿材料中最常见且最丰富的缺陷[25, 26]。相比之下,其他缺陷(如 Pb 空位或 Cs 空位、间隙原子)不太容易形成,主要是因为它们的形成能比较高或不利于电荷捕获[27]。

用来描述 $CsPbX_3$ 对入射光子响应的参数有很多,如吸收系数和折射率[28]。本征点缺陷(像外部杂质一样)对传统量子点(如 Si 和 GaAs)的发光性能起着很重要的作用,它们作为电子陷阱或电子掺杂剂,即使在低浓度下(点缺陷的百万分之一或十亿分之一水平)也可能非常不利于发光[29]。研究者采用从头算法从理论方面详细地阐明了钙钛矿材料中的固有缺陷结构,用于确定缺陷的形成能及其产生的电子效应,特别地,对块体材料上的点缺陷[27]、晶界[30]和晶体表面[31]进行了研究,表明钙钛矿材料的缺陷类型丰富。这是因为它们的形成能很低(主要来源也非常多,如 A 位或者 X 位上的空位),且固有的比表面积(如量子点的表面位点)比较大。就电学和光学性能而言,$CsPbBr_3$ 量子点中的缺陷是良性缺陷,它们不会形成中间的缺陷态(深能级缺陷)。这种缺陷容忍度在其他铅卤钙钛矿中也很常见,也是钙钛矿材料能实现高荧光亮度的主要因素。

众所周知,立方体结构的 $CsPbX_3$ 是直接带隙半导体,其 VBM 和 CBM 位于倒易空间的同一点。传统的半导体量子点材料和无机钙钛矿量子点材料中缺陷对电子性能的影响差异如图 3.3(a)所示,与缺陷相关的电子状态用中间带隙标出。在 CdSe 中 Cd^{2+} 的去除或位移导致其与 Se^{2-} 的轨道呈局部非成键或弱成键[32],这些轨道驻留在带隙深处,并充当缺陷态。这种缺陷态的形成是很常见的,因为带隙通常是在成键轨道与反键轨道之间形成的。但是在铅卤钙钛矿 ABX_3(包括 $CsPbX_3$)中,带隙是在两组反键轨道之间形成的。铅卤钙钛矿量子点表面的悬键也有类似的作用,导致局部的非成键状态。良性空位的形成表明存在良性表面,$CsPbBr_3$ 量子点的这一性能在之后的计算研究中得到了证实[图 3.3(b)][33]。铅卤钙钛矿与金属硫化物最重要的区别在于钙钛矿结构对反位和间隙点缺陷的形成具有高度的免疫能力,而这两者都很可能形成缺陷态。

3.2.2　无机钙钛矿的自发发射机制

半导体材料在不受外界因素的作用时,处于激发态的电子在激发态能级上停留很短的时间,便自发地跃迁到较低能级中,同时辐射出一个光子,这一过程称为自发发射(spontaneous emission,SE)。自发发射中,各原子的跃迁过程都是随机的,因此自发发射光子是非相干的。

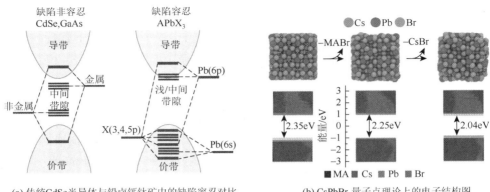

(a) 传统CdSe半导体与铅卤钙钛矿中的缺陷容忍对比　　　　(b) CsPbBr₃量子点理论上的电子结构图

图 3.3　量子点中缺陷对电子性能的影响

无机钙钛矿是高度离子化的晶体，其自发发射经常表现为 PL[34, 35]。以 CsPbBr₃ 为例，Qaid 等系统地研究了 CsPbBr₃ 量子点的发光性能[34]，如图 3.4（a）所示。CsPbBr₃ 量子点的吸收峰位和 PL 峰位分别为 508nm 和 516nm，超小的斯托克斯位移（37meV）表示最小的振动弛豫，它能够维持接近带边的光学增益。在激光应用中，超小的斯托克斯位移在减少泵浦下转换过程中热量损失方面起着重要作用。此外，在 PL 和 ASE 状态下，研究者分别在 2.40eV 和 2.33eV 附近观察到从边缘发射的光，该 ASE 峰对应于乌尔巴赫（Urbach）带尾态。Liu 等制备了 CsPbBr₃ 量子点玻璃复合纳米材料[36]，并且研究了 490nm 光泵浦条件下 PL 光谱随泵浦能量密度的变化规律。如图 3.4（b）所示，在低泵浦能量密度的激发下，他们对 CsPbBr₃ 量子点玻璃复合纳米材料的 PL 光谱进行研究，发现其 PL 光谱呈现宽带边，其中心波长为 555nm，半高宽约为 30nm，满足自发发射的特征。当泵浦

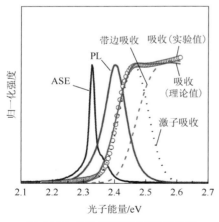

(a) CsPbBr₃量子点薄膜吸收光谱的比较，
包含计算出的带边和激子吸收光谱以及
它们的总光谱

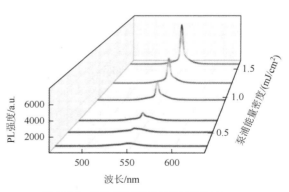

(b) CsPbBr₃量子点玻璃复合纳米材料在490nm
光泵浦条件下随泵浦能量密度变化的PL光谱

图 3.4　无机钙钛矿自发发射发光性能

能量密度增加至 $0.51\,\text{mJ/cm}^2$ 时，在宽自发发射带的蓝色一侧出现了一个约为 544nm 的窄峰。随着泵浦能量密度的进一步增加，新峰的 PL 强度比初始自发发射带增加得更快。根据以往的报道，人们将新的窄峰开始出现时所对应的泵浦能量密度定义为能量密度阈值[37]。

3.2.3　无机钙钛矿的增益特性

光学增益是半导体激光器非常重要的性能参数，它主要描述了半导体材料的光放大能力，并将其归因于与电子和空穴复合产生的发光及与其相关的受激发射。光学增益在半导体材料中涉及光子、电子和空穴相互作用的复杂问题，同时，光学增益可以用来量化受激发射的光放大率，其由激发态、基态的占据概率所控制。

一般而言，半导体材料吸收一定能量的光子后，电子会从基态跃迁至不稳定的激发态。经过一段时间后，激发态原子（或分子）的电子自发地从高能级向低能级跃迁，同时发射具有一定能量的光子。这种不受外界因素影响且辐射过程能够自发完成的过程称为自发发射。自发发射非常普遍，也是所有可见光的主要来源，如萤火虫发光、霓虹灯。当处于激发态的原子受到外界光的刺激后，受激原子立即跃迁至低能级，同时释放与入射光具有相同光学特性（频率、相位和偏振态等）的光子。在光辐射的作用下，受激原子从高能级跃迁至基态的辐射过程属于受激发射。受激发射发出的光子与入射光的光子特性一致，因此它们的场处于同一模式，具有相干性。发光材料在受激发射过程中会产生雪崩式连锁反应，发射大量光子，这个过程称为光放大效应。光在增益介质中激励时，光的强度与光在增益介质中的传播长度呈指数函数关系[38]：

$$I(L) = I_0 \text{e}^{GL} \tag{3.1}$$

式中，G 为材料增益系数；L 为总的传播距离；I_0 为光的初始强度。

在发生受激发射时，同时存在光子的吸收，且二者发生的概率一样，哪种过程占据主导地位主要取决于基态和激发态上原子的分布情况。若处于激发态的原子数比处于基态的原子数多，则受激发射将超过吸收，此时，受激发射的光子数将大于吸收的光子数，属于光放大现象。通常，将激发态原子数大于基态原子数的反常现象称为粒子数分布反转[39]，这也是实现激光的必备过程。

高增益特性强弱是判定增益介质性质优劣的重要指标，通过泵浦探测技术的瞬态吸收（transient absorption，TA）[40]和 ASE 过程是目前常见的两种检测方式[41]。TA 可以用来研究增益介质的激发态能级结构，描绘其激发态各个能级上的粒子数随时间变化的图像，将高能级激发态能量弛豫到低能级过程中各个能级的衰减情况都展现出来。此外，还可以通过分析物质的 TA 光谱得到跃迁情况中的很多详细信息（包括物理与化学过程信息）[42]。

通常利用 ASE 来量化钙钛矿的增益特性。在光泵浦能量密度阈值为 $1\sim100\,\mu\text{J/cm}^2$ 时，净模态增益为 $10\sim450\,\text{cm}^{-1}$[12, 43, 44]。显然，即使在最基本的增益特性上，这种巨大的差异也会妨碍量化钙钛矿的增益特性，并且会使潜在增益机制的理解复杂化。

对钙钛矿的光学增益进行定量分析面临的第一个问题是使用 ASE 作为分析方法。ASE 主要的观测值（如扩增的激发 ASE 的能量密度阈值和相应的材料增益系数）在很大程度上取决于测量条件。杂散光散射、有限的光学模式限制或总体样品制备和结晶度会影响测量结果并妨碍增益特性的进一步量化。此外，ASE 的研究通常会得出净增益发射能量密度阈值等信息。虽然这些外部特征更容易衡量且具有实际意义，但是要了解激光发射的机理，还需要深入了解固有特性，如载流子密度阈值。Sutherland 等使用泵浦-探针光谱（pump-probe spectroscopy）来研究和量化 MAPbI$_3$ 薄膜的光学增益[45]。尽管在对光学增益的定量分析方面，泵浦-探针光谱比 ASE 光谱更具有说服力，但是 MAPbI$_3$ 薄膜中强烈的瞬态折射效应会妨碍对增益特性的正确定量和解释，因为它会掩盖光漂白和光学增益功能[46,47]。

对钙钛矿的光学增益进行定量分析面临的第二个问题是材料质量。钙钛矿薄膜在环境中的稳定性有限，并且通常具有晶界不明确、成分变化、高表面粗糙度或低 PLQY 等特征[48,49]。基于 CdSe 量子点的多项研究证明，它们可以制备成具有已知吸收光谱的无散射分散体，因此泵浦-探针光谱非常适合量化其光学增益特性。钙钛矿量子点胶体可以在空气稳定存在，其 PLQY 接近 100%。因此，通过分析这种分散体，可以解决在薄膜情况下使泵浦-探针光谱复杂化的所有问题[50,51]。在飞秒和纳秒级的光泵浦下，材料增益系数高达 450cm^{-1}[37]。但是，目前尚不清楚钙钛矿量子点和块状钙钛矿的光学增益特性是否一致。

TA 和超快 PL 光谱也可以用来研究光学增益。在 TA 光谱中，研究者使用短而宽的探测脉冲来跟踪吸光度的变化，该变化是时间延迟 t 和探测波长 λ 的函数。瞬态折射效应会使数据分析复杂化，但是量子点溶液上的 TA 不会受瞬态折射效应的影响[47]。同样，由于量子点溶液一般是没有聚集的胶体状态，各量子点尺寸远小于相应的发光波长（400～600nm），线性吸收光谱没有任何散射。因此，散射和瞬态折射效应的共同缺失使研究者能够更好地对光学增益阈值和幅度进行定量测试。量子点胶体为定量 TA 研究提供了极佳的材料状态，可获得最大材料增益系数和最小载流子密度阈值。在采用可变条带长度或 ASE 方法评估增益性能时，需要注意一些问题，如测量时被空腔或薄膜损耗等外部因素遮盖的信号。总的来说，可通过 TA 获得的数值包括净增益发射和材料增益发射能量密度阈值以及增益谱所对应的激发能量密度阈值，最终确定总的激发能量密度阈值。

Geiregat 等对钙钛矿的光学增益性能进行了全面的研究[52]。他们制备的 CsPbBr$_3$ 量子点平均粒径约为 12.7nm，超过了激子玻尔半径，但依然存在比较弱的量子限域效应。图 3.5（a）为 CsPbBr$_3$ 量子点的差分吸收系数图，在比量子点带隙更长的波长处观察到很强的光诱导吸收，这归因于带隙的重整化（band gap renormalization，BGR）。图 3.5（b）示出了近带隙光谱削减约 3ps 的时间延迟对应的瞬态吸收中光漂白峰强度的变化，图中的箭头强调了激子吸光度的明显减少和短波长吸光度的增加。对波尾进行放大，可以观察到一个负值区域，等同于光学增益。图 3.5（c）示出了不同载流子密度下相应的增益谱（$g_i = -\mu_i$，其中，g_i 为材料增益，μ_i 为瞬态本征吸收系数）以及线性本征吸收系数 $\mu_{i,0}$。增益谱相对于吸收谱是红移的，这意味着在几乎或完全没有线性吸收的波长处的净增益几乎不存在。图 3.5（d）示出了在 530nm 处的增益，测量了最大增益时的波长，并且在 540nm 处首次观察到净增益现象。进一步分析可以发现，随着载流子密度的增大，材料增益系数下降非常明显。他们使用宽带 TA 和超快 PL 光谱，发现光学增益在载流子密度与钙钛矿中增益能量密度阈值所对应的自由载流子密度相符时产生，并且证明材料增益系数可高达 2000cm^{-1}。同时指出，激子的持续吸收会抵消光学增益，这限制了增益带宽，降低了材料增益系数。

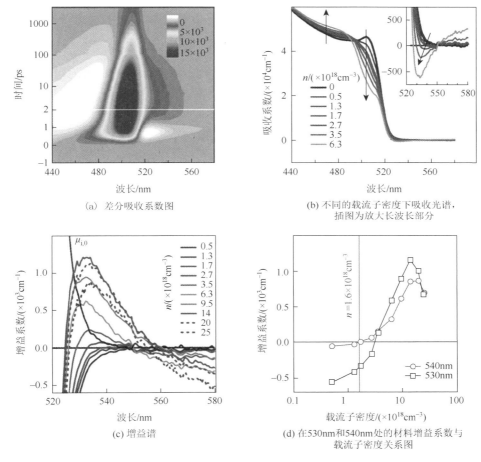

(a) 差分吸收系数图

(b) 不同的载流子密度下吸收光谱，插图为放大长波长部分

(c) 增益谱

(d) 在530nm和540nm处的材料增益系数与载流子密度关系图

图 3.5 使用 400nm 泵浦波长进行增益性能研究

Maes 等结合元素分析和吸收光谱研究了 CsPbBr$_3$ 量子点的本征吸收系数[28]。他们研究发现，本征吸收系数是最方便地量化 CsPbBr$_3$ 量子点光吸收的参数。Yakunin 等研究工作表明，CsPbBr$_3$ 量子点胶体在 10～12nm 尺寸范围内发生的光学增益是通过双激子跃迁来实现的[37]。双激子跃迁由于填充了离散的单电子态而表现净激发发射，这与 CdSe 量子点不同[53]。这种量子点增益模型的一个特征是，当达到透明载流子浓度时，增益阈值与量子点尺寸无关[54]。这意味着当量子点尺寸减小时，载流子密度阈值 n 增加 $1/V$（V 为量子点体积）。这种趋势与块状半导体形成对比。在块状半导体中，载流子密度阈值可估算为[55]

扫一扫 看彩图

$$n_{fc} \approx 1.5 \times \left(\frac{M}{m_r}\right)^{\frac{3}{4}} \times \left(\frac{2\pi m_r k_B T}{h^2}\right)^{\frac{3}{2}} \tag{3.2}$$

式中，m_r 和 M 分别为简化激子质量和总激子质量；T 为载流子温度；h 和 k_B 分别为普朗克常量和玻尔兹曼常量。

3.2.4　无机钙钛矿中 ASE 的实现及性能

激光器的第一个特性是要求光学材料有能力形成光学增益，使得光在材料传播过程中能进行放大。测量激发能量密度对 PL 光谱的依赖性是观察光学增益存在现象的一个常用实验。当激发光能量密度足够高，使光学增益大于光传播中的损耗时，在增益最高的光谱区域会出现一个受激发射带，这是由 ASE 引起的[12]。虽然发光原本是在空间的各个方向进行的，但对于半高宽比较大的增益介质，ASE 有较强的方向性。通常情况下，实现 ASE 相对容易，因此，ASE 经常作为研究激光应用新材料性能的第一步。例如，在使用光纤激光器或光纤放大器时，其中沿光纤传播的 ASE 可能比全方向发光更强。研究发光材料的 ASE 是判定发光材料是否有能力显示光学增益特性的重要方法之一。当增益介质被泵浦并产生粒子数分布反转时，ASE 现象就出现了，如图 3.6 所示[12]。

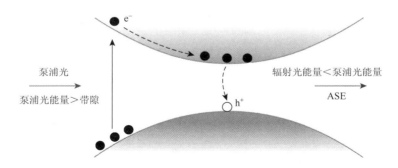

图 3.6　ASE 过程示意图

2004 年，Kondo 等在 CsPbCl₃ 单晶薄膜中发现低温（约 180K）环境下的 ASE 现象[56]。Zhang 等通过一步共蒸发法制备 CsPbBr₃ 薄膜[57]，在室温下获得了 ASE。同时，该薄膜在空气中储存 10d 后，在 2×10^5 个脉冲激光（353nm）激发下，其 ASE 激发能量密度阈值没有变化，且 ASE 发射强度几乎不变。Yakunin 等在 CsPbX₃ 量子点薄膜中获得了低 ASE 激发能量密度阈值[图 3.7（a）][37]。此外，通过改变卤素等，可以获得整个可见光区域的全 ASE 调谐[图 3.7（b）]，与钙钛矿的光谱性能一致。几乎同时，Wang 等也报道了 ASE 稳定性实验，其 ASE 激发能量密度阈值约为 22μJ/cm²[58]。Balena 等对 CsPbBr₃ 薄膜中 PL 和 ASE 的温度依赖性进行了研究[59]。研究结果表明，10K 下 ASE 激发能量密度阈值只有 147μJ/cm²，是室温下 ASE 激发能量密度阈值的 1/20。Krieg 等合成了带有两性离子长链分子的 $CsPbBr_3$ 量子点，通过此工艺提高量子点的稳定性，并且在 100fs 脉冲激发下，获得了约 $2\mu J/cm^2$ 的 ASE 激发能量密度阈值[23]。

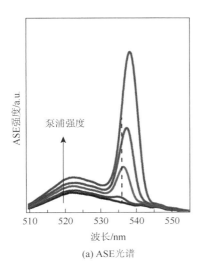

(a) ASE 光谱

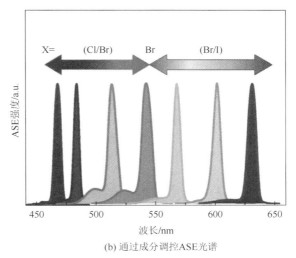

(b) 通过成分调控 ASE 光谱

图 3.7　$CsPbX_3$ 量子点薄膜的 ASE 性能

目前很少有实验研究钙钛矿薄膜在纳秒泵浦激光器激发下的 ASE 稳定性。这对钙钛矿激光器的应用前景构成一定制约。即使飞秒泵浦激光器可以提高钙钛矿材料的光稳定性，也需要通过极其复杂和昂贵的激光器来获得，与低成本激光器的发展趋势不相容[60]。此外，可以利用脉冲激光二极管[61]和脉冲 LED[62]等低成本光源来获得无机钙钛矿 ASE 器件和激光器。$CsPbX_3$ 已被证明具有较高的热稳定性[63]、高效的 EL 性能[64]和高光学增益性能[37]。此外，研究者还证明了无机钙钛矿量子点在室温下具有高效的 EL 性能[65]和高光学增益（且可调谐）性能[37]。Kondo 等在 $CsPbCl_3$ 单晶薄膜中发现了 ASE 现象[56]，在后来的研究中，他们发现 $CsPbCl_3$[66]和 $CsPbBr_3$[67]在室温条件下也出现了 ASE 现象。但是由于增益介质实现过程复杂，这些最初的结果基本上是孤立的。2019 年，Pourdavoud 等通过高温高压诱导原始膜的再结晶[68]，成功地从溶液中沉积 $CsPbBr_3$ 薄膜并发现了室温 ASE 现象。这种工艺极大地优化了钙钛矿薄膜的形貌和光学性能，将粗糙度从 23.8nm 降低到仅 0.5nm，将 PLQY 从 43% 提高至 53%，可以观察到室温 ASE 激发能量密度阈值，在 355nm、300ps 的激光泵浦下，ASE 激发能量密度阈值为 $12.5\mu J/cm^2$。

Wang 等实现了分布均匀 $CsPbBr_3$ 纳米棒的可控生长[69]，获得了高达 90% 的 PLQY。他们通过比较 $CsPbBr_3$ 纳米棒和 $CsPbBr_3$ 量子点的 PL 温度依赖性，证明了 $CsPbBr_3$ 纳米棒具有更低的缺陷态。此外，在热稳定性和水稳定性测试中，$CsPbBr_3$ 纳米棒的表现也远远优于 $CsPbBr_3$ 量子点。在研究 PL 温度依赖性的基础上，将 $CsPbBr_3$ 纳米棒与 $CsPbBr_3$ 量子点进行了详细的对比，证明 $CsPbBr_3$ 纳米棒具有更低的缺陷态。此外，在热和水溶液环境下的稳定性测试中，$CsPbBr_3$ 纳米棒的稳定性也高得多。在 355nm 的泵浦光激发下，ASE 激发能量密度阈值低至 $7.5\mu J/cm^2$，这与飞秒激光器泵浦下 ASE 激发能量密度阈值相近。进一步研究表明，$CsPbBr_3$ 纳米管在纳秒泵浦下的 ASE 激发能量密度阈值通常为 $450\mu J/cm^2 \sim 5mJ/cm^2$ [37, 59]。这些研究结果表明，无机钙钛矿中表面缺陷如果能得到有效钝化，将大幅度提高其在室温下的 ASE 性能。为了同时提高 ASE 和无机钙钛矿在空气及光等环境下的稳定性，Pan 等引入无机有机杂化离子对（十二烷基二甲基硫化铵）来钝化量子点[70]。钝化后的钙钛矿在空气（相对湿度为 60%±5%）和高泵浦能量下均展示了良好的稳定性，并且样品没有明显降解。他们对钙钛矿量子点的钝化机理进行了分析，发现由于在量子点表面形成了富含硫化物的保护层，量子点具有超高稳定性。如图 3.8（a）所示，处理后的量子点薄膜在单光子和双光子泵浦下都能激发稳定的 ASE。Wang 等采用 $PbBr_2$、OA 和 OAm 的混合物对 $CsPbBr_3$ 量子点进行表面处理[71]，不仅将其 PLQY 提高到接近 100%，而且将其在空气中的稳定性从数天延长到数月，还将其三重态激子的 PL 寿命从 0.9ns 延长至 1.6ns。图 3.8（b）和（c）分别为未经 $PbBr_2$ 处理的 $CsPbBr_3$ 量子点薄膜和经过 $PbBr_2$ 处理的 $CsPbBr_3$ 量子点薄膜在不同泵浦能量下的能量密度与发射强度关系图，其中的插图展示了二者的 PL 光谱。在低泵浦能量下，PL 光谱表现高斯曲线的形式，其发射强度最大值比稀释溶液红移了约 7nm。致密薄膜中很容易出现红移，这可归因于吸收和发射之间显著的光谱重叠以及粒子之间的距离很近。随着激发光强度的增加，在所激发出的 PL 峰的低能量侧出现一个尖锐的峰值（20meV），并在较高的泵浦能量下迅速上升。相应的发射强度与泵浦能量明确显示了能量密度阈值的存在，在此阈值之上，发射强度呈超线性增加。从图 3.8（b）和（c）不难看出，未经 $PbBr_2$ 处理的 $CsPbBr_3$ 量子点薄膜的 ASE 激发能量密度阈值为 $3.8\mu J/cm^2$，主要基于双激子增益模型；经 $PbBr_2$ 处理的 $CsPbBr_3$ 量子点薄膜的 ASE 激发能量密度阈值降低到 $1.2\mu J/cm^2$，泵浦能量也明显减少，而且更接近三激子增益模型。这表明在增强 $CsPbBr_3$ 纳米粒的光学增益特性方面，$PbBr_2$ 表面处理工艺是有效的。

Yan 等在合成高质量 $CsPbBr_3$ 量子点方面进行了系统的探索研究，主要是基于热注入法合成结晶性好、尺寸均匀和 PLQY 高的 $CsPbBr_3$ 量子点。在合成过程中，采用短链 DA

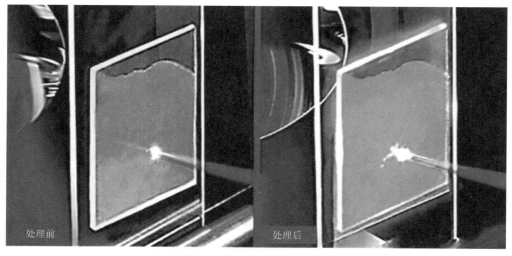

(a) 表面处理前后$CsPbBr_3$量子点薄膜的ASE现象

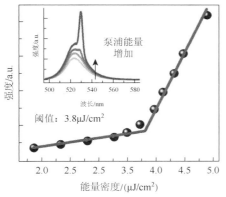
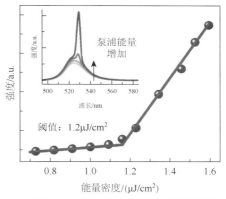

(b) 未经PbBr$_2$处理的CsPbBr$_3$量子点
薄膜在不同泵浦能量下的能量密度与强度关系图

(c) 经过PbBr$_2$处理的CsPbBr$_3$量子点薄膜在不同
泵浦能量下的能量密度与强度关系图

图 3.8　无机钙钛矿的 ASE 现象及稳定性研究

配体代替长碳链 OA 配体来制备 CsPbBr$_3$ 量子点[72]。配体改性前后的量子点表面与有机配体的结合过程如图 3.9（a）所示[73]。根据相关研究报道，经过短链配体改性后，量子点的稳定性得到一定的提升。原则上，短链 DA 配体与量子点表面结合能相较于 OA 配体与量子点表面结合能大，可以提高 CsPbBr$_3$ 量子点的稳定性。为了证实这一猜测，他们利用 DFT 研究了原子界面结构和电子性质。由于现有的实验技术很难在原子水平上获得这些信息，他们选择简单的立方结构 CsPbBr$_3$ 作为模型系统，采用 CsPbBr$_3$ 的（001）表面吸附 OA 或 DA 配体，系统研究了 CsPbBr$_3$ 量子点吸附 OA 或 DA 配体后两种界面的情况，即 CsPbBr$_3$ 与 OA 或 DA 配体接触的 CsBr 面以及 PbBr$_2$ 面。如图 3.9（b）所示，通过尝试各种吸附构型并优化各自的基态结构，在界面接触区域附近可以观察到明显的结构变化，特别地，对于与 OA 配体接触的 CsBr 面和 PbBr$_2$ 面，大部分结构弛豫出现在 CsPbBr$_3$ 的 PbBr$_2$ 面，而不是 CsBr 面。两种界面的结合距离分别为 3.71Å 和 2.98Å。两种界面的区别主要在于 OA 配体与 CsBr 面[图 3.9（b）Ⅰ]的相互作用较好，与 PbBr$_2$ 面的相互作用较差[图 3.9（b）Ⅱ]。CsPbBr$_3$ 量子点与 DA 配体接触的界面（无论是 CsBr 面还是 PbBr$_2$ 面）以及钙钛矿和配体都发生了明显的结构变化。对于配体改性后的 CsPbBr$_3$ 量子点，由于 DA 配体与表面结合能大，可以明显地看到几层 CsPbBr$_3$ 变形与 DA 配体的相互作用[图 3.9（b）Ⅲ和Ⅳ]，两种界面的结合距离短得多，分别为 1.67Å 和 1.96Å。这些计算结果表明，CsPbBr$_3$ 量子点与 DA 配体的相互作用强于 CsPbBr$_3$ 量子点与 OA 配体的相互作用。

为了研究结构的稳定性，他们计算了四个基态界面系统的结合能（E_b）。在此，$E_b = [E$（配体）$+ E$（CsPbBr$_3$）$-E$（CsPbBr$_3$/配体）$]/S$，式中，E（配体）、E（CsPbBr$_3$）、E（CsPbBr$_3$/配体）分别为 OA/DA 配体的总能量、CsPbBr$_3$ 表面能量和配体与 CsPbBr$_3$ 表面结合能量；S 为超晶胞的表面积。如图 3.9（c）所示，计算结果表明，E_b=6.453meV/Å^2，9.133meV/Å^2，12.243meV/Å^2 和 12.13meV/Å^2，分别表示吸附 OA 配体的 CsPbBr$_3$ 中的 PbBr$_2$ 面、CsBr 面的结合能，吸附 DA 配体的 CsPbBr$_3$ 中的 PbBr$_2$ 面、CsBr 面的结合能。由以上结果可知，CsPbBr$_3$ 吸附 OA 配体的结合能要比吸附 DA 配体的结合能小得多，说明 CsPbBr$_3$ 量子点与 DA 配体的相互作用强于与 OA 配体的相互作用。这与四个系统的结合能结果是一致的。如图 3.9（d）所示，当能量为 $-4.9 \sim -2.1\text{eV}$ 时，$CsPbBr_3$ 量子点与 DA 配体的态密度重叠度大于 $CsPbBr_3$ 量子点与 OA 配体的态密度重叠度，说明 OA 配体与 $CsPbBr_3$ 量子点的结合比 DA 配体与 $CsPbBr_3$ 量子点的结合更强。总之，通过 DA 配体改性方法，实现了量子点发光性能和稳定性两个关键参数的提升，为量子点在光电领域的应用奠定了基础。

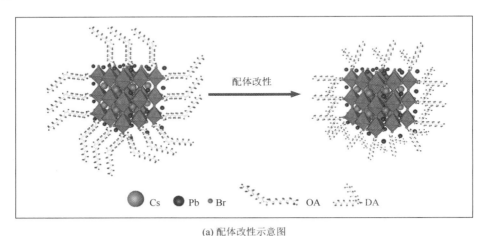

(a) 配体改性示意图

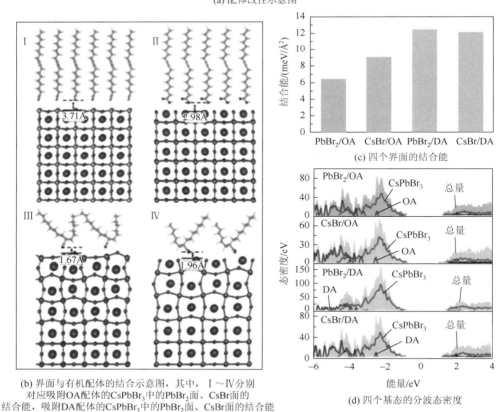

(b) 界面与有机配体的结合示意图，其中，Ⅰ～Ⅳ分别
对应吸附OA配体的CsPbBr₃中的PbBr₂面、CsBr面的
结合能，吸附DA配体的CsPbBr₃中的PbBr₂面、CsBr面的结合能

(c) 四个界面的结合能

(d) 四个基态的分波态密度

图 3.9　$CsPbBr_3$ 量子点与配体改性前后的研究

Yan 等也开展了 ASE 相关的研究工作，且所有实验均在室温下进行[72]。图 3.10（a）是 CsPbBr$_3$-OA 量子点薄膜在 400nm 泵浦光激发下，不同泵浦能量密度下相应的发射光谱，其中，泵浦能量密度为 71.43～454.76μJ/cm^2。当泵浦能量密度较低时，发光峰位约为 532nm，属于一般的 PL 现象。随着泵浦能量密度的增加，光谱位置逐渐红移，在 538nm 处出现一个峰，并迅速占据主导地位。与此同时，发射光谱的半高宽明显减小，这标志着自发发射过程向 ASE 状态转变。图 3.10（b）示出了 PL 强度、半高宽的变化。随着泵浦能量密度的递增，CsPbBr$_3$-OA 量子点薄膜的 PL 强度递增，同时半高宽持续变窄。当泵浦能量密度达到 193.5μJ/cm^2 时，PL 强度有急剧增加的趋势，且半高宽迅速变窄，意味着 ASE 现象出现。这一给整个光谱带来明显变化的能量拐点即单光子 ASE 激发能量密度阈值。同样地，CsPbBr$_3$-DA 量子点薄膜在 400nm 泵浦光激发下，不同泵浦能量密度下相应的发射光谱也具有类似的特征[图 3.10（c）和（d）]，但其 ASE 激发能量密度阈值明显降低，仅有 89.76μJ/cm^2。CsPbBr$_3$-DA 量子点的泵浦能量密度为 64.29～261.90μJ/cm^2，明显小于 CsPbBr$_3$-OA 量子点的泵浦能量密度。此外，当泵浦能量密度相当时，CsPbBr$_3$-DA 量子点薄膜的 ASE 强度要强于 CsPbBr$_3$-OA 量子点薄膜的 ASE 强度。这意味着与 CsPbBr$_3$-OA 量子点薄膜相比，CsPbBr$_3$-DA 量子点薄膜仅需要较小的泵浦能量密度就能激发更大的 ASE 强度，CsPbBr$_3$-DA 量子点的增益效果明显更强。

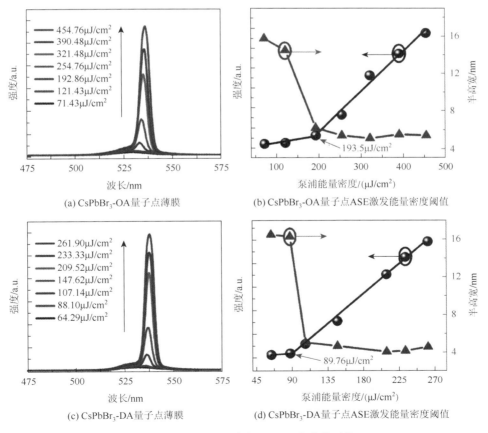

(a) CsPbBr$_3$-OA量子点薄膜

(b) CsPbBr$_3$-OA量子点ASE激发能量密度阈值

(c) CsPbBr$_3$-DA量子点薄膜

(d) CsPbBr$_3$-DA量子点ASE激发能量密度阈值

图 3.10　400nm 泵浦光下 ASE 光谱的对比

3.3　受激发射

　　激光的形成条件包括实现粒子数分布反转的增益介质、提供相干光反馈的光学谐振腔以及腔结构中的净增益（增益大于损耗）。目前报道的大多数钙钛矿激光器使用 WGM 腔，其中，光在传输过程中围绕圆形或多边形谐振腔形成全反射，从而实现光反馈及增益，如图 3.11（a）所示；利用钙钛矿量子点薄膜，可以实现随机激光，如图 3.11（b）所示；利用钙钛矿纳米线、纳米棒等，可以获得 F-P 腔，进而实现 F-P 激光，如图 3.11（c）所示[12]。

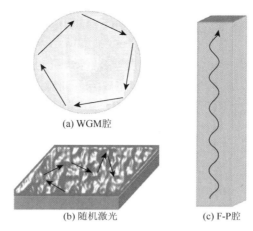

(a) WGM腔

(b) 随机激光　　　　(c) F-P腔

图 3.11　受激发射的形式

　　为了实现激光，有必要结合光放大材料与适当的反馈机制，只允许特定波长的光在增益介质中有效地来回传播，使得光在往返行程中放大。这种行为可以通过多种谐振器获得，从而对激光的效率、激光的方向性、色度组成（单波长、多波长）及相干性进行不同程度的控制。本节将介绍几种钙钛矿激光器的研究现状，以加强读者对钙钛矿激光器的了解。

3.3.1　随机模式的无机钙钛矿激光器

　　随机激光器（random laser）是一种最简单的激光系统，仅需要一个泵浦源和一种高度无序的增益介质，且不需要光学谐振腔。激光反馈是由部分散射光在增益介质中传播时产生的光干涉提供的。由于光散射可以简单地从增益介质薄膜中获得，在表征薄膜的 ASE 和增益特性的实验中也经常观察到随机激光。随机激光器是一种特殊类型的激光器，其主要通过光波在增益介质中多次散射来提供光反馈[74]。随机激光器的一个独特优势在于其具有很高的光电转换效率。然而，随机散射在各个方向产生了许多不相关的发射光，因此它们表现出低的空间相干性。这也说明随机激光器是激光照明和无斑点成像的先进光源[74, 75]。随机激光器的另一个独特优势在于其低成本和简单的加工技术，可以通过在任意形状的表面上涂敷增益介质来实现。金属卤化物钙钛矿在随机激光方面表现优异，钙钛矿薄膜中的颗粒可以作为光反馈的散射中心[76]。金属卤化物钙钛矿随机激光器具有较低的空间相干性，有助于减少成像投影中的散斑。

随机激光器中没有光学谐振腔，但是无序增益介质中粒子之间的多次光散射可以使光子在类似谐振腔的闭合空间内实现有效放大。很明显，发生在无序增益介质中的多次光散射并没有真正提供反馈机制，但它使光在材料内部停留足够长的时间，使放大变得有效。光波在离开无序增益介质之前，从一个粒子反射到另一个粒子上千次[图 3.12（a）][77]。Yakunin 等探究了钙钛矿激光的性能，认为因为光的路径是独特的和不可复制的，所以产生的激光模式是随机的[37]。其中，CsPbX$_3$ 量子点薄膜产生的激光模式是完全随机的，它在连续 256 次激光照射下的分布如图 3.12（b）所示。Fan 等证明了随着电子束功率密度的增加，激光器的谐振峰数量增加，且激光模式不均匀，这是典型的随机激光式[图 3.12（c）][78]。此外，该随机激光器不需要增加谐振腔，这证实了电子束泵浦 CsPbBr$_3$ 量子点薄膜随机激光的可行性。Li 等制备了防水钙钛矿纳米棒（water-resistant perovskite nanorods）[79]，且将其在 173K 下用 800nm 飞秒激光器激发时，在低泵浦能量密度下可以观察到一个发光峰位约为 525nm 的宽自发发射带[图 3.12（d）]。随着泵浦能量密度的进

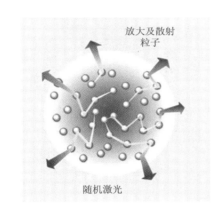

(a) 随机激光示意图

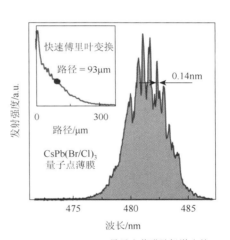

(b) CsPb(Br/Cl)$_3$量子点薄膜随机激光的模式结构，插图为泵浦激光发射的平均光程长度分布

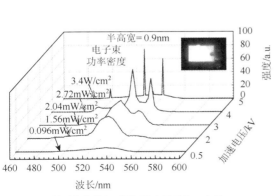

(c) CsPbBr$_3$量子点薄膜在不同加速电压下的EL光谱

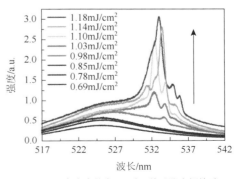

(d) 在水中储存15d后，基于防水钙钛矿纳米棒随机激光的发射光谱

图 3.12　无机钙钛矿的随机激光性能研究

一步增加，峰顶部逐渐出现明显的干涉特征。这种现象与一般的 ASE 和 WGM 激光不同，即峰的波长和强度在不同的光谱中是不同的。这符合随机相干光反馈的激光性能，说明样品本身可以作为随机激光器工作，不需要与谐振腔进行光耦合。

　　Yang 等指出，光照能加快水环境中不发光的 Cs_4PbBr_6 到发绿光的 $CsPbBr_3$ 的转变过程[80]。同时，他们研究了 365nm 的激光辐照 $CsPbBr_3$ 量子点的上转换激光的性能。如图 3.13（a）和（b）所示，$CsPbBr_3$ 量子点的尺寸和分布较为均匀，在使用 800nm 飞秒激光束激发时会发出绿光，测试温度为 77K，观察到了以 532nm 为中心的比较宽的自发发射带[图 3.13（c）]。随着泵浦能量密度的持续增加，光谱中峰的数量逐渐增加，且其 PL 强度增加。当泵浦能量密度上升到 255μJ/cm² 时，该峰呈现 0.3nm 的极窄半高宽。此外，泵浦能量密度与 $CsPbBr_3$ 量子点的光谱发射强度的关系也呈现明显的阈值行为。这些结果与随机激光器的激光特点一致：随着泵浦能量密度的增加，首先出现一个宽的自发发

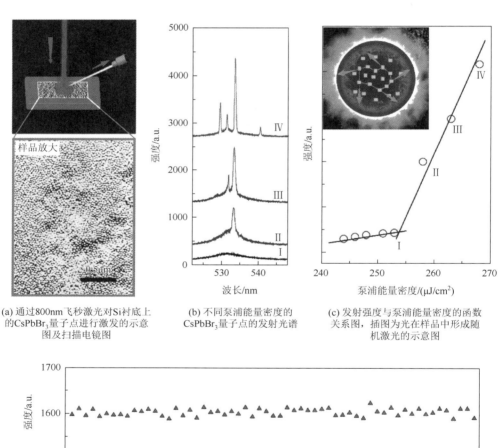

(a) 通过800nm飞秒激光对Si衬底上的CsPbBr₃量子点进行激发的示意图及扫描电镜图　　(b) 不同泵浦能量密度的CsPbBr₃量子点的发射光谱　　(c) 发射强度与泵浦能量密度的函数关系图，插图为光在样品中形成随机激光的示意图

(d) 在高于1.5倍泵浦能量密度阈值的激发下，测试CsPbBr₃量子点的激光发射强度的稳定性

图 3.13　$CsPbBr_3$ 量子点激光器的发光特性

射峰，然后出现一个激光模式。在高增益和强散射的情况下，光散射会持续发生，从而在泵浦能量密度达到阈值以上时形成光闭环路径[图 3.13（c）的插图]。由于在不同的角度下形成了不同的光闭环路径，激光发射光谱会随着角度的不同而相应变化。如图 3.13（d）所示，在高于 1.5 倍阈值的泵浦能量密度的持续激发下，对 CsPbBr$_3$ 量子点的激光发射强度进行探测，发现随机激光能够承受超过 8.6×10^7 个脉冲的持续激发（超过 24h），且形貌完整，表明其具有比较高的光稳定性。

Li 等通过在钙钛矿前驱体溶液中加入 ZnO 纳米粒，实现了 CsPbBr$_3$ 量子点薄膜的随机激光发射[81]。在高泵浦能量密度下的 PL 光谱中没有出现激光一样的峰，这证明了薄膜中缺乏相干散射。含 ZnO 的 CsPbBr$_3$ 量子点薄膜中 ASE 激发能量密度阈值较小，这是因为薄膜的晶粒越小，薄膜表面的空隙密度越小，这与薄膜的散射效率有关。Li 等利用表面钉扎技术，将 CsPbBr$_3$ 量子点牢牢地固定在单分散 SiO$_2$ 球表面，形成 CsPbBr$_3$ 量子点/A-SiO$_2$ 复合膜[82]。图 3.14（a）为不同泵浦能量密度下复合膜的 PL 光谱。在泵浦能量密度较低（<40μJ/cm^2）时，发光以自发发射为主。随着泵浦能量密度的进一步增加，出现半高宽小于 1nm 的窄峰（520～530nm），相应的 PL 强度突然上升，说明在复合膜中没有附加激光谐振腔的情况下实现了随机激光[图 3.12（a）]。如图 3.14（b）所示，在固定泵浦能量密度的情况下，不同角度采集到的激光光谱不同，这与相干随机激光的特性一致，进一步证实了随机激光的产生。为了探究其环境稳定性和光稳定性，他们将其在黑暗干燥柜中存放两个月[图 3.14（c）]，再以高于 1.5 倍泵浦能量密度阈值（2.8×10^7 个脉冲）的泵浦光对样品进行持续激发，进行随机激光稳定性测试，发现其强度较稳定[图 3.14（d）]。在整个实验中，他们主要通过调节 SiO$_2$ 球的尺寸与表面量子点密度来有效地调控量子点的空间三维分布。一方面，这种结构有效地抑制了发光量子点的聚集诱导淬灭效应，并通过量子点的空间分布调控形成合适的光散射回路，实现高效低阈值随机激光散射；另一方面，这种独特的空间分布显著减弱了量子点之间的自吸收效应，抑制了光诱导的再生和退化，且增强了热量耗散效率，提高了稳定性。他们的研究结果表明，CsPbBr$_3$ 量子点/A-SiO$_2$ 复合膜以 SiO$_2$ 球为散射中心，从而实现高度稳定的随机激光散射。

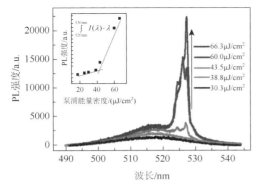

(a) CsPbBr$_3$ 量子点/A-SiO$_2$ 复合膜的泵浦能量密度相关PL光谱，插图显示了积分PL强度与泵浦能量密度的函数关系图

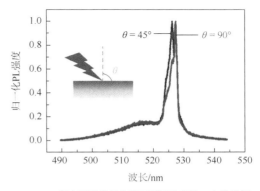

(b) 固定泵浦能量密度下不同角度的PL光谱检测

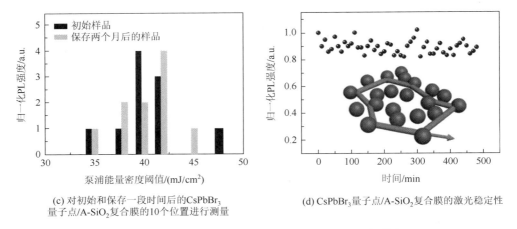

(c) 对初始和保存一段时间后的CsPbBr₃
量子点/A-SiO₂复合膜的10个位置进行测量

(d) CsPbBr₃量子点/A-SiO₂复合膜的激光稳定性

图 3.14　CsPbBr₃量子点/A-SiO₂复合膜的稳定随机激光

3.3.2　F-P 模式的无机钙钛矿激光器

　　F-P 腔是一种非常简单的光学谐振腔，其频率由激光器两端的反射镜间距控制，光学增益介质置于两个反射镜中间，光波在两个反射镜间形成稳定的光学振荡。在这种情况下，所有光波都困在这个腔内，当光在两个反射镜之间来回传播时，在腔内就会形成驻波。像振动的弦一样，这个腔内可以存在无限数量的驻波，但它们必须在两个反射镜上都有一个节点。这些驻波的波长或频率由谐振器的长度（即两个反射镜之间的距离）决定，最低阶模式的波长为腔长的一半，每阶模式的波长等于 $n/2$，其中，n 为模数。

　　F-P 模式的量子点激光器是一种尺寸可调谐的低阈值器件，在量子计算中往往作为单光子源（光学量子位）来使用，具有很大的应用潜力。F-P 模式的钙钛矿激光器提供了很多种方式来调谐激光，以降低它们的输出频率。2014 年，Deschler 等构造了在两个反射镜之间附上一个处理过的甲基铅混合卤素薄膜的器件[83]，并且发现在光泵浦之后，出现了长载流子寿命和异常高的 PLQY 现象，这在制备工艺简单的无机半导体中是前所未有的。在高泵浦功率密度（＞100mW/cm²）条件下，该器件 PLQY 可以达到 70%，表明非辐射复合概率较低。Chen 等在实现无机-有机卤化物混合钙钛矿激光器方面迈出了重要一步[84]。他们在二维光子晶体的面间嵌入了一种溶液处理薄膜（厚度约为 130nm），以实现基于光子晶体的微激光器。在激光运行过程中观察到高度的单模操作、时间和空间相干性。溶液法制备的钙钛矿薄膜质量良好，具有优异的光学和电学性能，这是追求低阈值激光装置的必要参数。他们用皮秒激光器（比飞秒激光器成本更低）作为泵浦源并对增益介质进行激发，这是产生激光的必要条件。当超过泵浦能量密度阈值（68μJ/cm²）时，受激发射的寿命缩短到原来的 1/50（从纳秒量级到皮秒量级），这清晰地表明增益转变为激光机制。Gu 等利用混合钙钛矿半导体的非线性特性制备了纳米管，其分辨率很高，在复杂的环境（如生物组织）中也能提供成像结果[85]。Fu 等采用 CsPbX₃ 和 MAPb(BrCl)₃ 复合材料纳米线作为增益介质，探究了其在自然环境下的激光稳定性[86]。在连续光泵浦条件下测试了各种无机钙钛矿薄膜后，发现在 7.2×10⁹ 个以上脉冲的泵浦激光（连续工作 8h）下，无机钙钛矿增益介质的激光输出能保持在相对稳定的状态，其稳定性与 HOIPs 相比要强得多。此外，通过控制无机钙钛矿中卤化物的化学计量比，可以在整个可见光谱实现激光现象，如图 3.15（a）所示。他们的实验结果意味着可以通过控制阴离子的化学计量比来调节整个可见光谱范围内的激光峰位。Shang 等证明了一维 $CsPbBr_3$ 纳米带在连续光泵浦激发下的泵浦功率密度阈值为 130W/cm^2，这可以归因于强激子-光子耦合产生的激子-极化子效应使其具备较大的折射率[87]。提高温度会减少极化子的激子部分，从而降低基团和相的折射率，并抑制 100K 以上的发光性能。在具体实验过程中，他们发现随着泵浦功率密度从 0.5kW/cm^2 增加到 6.6kW/cm^2[图 3.15（b）]，发射光谱经历了从自发发射（0.5 倍激发能量密度阈值）到 ASE（恰好到激发能量密度阈值）再到激光（1.5～2.5 倍激发能量密度阈值）的转变。当泵浦功率密度超过激发能量密度阈值时，在电子带隙下面出现了一组半高宽约为 0.3nm 的窄峰[图 3.15（b）中的右插图]。发光强度与泵浦功率密度的函数关系及半高宽在激发能量密度阈值的转变表明产生了激光现象。此外，用脉冲激光作为激发源的高分辨率光学图像系统记录了典型纳米带的 PL 图像，也显示了清晰的干涉图案，进一步说明产生了激光和低散射/辐射损失现象。

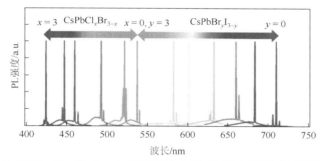

(a) $CsPbX_3$（X = Cl，Br，I）的纳米线单晶产生的可见光范围内的可调控激光

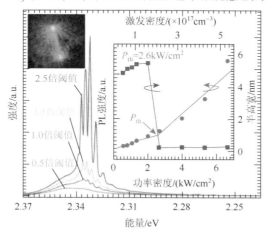

(b) $CsPbBr_3$纳米带在78K下的激光表现

图 3.15　无机钙钛矿量子点激光的可调谐性能

Zhou 等报告了一种高质量的无机铯铅卤钙钛矿微/纳米棒的生长方法，并通过气相沉积进行了一系列成分调控[88]。此方法所生长的微/纳米棒是具有三角形横截面的单晶，具有很高的 PL 强度，可以通过改变卤化物的成分将发光中心从 415nm 调节至 673nm。此外，这些钙钛矿微/纳米棒单晶本身也可充当纳米级有效 F-P 腔，并实现了低泵浦能量密度阈值（约 $14.1\mu J/cm^2$）和高品质因数（$Q\approx3500$）。图 3.16（a）为 $CsPbBr_3$ 三角棒的 PL 光谱。当泵浦能量密度小于 $14.1\mu J/cm^2$ 时，自发发射光谱以 538nm 为中心，并显示了 15nm 的半高宽。当泵浦能量密度增加到 $14.1\mu J/cm^2$ 时，在 543nm 附近的低能侧出现了一组陡峭的峰，并随着泵浦能量密度的增加而迅速增长，这揭示了在高泵浦能量密度激发下 $CsPbBr_3$ 三角棒产生激光。图 3.16（a）中的插图为典型 $CsPbBr_3$ 三角棒的明场光学显微镜图像和发射图像。与低泵浦能量密度下整个三角棒的均匀发射相比，在高泵浦能量密度下三角棒的两端都观察到强发射现象，表明从随机自发发射向定向受激发射过渡。Eaton 等在低温溶液环境下合成了一组无机钙钛矿纳米线[17]，这些纳米线表现了低能量密度阈值和高稳定性。通过此种方法生长的纳米线是具有良好端面的单晶，可充当高质量的激光腔，并能够以相对较低的泵浦能量密度阈值发射激光。如图 3.16（b）所示，$CsPbCl_3$ 纳米线的光滑矩形端面和以 418nm 为发光中心的强 PL 发射使其非常适合扩展 $CsPbX_3$ 纳米线激光器的波长。在聚焦激发下，激光于 430nm 附近产生，并出现类似 $CsPbBr_3$ 的窄峰激光。Park 等通过化学气相沉积法合成了无机钙钛矿纳米线[89]。这些纳米线具有生长方向均匀、表面光滑、小端面直和组分分布均匀等特性。如图 3.16（c）所示，无机钙钛矿纳米线具备比较低的激光泵浦能量密度阈值（$3\mu J/cm^2$）和高品质因数（$1200\sim1400$）。Evans 等对不同长度的无机钙钛矿纳米线展开激光性能研究，认为连续波和脉冲激光均来自极化子模式，真空拉比分裂为（0.20 ± 0.03）eV[90]。他们的研究结果表明，卤化物钙钛矿纳米线可以用作低功率连续波相干光源的增益介质，并且可以用于强耦合体系中的极化现象。图 3.16（d）示出了 $20\mu m$ 长的 $CsPbBr_3$ 纳米线的激光性能，其泵浦功率密度为 $0.25\sim7.8kW/cm^2$，图 3.16（d）中右边插图从上到下依次为 $20\mu m$、$14\mu m$ 和 $5\mu m$ 的 F-P 模式的 $CsPbBr_3$ 激光器发光图像。

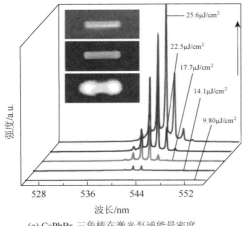

(a) $CsPbBr_3$ 三角棒在激光泵浦能量密度阈值附近的PL光谱

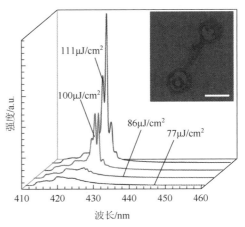

(b) $CsPbCl_3$ 纳米线的PL光谱，插图为中心波长约425nm的激光

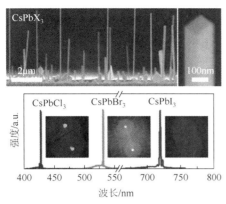

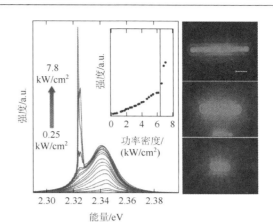

(c) 无机钙钛矿纳米线通过改变卤化物的成分来调节发射波长

(d) 随着泵浦功率密度的增加, 长度为20μm的
CsPbBr₃纳米线所得到的相应光谱

图 3.16　F-P 激光器的激光性能研究

Li 等利用聚焦离子束研磨法在高质量 CsPbBr$_3$ 纳米线单晶中设计和制造耦合腔, 获得了高性能的单模激光器[91]。正如实验和有限差分时域法 (finite-difference time-domain method, FDTD) 模拟所证明的结果, 该单模激光器获得了 20.1μJ/cm^2 的泵浦能量密度阈值和高品质因数 (约 2800)。这些结果证明了 CsPbX$_3$ 纳米线激光器在光通信和集成光电设备中具有巨大的应用潜力。图 3.17 (a) 示出了单个 CsPbBr$_3$ 纳米线 (长度约 18μm) 的发射光谱与泵浦能量密度的函数关系。在 21.6μJ/cm^2 的低泵浦能量密度下, 位于 528.0nm 的自发发射光谱的半高宽约为 18nm, 如图 3.17 (b) 所示。当泵浦能量密度增加到 24.4μJ/cm^2 时, 出现了尖锐的激光峰, 显示出随着泵浦能量密度的增加, 激光器的稳定性得到了改善。CsPbBr$_3$ 纳米线激光器的品质因数约为 3000, 当泵浦能量密度低于阈值时, PL 强度增加缓慢; 当泵浦能量密度高于阈值时, PL 强度急剧增加, 同时半高宽从 18.0nm 下降到 0.2nm, 这意味着光谱从自发发射到受激发射的转变, 即开始产生激光。Ying 等研究了表面钝化对 Pb(OH)$_2$ 包覆 CsPbBr$_3$ 微/纳米棒 PL 性能的影响, 发现表面钝化后的 Pb(OH)$_2$ 包覆 CsPbBr$_3$ 微/纳米棒具有高 PLQY 和高发射稳定性[92]。当温度较低时, 与 CsPbBr$_3$ 微/纳米棒相比, Pb(OH)$_2$ 包覆 CsPbBr$_3$ 微/纳米棒通常呈现一个 PL 峰且出现蓝移; 当温度升高时, Pb(OH)$_2$ 包覆 CsPbBr$_3$ 微/纳米棒表面对热效应的抵抗力非常强, 其 PL 峰的强度只以 1.5 的斜率下降。研究指出, 对于天蓝色发射光而言, 载流子扩散分布范围在 5.70μm 左右, 而缺陷发光所对应的载流子分布范围则比激发点的尺寸要小。为了研究 CsPbBr$_3$ 微/纳米棒的发光性能, 他们使用一个能够激发和收集样品不同位置发光参数的微米 PL 系统 (μPL 系统), 如图 3.17 (c) 所示, 在扫描过程中, 物镜用于收集光束, 而其平移则实现了对待测物体的线性扫描。因此, 当这种线性近似被保留时, 该装置能够将激发和收集的发光参数解耦。这种增加的自由度实现了新的扫描模式, 包括固定激发扫描模式和固定收集扫描模式。扫描模式的空间分辨率为 1μm, 可用于研究激发功率的依赖性。激发和探测都位于 CsPbBr$_3$ 微/纳米棒末端的 PL 光谱[图 3.17(d)]显示, 在 522nm 和 538nm 附近观察到两个 PL 峰, 可以确认这两个 PL 峰来自受激发射。由于 CsPbBr$_3$ 微/纳米棒末端的形貌不太规则, 且 Pb(OH)$_2$ 包覆效果不是很好, 几乎看不到峰位约 495nm 的天蓝色发射

光，可以从界面钝化发射光中验证天蓝色发射光的成分。这进一步证明了受激发射绿光是从天蓝色发射光中解耦出来的，受激发射绿光的性质可能与热电子-空穴等离子体的产生有关。热电子-空穴等离子体的最初形成呈现比较宽的能量分布范围，与光谱中观察到的相对宽的受激发射线相一致。这种绿光发射与 $CsPbBr_3$ 在 520nm 左右的标志性发射波长有关，光谱图中发射波长的轻微红移可能是其与等离子体共振耦合导致的，等离子体共振降低了粒子数分布反转的能量要求。这样的红移也可能发生在双共轭发光中，其半高宽往往更窄，发射波长的红移也会更大。由于实验过程中使用了相对较高的脉冲激励，他们观察到的发光与激子-极化子无关。激发和探测分别位于 $CsPbBr_3$ 微/纳米棒中心部分和末端的 PL 光谱[图 3.17（e）]显示，来自界面的天蓝色发射光是可以再次观察到的。这表明激子在界面的传输层可以非常长。在 515nm 或 530nm 处都没有看到发射[图 3.17（e）]，这证实了缺陷点的受激发射仅限于封闭区域。所有 PL 峰都有轻微的红移，出现这种现象的主要原因在于具有较高能量的光子在沿 $CsPbBr_3$ 微/纳米棒传播时经历了更强的重吸收。

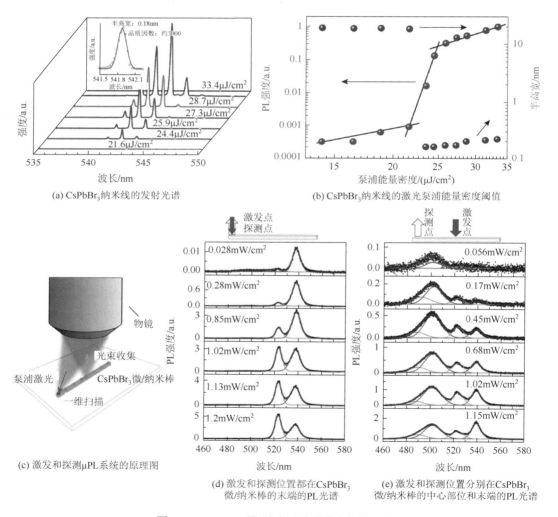

(a) $CsPbBr_3$ 纳米线的发射光谱

(b) $CsPbBr_3$ 纳米线的激光泵浦能量密度阈值

(c) 激发和探测 μPL 系统的原理图

(d) 激发和探测位置都在 $CsPbBr_3$ 微/纳米棒的末端的 PL 光谱

(e) 激发和探测位置分别在 $CsPbBr_3$ 微/纳米棒的中心部位和末端的 PL 光谱

图 3.17　$CsPbBr_3$ 微/纳米结构的激光特性研究

3.3.3　WGM 模式的无机钙钛矿激光器

WGM 激光器的工作原理是全内反射（total internal reflection，TIR）。全内反射是由增益介质的内外环境中折射率不同引起的，光在增益介质内部形成闭环光路，光被限制在其中，形成 WGM 激光。与 F-P 腔相比，WGM 腔要求更低，一般将原子沉积在具备对称结构的衬底和空腔上即可实现。

2014 年，Zhang 等展示了一种基于 $CH_3NH_3PbI_{3-a}X_a$（X = I，Br，Cl）纳米薄片的新型平面室温近红外 WGM 激光器[93]。这种钙钛矿自然形成的高质量平面 WGM 腔保证了足够的增益和有效的光反馈，其室温近红外激光泵浦能量密度阈值为 $128\mu J/cm^2$。Liao 等将 $MAPbIBr_3$ 作为增益介质[94]，使用一步溶液自组装法制备单晶方形微盘。这种方形微盘是一种简单的 WGM 腔，特点是模态体积小、品质因数高，可以很容易地嵌入纳米光子电路中。此 WGM 微谐振器的光反馈是通过全内反射沿周长进行的，在室温下可实现 557nm 的单模激光发射。2015 年，Yakunin 等将溶液状的 $CsPbX_3$ 黏附在 SiO_2 微球表面，实现了 WGM 激光器[37]。其中，SiO_2 微球作为圆形空腔，由于发生全内反射，发射的光主要围绕圆周运行。Guo 等采用化学气相沉积法合成了 $CsPbX_3$（X = I，Br，Cl）微晶体[95]。这些微晶体具有良好的结晶度，带隙覆盖整个可见光范围，表现强烈的蓝、绿、红光发射，并实现了室温红、绿、蓝 WGM 激光器。Zhang 等在室温下基于三元和四元钙钛矿方形片状晶体实现了多色激光[96]。如图 3.18（a）所示，当通过调节卤素组分将 $CsPbX_3$ 纳米片的自发发射光从蓝光调整为红光时，激光泵浦能量密度阈值为 2.0～10.0$\mu J/cm^2$。图 3.18（a）中的插图为在泵浦能量密度阈值以上的 PL 光谱，清晰地展示了 WGM 模式的激光。同时，激光的峰值强度比自发发射的峰值强度高得多，意味着有大量的自发发射参与激光过程。图 3.18（a）右侧图示出了 $CsPb(Br/I)_3$ 的一种发光模式的放大光谱，其发射中心波长约为 680nm。在固态晶体激光器中，多普勒和压力展宽等不均匀展宽可以忽略不计。均匀展宽的发光峰可以被洛伦兹曲线很好地拟合，其半高宽为 0.14nm，轻微的不对称轮廓是由减去背底造成的。他们指出，所制造的微型激光器的高光谱相干性可归因于室温下稳定的激子，这是激子结合能比较高的结果。Du 等在合成尺寸可控的钙钛矿之后，在大气环境中测量了钙钛矿微米板的激光性能[97]。如图 3.18（b）所示，使用 400nm 脉冲激光束均匀地激发单个钙钛矿微米板。在典型的发射光谱中可以看出，在低泵浦能量密度下，PL 光谱中心波长为 525nm，半高宽为 19nm。当泵浦能量密度超过阈值并逐渐增加时，会突然出现一个尖峰，并变为主导峰。Wang 等得出品质因数 Q（由 $Q = \lambda/\Delta\lambda$ 计算，其中，λ 和 $\Delta\lambda$ 分别为激光峰波长和相应的激光峰半高宽）约为 2700[98]。数值研究 $CsPbBr_3$ 微型盘共振的结果如图 3.18（c）所示。$CsPbBr_3$ 微型盘的尺寸由聚焦离子束法轻松控制。图 3.18（c）右侧图为 $CsPbBr_3$ 的扫描电镜图像。Tang 等在 $CsPbX_3$ 微米球中实现了单模激光[99]，通过调控卤素组分和微米球尺寸成功地实现了低泵浦能量密度阈值（0.42$\mu J/cm^2$）的单模激光。他们的研究结果证明，$CsPbBr_3$ 微米球具有完美的光滑表面和规则的几何结构，是非常理想的 WGM 腔。在室温、真空环境中进行光泵浦激光实验，如图 3.18（d）所示，使用 400nm 飞秒激光器作为激发光源。激光点覆盖了整个质谱，以确保均匀激发。圆圈表示光在 CsPbBr$_3$ 微米球的 WGM 腔内传播。图 3.18（d）右侧图为直径约为 780nm 的单个 CsPbBr$_3$ 微米球的发射光谱。可以看出，当泵浦能量密度低于阈值（0.42μJ/cm^2）时，在 530nm 处观察到了由自发发射产生的单个宽发射峰，其半高宽为 16.6nm。当泵浦能量密度超过阈值时，在自发发射边上方突然出现一个尖峰，并随着泵浦能量密度的进一步增大而急剧增加。在此过程中未发现其他共振峰。CsPbBr$_3$ 微米球中发生了从自发发射到受激发射的清晰演变，这表明实现了单模激光。同时，随着泵浦能量密度的增加，载流子密度增大，发射峰变宽（0.09～0.62nm），这可能引起材料折射率的变化，并且导致在脉冲激光器受激发射过程中腔体模式的偏移。干涉图样是由 CsPbBr$_3$ 微米球 WGM 腔中相干光发射产生的，证实了受激发射的产生。在 CsPbBr$_3$ 微米球中，随着泵浦能量密度的增加，还会观察到轻微的蓝移（0.5nm），这可能由

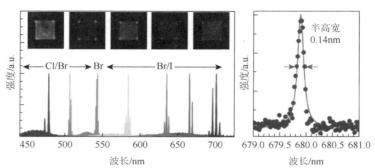

(a) 具有不同卤素组分的单个 CsPbX$_3$ 纳米片的激光光谱和图像

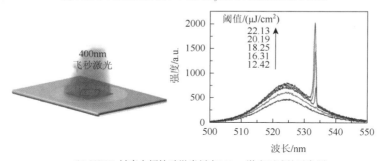

(b) Si/SiO$_2$ 衬底上钙钛矿微米板在 400nm 激光泵浦的示意图

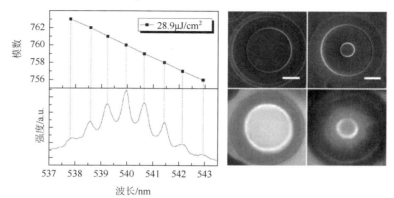

(c) WGM 的模式分布及不同尺寸的 CsPbBr$_3$ 微型盘的扫描电镜图像

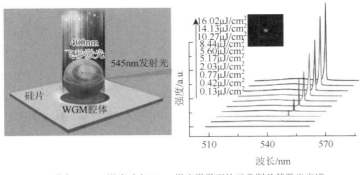

(d) 单个CsPbBr₃微米球在400nm激光激发下的示意图及其激光光谱

图 3.18　无机钙钛矿 WGM 模式激光性能研究

带填充效应（载流子堆积的能级很接近，复合可能不在最低能级，除了可以看到波长蓝移，光谱展宽也会变宽）或折射率降低所致。所有上述研究成果显示了无机钙钛矿在 WGM 模式激光上具有非常广阔的应用前景。

　　RbPbX₃也是一类非常重要的无机金属卤化物钙钛矿材料。Tang 等对激光性能展开探索，研究了 RbPbBr₃ 的晶体结构和能带结构，证明 RbPbBr₃ 在室温下不稳定，会转变为不发光的非钙钛矿相，并进一步在 RbPbBr₃ 中阐明了钙钛矿-非钙钛矿相变的结构演变和机理，整个实验过程如图 3.19（a）所示[100]。通过化学气相沉积法和退火工艺合成了 RbPbBr₃ 微球，RbPbBr₃ 微球在约 464nm 处显示很强的 PL 现象，可以用作增益介质和微腔，以实现宽带（475～540nm）单模激光，并具有高品质因数（约为 2100）。采用自制的共聚焦 μPL 系统对 RbPbBr₃ 微球的光泵浦激光特性进行探测，以 400nm 飞秒激光激发单个 RbPbBr₃ 微球。RbPbBr₃ 微球既用作增益介质，又用作 WGM 腔。当泵浦能量密度较高、增益平衡或超过光学损耗时，在 475.6nm 处可以观察到单模激光。图 3.19（b）显示了直径约为 1.2mm 的单个 RbPbBr₃ 微球记录的二维伪彩色图像。将泵浦能量密度从 5μJ/cm² 增加至 100μJ/cm²，发射谱中可以清楚地观察到从宽发射到尖峰的过渡，这意味着发生了激光现象。图 3.19（c）为接近激光泵浦能量密度阈值的单个 RbPbBr₃ 微球的典型 PL 光谱，当泵浦能量密度约为 13.2μJ/cm²（低于阈值）时，在约 466nm 处有一个宽的发射峰，其半高宽约为 15.8nm，这可以归因于在这个泵浦条件下产生了自发发射。随着泵浦能量密度的不断增加，在约 475.6nm 处的激光峰强度迅速增大，而 PL 强度几乎保持恒定，这证实了单模激光的实现。当泵浦能量密度达到阈值时，发射光谱的半高宽从 15.8nm 迅速下降到 0.23nm 左右，这说明在此泵浦能量密度下产生了激光现象。随着泵浦能量密度的进一步增加，单模激光的峰位发生了蓝移。这可能是由带填充效应、热光效应或电子-空穴相互作用引起的。图 3.19（d）示出了 PL 强度与泵浦能量密度的函数关系。随着泵浦能量密度的增加（17.8～30.1μJ/cm²），发生从自发发射到受激发射的演变。在 S 形曲线中分别有两个拐点（17.8μJ/cm² 和 30.1μJ/cm²），激光泵浦能量密度阈值约为 17.8μJ/cm²。图 3.19（e）为用洛伦兹曲线来拟合的约 475.6nm 处的单模激光曲线，其品质因数约为 2100，这比大多数纳秒激光系统（包括微型盘、纳米线和纳米棒）的品质因数更高。

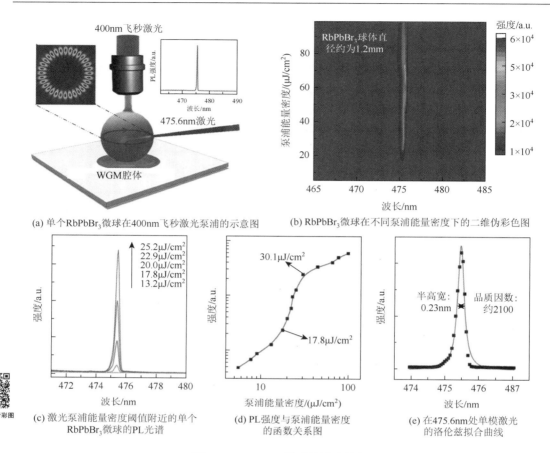

(a) 单个RbPbBr₃微球在400nm飞秒激光泵浦的示意图　　(b) RbPbBr₃微球在不同泵浦能量密度下的二维伪彩色图

(c) 激光泵浦能量密度阈值附近的单个
RbPbBr₃微球的PL光谱

(d) PL强度与泵浦能量密度
的函数关系图

(e) 在475.6nm处单模激光
的洛伦兹拟合曲线

图 3.19　RbPbBr₃ 微球的激光性能

　　制备 WGM 激光器需要规则的腔体、增益介质及泵浦光源。为此，Yan 等也在 WGM 激光器上做了一定的探索工作[101]。首先，他们将两种 CsPbBr₃ 量子点在 SiO₂ 球表面形成均匀涂层（分别记为 CsPbBr₃-OA 量子点@SS 和 CsPbBr₃-DA 量子点@SS）。从单个 SiO₂ 球的扫描电镜图可以观测到，该球体具有光滑的表面，CsPbBr₃ 量子点可以在 SiO₂ 球上形成均匀涂层。通过改变 CsPbBr₃ 量子点的浓度，可以调节 CsPbBr₃ 量子点涂层的厚度。SiO₂ 球的平均直径为 1.5μm。为了进一步确定 CsPbBr₃ 量子点在 SiO₂ 球表面的均匀性，他们对制备好的样品进行透射电镜表征。图 3.20（b）和（c）为 CsPbBr₃-OA 量子点@SS 和 CsPbBr₃-DA 量子点@SS 的透射电镜图像。从图 3.20（b）和（c）插图中的高分辨透射电镜图像可以得出，SiO₂ 球表面所覆盖 CsPbBr₃ 量子点的晶格间距为 0.58nm，这属于 CsPbBr₃ 的典型晶格间距，因此可以推测 SiO₂ 球表面存在 CsPbBr₃ 量子点。此外，能量色散 X 射线谱（X-ray energy dispersive spectrum，EDS）的元素分析也显示了 Cs、Pb、Br 和 Si 的均匀空间分布，进一步确认了 CsPbBr₃-OA 量子点和 CsPbBr₃-DA 量子点在 SiO₂ 球上的存在。

　　Yan 等对 CsPbBr₃-OA 量子点@SS 和 CsPbBr₃-DA 量子点@SS 两种样品在大气环境下进行单光子泵浦的激光性能研究。飞秒激光测试平台使用 50 倍显微镜物镜、脉宽为 35fs、重

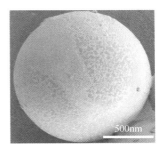

(a) SiO$_2$球的扫描电镜图，从左到右依次为无量子点、CsPbBr$_3$-OA量子点及CsPbBr$_3$-DA量子点

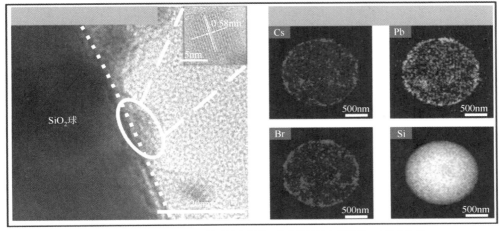

(b) CsPbBr$_3$-OA量子点@SS的透射电镜图、高分辨透射电镜图及EDS元素分析

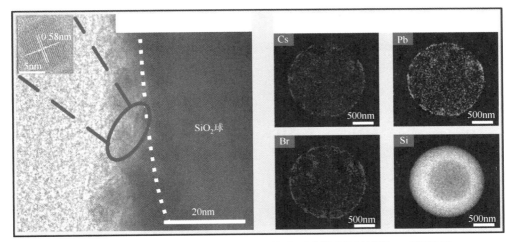

(c) CsPbBr$_3$-DA量子点@SS的透射电镜图、高分辨透射电镜图及EDS元素分析

图 3.20　配体改性前后 CsPbBr$_3$ 量子点在 SiO$_2$ 球上的分布表征

复频率为 1kHz 的泵浦光源。SiO$_2$ 球具有高度的几何对称性，能够产生高反射率的相长干涉。激光要求光损耗小于光学增益，SiO$_2$ 球表面的均匀 CsPbBr$_3$ 量子点涂层保证了有效的波导，并在 CsPbBr$_3$ 量子点涂层中获得净增益[44, 102]。随着泵浦能量密度的增加，受激发射 CsPbBr$_3$

量子点的光学增益大于光在往返过程中的损耗，这意味着会出现激光。CsPbBr$_3$ 量子点涂层的折射率比空气高，即此结构会有全内反射，对光形成极佳的光局域效应。

为了研究激光性能，Yan 等在单光子泵浦下对 WGM 激光展开研究[101]。图 3.21（a）为 CsPbBr$_3$-OA 量子点@SS 在不同泵浦能量密度激发下的激光光谱。在泵浦能量密度较低时，在 532nm 的峰值处可以观察到一个较宽的自发发射，其半高宽为 20nm 左右。当泵浦能量密度超过 126.81μJ/cm^2 的阈值时，在自发发射的低能量肩峰上出现了几个尖峰，表明 WGM 激光开始出现。在激光泵浦能量密度阈值以上时，在 537nm 处出现几个半高宽超窄的发射峰，即出现多个激光模式，符合 WGM 激光的特征。图 3.21（b）示出了阈值行为，CsPbBr$_3$-OA 量子点@SS 在 400nm 泵浦光下的泵浦能量密度阈值为 126.81μJ/cm^2。相应地，CsPbBr$_3$-DA 量子点@SS 的激光现象也有类似的特点，如图 3.21（c）和（d）所示。当泵浦能量密度在较低水平时，CsPbBr$_3$-DA 量子点@SS 表现出较宽的自发发射过程，并随着泵浦能量密度的增加而转变为明显的激光现象。可以看到，CsPbBr$_3$-DA 量子点@SS 的激光泵浦能量密度阈值为 5.47μJ/cm^2，是 CsPbBr$_3$-OA 量子点@SS 的激光泵浦能量密度阈值（126.81μJ/cm^2）的 4.3%，下降幅度非常大。这可以归因于经过配体改性的 CsPbBr$_3$-DA 量子点具有更好的晶体质量、更高的 PLQY 和更稳定的性能等，有利于发光。

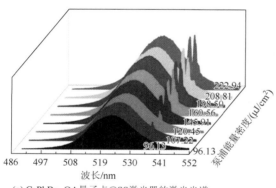

(a) CsPbBr$_3$-OA量子点@SS激光器的激光光谱

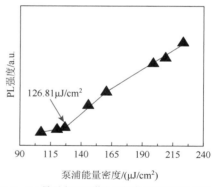

(b) CsPbBr$_3$-OA量子点@SS激光器的激光泵浦能量密度阈值

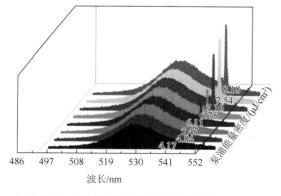

(c) CsPbBr$_3$-DA量子点@SS激光器的激光光谱

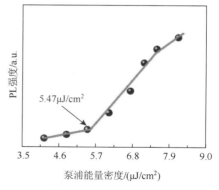

(d) CsPbBr$_3$-DA量子点@SS激光器的激光泵浦能量密度阈值

图 3.21　在 400nm 泵浦激光下基于两种量子点的激光光谱

3.3.4　其他类型的无机钙钛矿激光器

分布式布拉格反射镜（distributed Bragg reflector mirror，DBR）是一种简单的光学器件，由不同折射率的材料交替构成，因不同材料的交替组合导致结构中有效折射率周期性变化，从而获得对某一光学波段的高反射率。光波在不同材料的交界处发生部分反射，当每层材料的厚度设计为光波长的 1/4 时，构成的 DBR 的强度反射率可以高于 99%。垂直腔面发射激光谐振腔中包含一组平行于晶片表面的 DBR，一个或多个量子阱作为有源区在其中产生增益。

2017 年，Wang 等首次实现了无机钙钛矿垂直腔面发射激光器（vertical cavity surface emitting laser，VCSEL）[4]。其 DBR 由 25 对 SiO_2/TiO_2 四分之一薄层组成，两个 DBR 层之间由 $CsPbBr_3$ 量子点作为增益层，如图 3.22（a）所示。在飞秒激光（波长为 400nm，脉宽为 100fs，重复频率为 1kHz）激发下，激光泵浦能量密度阈值低至 $9\mu J/cm^2$，光束发散角为 3.6°，而且可以实现红、绿、蓝三色稳定的激光发射。2019 年，Pourdavoud 等以 $CsPbBr_3$ 薄膜为增益层，展示了 VCSEL 的高性能，激光泵浦能量密度阈值仅为 $2.2\mu J/cm^2$，半高宽为 0.07nm[68]。与传统的光子激光器不同，在强耦合腔（如 VCSEL）中相干光发射是由激子–极化激子产生的，因此可以在不满足粒子数分布反转的情况下发生激光[103]。极化激子是存在于半导体微腔内的玻色子准粒子，由一个激子和一个空腔光子叠加组成。Su 等实现了室温极化激光，其所采用的增益介质为 $CsPbCl_3$ 纳米微腔，在 HFO_2/SiO_2 对制成的底部和顶部 DBR 中分别嵌入一个 373nm 厚的纳米片，所达到的激光泵浦能量密度阈值约 $12\mu J/cm^{2[104]}$。

Huang 等报道了由 $CsPbBr_3$ 量子点薄膜和两个高反射 DBR 组成的混合 VCSEL[105]，图 3.22（b）左侧插图为整个结构的示意图，其具备超低的激光泵浦能量密度阈值（$0.39\mu J/cm^2$），还确定了激光泵浦能量密度阈值的温度依赖性和器件的长期稳定性。他们指出 $CsPbBr_3$ 量子点具有出色的稳定性，其所制备的激光器能在 1.8×10^7 个脉冲激发下实现稳定的激光输出（5h），能够在短脉冲（fs）和准连续波（ns）范围内工作。因此，$CsPbBr_3$ 量子点 VCSEL 在高强度和高可靠性的激光器领域具有巨大的应用潜力。

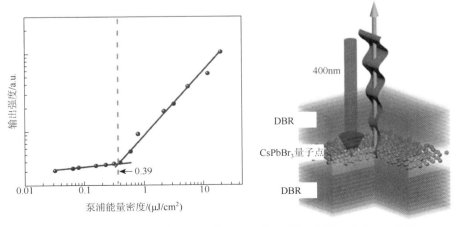

(a) 左侧插图为 $CsPbBr_3$ 量子点 DBR 的 PL 光谱，右侧插图为实验设备示意图

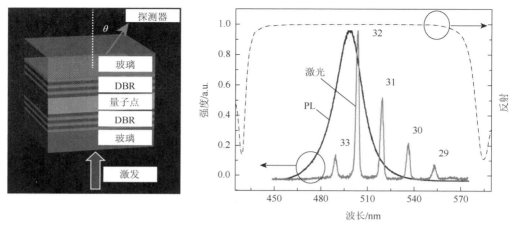

(b) 左侧插图为CsPbBr$_3$量子点VCSEL的结构示意图，右侧图是PL和激光光谱图，数字指模数

图 3.22　DBR 激光器的性能

分布式反馈（distributed feedback，DFB）激光器将布拉格光栅集成到激光器内部的有源层（增益介质）中，在谐振腔内形成选模结构，可以实现完全的单模工作。此激光器基本上是由一个有源波导制成的，其中，沿光传播方向的折射率周期性调制满足布拉格方程 $2n_{eff}\varLambda = m\lambda$ 波长的部分反射，其中，n_{eff} 为波导的有效折射率；$\varLambda$ 为光栅周期；m 为衍射级次；λ 为波长。激光的反馈来源于任意折射率变化下的部分反射，因此，其沿薄膜分布。此外，光沿薄膜传播导致光的放大，从而允许单模工作（对于足够小的光栅周期）。折射率周期性调制通常是由在衬底/薄膜或薄膜/空气界面上周期性的线性光栅来实现的，并允许在适当的图案化衬底上简单地沉积薄膜或通过印迹来实现 DFB 激光器。在沉积薄膜后，采用软光刻技术在顶部表面刻印图案，从而避免湿光刻对钙钛矿层的损坏。Brenner 等首次实现了单模 DFB 光泵浦钙钛矿激光器[106]。他们将溶液中的 MAPbI$_3$ 薄膜沉积在聚合物复制品（由纳米压印光刻获得的硅图案）上，泵浦能量密度依赖于发射光谱，在 532nm 处泵浦 1ns，可以在 786.5nm 处观察到一个非常窄的峰，其分辨率半高宽为 0.2nm，高于激光泵浦能量密度阈值（120μJ/cm^2）。2019 年，Pourdavoud 等在 CsPbBr$_3$ 薄膜上获得了绿色单模激光[68]。通过热印刷法优化了薄膜的形貌、结晶度和 PLQY，研究了直接印刷活性层和在基底上沉积的样品的 DFB 激光性能，在 300nm 和 355nm 泵浦下，其激光泵浦能量密度阈值分别为 10.0μJ/cm^2 和 7.2μJ/cm^2，如图 3.23 所示。

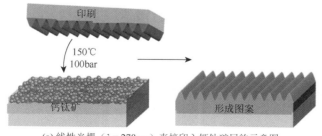

(a) 线性光栅（$\lambda = 278$nm）直接印入钙钛矿层的示意图

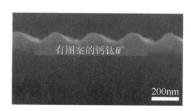

(b) 有图案的钙钛矿层横截面的扫描电镜图像

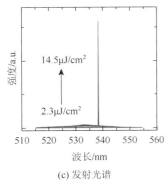

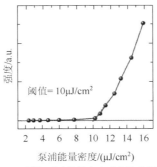

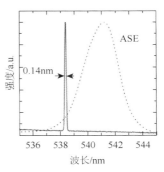

(c) 发射光谱　　　　　　　(d) 增加泵浦能量密度后的输出强度　　　　(e) DFB激光发射线的高分辨率光谱

图 3.23　DFB 激光器的性能

　　表 3.1 归纳了一些关于无机钙钛矿材料的激光研究报告，有助于读者对无机钙钛矿激光器的实现方式、泵浦能量密度阈值、工作温度以及研究情况等的了解。

表 3.1　无机钙钛矿激光性能

材料	结构	激光类型	泵浦波长/nm	工作温度	泵浦能量密度阈值	参考文献
$CsPbBr_3$	量子点	DBR	400	室温	$11\mu J/cm^2$	[4]
$CsPbBr_3$	量子点	DBR	400	室温	$98\mu J/cm^2$	[105]
$CsPbCl_3$	纳米盘	DBR	375	室温	$12\mu J/cm^2$	[104]
$CsPbBr_3$	纳米线	F-P	450	77K	$6kW/cm^2$	[90]
$CsPbCl_3$	薄膜	ASE	337	77K	$44kW/cm^2$	[56]
$CsPbX_3$	量子点	ASE	400	室温	$5\mu J/cm^2$	[37]
$CsPbX_3$	纳米盘	WGM	400	室温	$2\mu J/cm^2$	[97]
$CsPbBr_3/CsPbCl_3$	纳米线/纳米盘	F-P/WGM	NA	室温	$5\mu J/cm^2$	[17]
$CsPbBr_3$	纳米线	等离子体	800	室温	$6.5\mu J/cm^2$	[107]
$CsPbBr_3$	量子点	ASE	800	173K	$1.16mJ/cm^2$	[79]
$CsPbBr_3$	纳米棒	F-P	405	≤100K	$2.6kW/cm^2$	[87]

参 考 文 献

[1]　Hall R N，Fenner G E，Kingsley J D，et al. Coherent light emission from GaAs junctions[J]. Physical Review Letters，1962，9（9）：366-368.

[2]　Wu S，Buckley S，Schaibley J R，et al. Monolayer semiconductor nanocavity lasers with ultralow thresholds[J]. Nature，2015，520（7545）：69-72.

[3]　Zhang Q，Shang Q，Shi J，et al. Wavelength tunable plasmonic lasers based on intrinsic self-absorption of gain material[J]. ACS Photonics，2017，4（11）：2789-2796.

[4]　Wang Y，Li X，Nalla V，et al. Solution-processed low threshold vertical cavity surface emitting lasers from all-inorganic perovskite nanocrystals[J]. Advanced Functional Materials，2017，27（13）：1605088.

[5]　Zhang Q，Li G，Liu X，et al. A room temperature low-threshold ultraviolet plasmonic nanolaser[J]. Nature Communications，2014，5（1）：4953.

[6] Hu H W, Haider G, Liao Y M, et al. Wrinkled 2D materials: A versatile platform for low-threshold stretchable random lasers[J]. Advanced Materials, 2017, 29 (43): 1703549.

[7] Agarwal R, Barrelet C J, Lieber C M. Lasing in single cadmium sulfide nanowire optical cavities[J]. Nano Letters, 2005, 5 (5): 917-920.

[8] Yoshida H, Yamashita Y, Kuwabara M, et al. A 342-nm ultraviolet algan multiple-quantum-well laser diode[J]. Nature Photonics, 2008, 2 (9): 551-554.

[9] Chen R, Ling B, Sun X W, et al. Room temperature excitonic whispering gallery mode lasing from high-quality hexagonal ZnO microdisks[J]. Advanced Materials, 2011, 23 (19): 2199-2204.

[10] Akkerman Q A, D'Innocenzo V, Accornero S, et al. Tuning the optical properties of cesium lead halide perovskite nanocrystals by anion exchange reactions[J]. Journal of the American Chemical Society, 2015, 137 (32): 10276-10281.

[11] Xing G, Mathews N, Lim S S, et al. Low-temperature solution-processed wavelength-tunable perovskites for lasing[J]. Nature Materials, 2014, 13 (5): 476-480.

[12] Sutherland B R, Sargent E H. Perovskite photonic sources[J]. Nature Photonics, 2016, 10 (5): 295-302.

[13] Liu X, Niu L, Wu C, et al. Periodic organic-inorganic halide perovskite microplatelet arrays on silicon substrates for room-temperature lasing[J]. Advanced Science, 2016, 3 (11): 1600137.

[14] Ren K, Wang J, Chen S, et al. Realization of perovskite-nanowire-based plasmonic lasers capable of mode modulation[J]. Laser & Photonics Reviews, 2019, 13 (7): 1800306.

[15] Fu Y, Zhu H, Chen J, et al. Metal halide perovskite nanostructures for optoelectronic applications and the study of physical properties[J]. Nature Reviews Materials, 2019, 4 (3): 169-188.

[16] Liu W, Li X, Song Y, et al. Cooperative enhancement of two-photon-absorption-induced photoluminescence from a 2D perovskite-microsphere hybrid dielectric structure[J]. Advanced Functional Materials, 2018, 28 (26): 1707550.

[17] Eaton S W, Lai M, Gibson N A, et al. Lasing in robust cesium lead halide perovskite nanowires[J]. Proceedings of the National Academy of Sciences, 2016, 113 (8): 1993-1998.

[18] Bekenstein Y, Koscher B A, Eaton S W, et al. Highly luminescent colloidal nanoplates of perovskite cesium lead halide and their oriented assemblies[J]. Journal of the American Chemical Society, 2015, 137 (51): 16008-16011.

[19] Protesescu L, Yakunin S, Bodnarchuk M I, et al. Nanocrystals of cesium lead halide perovskites ($CsPbX_3$, X = Cl, Br, and I): Novel optoelectronic materials showing bright emission with wide color gamut[J]. Nano Letters, 2015, 15 (6): 3692-3696.

[20] Ravi V K, Markad G B, Nag A. Band edge energies and excitonic transition probabilities of colloidal $CsPbX_3$ (X = Cl, Br, I) perovskite nanocrystals[J]. ACS Energy Letters, 2016, 1 (4): 665-671.

[21] Dutta A, Behera R K, Dutta S K, et al. Annealing $CsPbX_3$ (X = Cl and Br) perovskite nanocrystals at high reaction temperatures: Phase change and its prevention[J]. Journal of Physical Chemistry Letters, 2018, 9 (22): 6599-6604.

[22] Ahmed T, Seth S, Samanta A. Boosting the photoluminescence of $CsPbX_3$ (X = Cl, Br, I) perovskite nanocrystals covering a wide wavelength range by postsynthetic treatment with tetrafluoroborate salts[J]. Chemistry of Materials, 2018, 30 (11): 3633-3637.

[23] Krieg F, Ochsenbein S T, Yakunin S, et al. Colloidal $CsPbX_3$ (X = Cl, Br, I) nanocrystals 2.0: Zwitterionic capping ligands for improved durability and stability[J]. ACS Energy Letters, 2018, 3 (3): 641-646.

[24] Imran M, Caligiuri V, Wang M, et al. Benzoyl halides as alternative precursors for the colloidal synthesis of lead-based halide perovskite nanocrystals[J]. Journal of the American Chemical Society, 2018, 140 (7): 2656-2664.

[25] Liu P, Chen W, Wang W, et al. Halide-rich synthesized cesium lead bromide perovskite nanocrystals for light-emitting diodes with improved performance[J]. Chemistry of Materials, 2017, 29 (12): 5168-5173.

[26] Woo J Y, Kim Y, Bae J, et al. Highly stable cesium lead halide perovskite nanocrystals through in situ lead halide inorganic passivation[J]. Chemistry of Materials, 2017, 29 (17): 7088-7092.

[27] Kang J, Wang L W. High defect tolerance in lead halide perovskite $CsPbBr_3$[J]. Journal of Physical Chemistry Letters, 2017,

8（2）：489-493.

[28] Maes J，Balcaen L，Drijvers E，et al. Light absorption coefficient of CsPbBr₃ perovskite nanocrystals[J]. Journal of Physical Chemistry Letters，2018，9（11）：3093-3097.

[29] Queisser H J，Haller E E. Defects in semiconductors：Some fatal，some vital[J]. Science，1998，281（5379）：945-950.

[30] Guo Y，Wang Q，Saidi W A. Structural stabilities and electronic properties of high-angle grain boundaries in perovskite cesium lead halides[J]. Journal of Physical Chemistry C，2017，121（3）：1715-1722.

[31] ten Brinck S，Infante I. Surface termination，morphology，and bright photoluminescence of cesium lead halide perovskite nanocrystals[J]. ACS Energy Letters，2016，1（6）：1266-1272.

[32] Houtepen A J，Hens Z，Owen J S，et al. On the origin of surface traps in colloidal Ⅱ-Ⅵ semiconductor nanocrystals[J]. Chemistry of Materials，2017，29（2）：752-761.

[33] Kovalenko M V，Protesescu L，Bodnarchuk M I. Properties and potential optoelectronic applications of lead halide perovskite nanocrystals[J]. Science，2017，358：745-750.

[34] Qaid S M H，Ghaithan H M，Al-Asbahi B A，et al. Achieving optical gain of the CsPbBr₃ perovskite quantum dots and influence of the variable stripe length method[J]. ACS Omega，2020，5（46）：30111-30122.

[35] Qaid S M H，Ghaithan H M，Al-Asbahi B A，et al. Fabrication of thin films from powdered cesium lead bromide（CsPbBr₃）perovskite quantum dots for coherent green light emission[J]. ACS Omega，2020，5（46）：30111-30122.

[36] Liu Y，Gao Z，Zhang W，et al. Stimulated emission from CsPbBr₃ quantum dot nanoglass[J]. Optical Materials Express，2019，9（8）：3390-3405.

[37] Yakunin S，Protesescu L，Krieg F，et al. Low-threshold amplified spontaneous emission and lasing from colloidal nanocrystals of caesium lead halide perovskites[J]. Nature Communications，2015，6（1）：8056.

[38] Silfvast W T. Laser Fundamentals[M]. Cambridge：Cambridge University Press，1996.

[39] Tycko R. Broadband population inversion[J]. Physical Review Letters，1983，51（9）：775-777.

[40] Graupner W，Leising G，Lanzani G，et al. Femtosecond relaxation of photoexcitations in a poly(para-phenylene)-type ladder polymer[J]. Physical Review Letters，1996，76（5）：847-850.

[41] McGehee M D，Heeger A J. Semiconducting（conjugated）polymers as materials for solid-state lasers[J]. Advanced Materials，2000，12（22）：1655-1668.

[42] Schmitt M，Dietzek B，Hermann G，et al. Femtosecond time-resolved spectroscopy on biological photoreceptor chromophores[J]. Laser & Photonics Reviews，2007，1（1）：57-78.

[43] D'Innocenzo V，Srimath Kandada A R，de Bastiani M，et al. Tuning the light emission properties by band gap engineering in hybrid lead halide perovskite[J]. Journal of the American Chemical Society，2014，136（51）：17730-17733.

[44] Sutherland B R，Hoogland S，Adachi M M，et al. Conformal organohalide perovskites enable lasing on spherical resonators[J]. ACS Nano，2014，8（10）：10947-10952.

[45] Sutherland B R，Hoogland S，Adachi M M，et al. Perovskite thin films via atomic layer deposition[J]. Advanced Materials，2015，27（1）：53-58.

[46] Ghosh T，Aharon S，Shpatz A，et al. Reflectivity effects on pump-probe spectra of lead halide perovskites：Comparing thin films versus nanocrystals[J]. ACS Nano，2018，12（6）：5719-5725.

[47] Price M B，Butkus J，Jellicoe T C，et al. Hot-carrier cooling and photoinduced refractive index changes in organic-inorganic lead halide perovskites[J]. Nature Communications，2015，6（1）：8420.

[48] Lee D S，Yun J S，Kim J，et al. Passivation of grain boundaries by phenethylammonium in formamidinium-methylammonium lead halide perovskite solar cells[J]. ACS Energy Letters，2018，3（3）：647-654.

[49] Yang J，Siempelkamp B D，Liu D，et al. Investigation of CH₃NH₃PbI₃ degradation rates and mechanisms in controlled humidity environments using in situ techniques[J]. ACS Nano，2015，9（2）：1955-1963.

[50] Di Stasio F，Christodoulou S，Huo N，et al. Near-unity photoluminescence quantum yield in CsPbBr₃ nanocrystal solid-state films via postsynthesis treatment with lead bromide[J]. Chemistry of Materials，2017，29（18）：7663-7667.

[51] De Roo J, Ibáñez M, Geiregat P, et al. Highly dynamic ligand binding and light absorption coefficient of cesium lead bromide perovskite nanocrystals[J]. ACS Nano, 2016, 10 (2): 2071-2081.

[52] Geiregat P, Maes J, Chen K, et al. Using bulk-like nanocrystals to probe intrinsic optical gain characteristics of inorganic lead halide perovskites[J]. ACS Nano, 2018, 12 (10): 10178-10188.

[53] Pietryga J M, Park Y S, Lim J, et al. Spectroscopic and device aspects of nanocrystal quantum dots[J]. Chemical Reviews, 2016, 116 (18): 10513-10622.

[54] Makarov N S, Guo S, Isaienko O, et al. Spectral and dynamical properties of single excitons, biexcitons, and trions in cesium-lead-halide perovskite quantum dots[J]. Nano Letters, 2016, 16 (4): 2349-2362.

[55] Asano K, Yoshioka T. Exciton-mott physics in two-dimensional electron-hole systems: Phase diagram and single-particle spectra[J]. Journal of the Physical Society of Japan, 2014, 83 (8): 084702.

[56] Kondo S, Suzuki K, Saito T, et al. Photoluminescence and stimulated emission from microcrystalline $CsPbCl_3$ films prepared by amorphous-to-crystalline transformation[J]. Physical Review B, 2004, 70 (20): 205322.

[57] Zhang L, Yuan F, Dong H, et al. One-step co-evaporation of all-inorganic perovskite thin films with room-temperature ultralow amplified spontaneous emission threshold and air stability[J]. ACS Applied Materials & Interfaces, 2018, 10 (47): 40661-40671.

[58] Wang Y, Li X, Song J, et al. All-inorganic colloidal perovskite quantum dots: A new class of lasing materials with favorable characteristics[J]. Advanced Materials, 2015, 27 (44): 7101-7108.

[59] Balena A, Perulli A, Fernandez M, et al. Temperature dependence of the amplified spontaneous emission from $CsPbBr_3$ nanocrystal thin films[J]. Journal of Physical Chemistry C, 2018, 122 (10): 5813-5819.

[60] McLellan L J, Guilhabert B, Laurand N, et al. CdS_xSe_{1-x}/ZnS semiconductor nanocrystal laser with sub 10kW/cm^2 threshold and 40nJ emission output at 600 nm[J]. Optics Express, 2016, 24 (2): A146-A153.

[61] Riedl T, Rabe T, Johannes H H, et al. Tunable organic thin-film laser pumped by an inorganic violet diode laser[J]. Applied Physics Letters, 2006, 88 (24): 241116.

[62] Yang Y, Turnbull G A, Samuel I D W. Hybrid optoelectronics: A polymer laser pumped by a nitride light-emitting diode[J]. Applied Physics Letters, 2008, 92 (16): 163306.

[63] Kulbak M, Gupta S, Kedem N, et al. Cesium enhances long-term stability of lead bromide perovskite-based solar cells[J]. Journal of Physical Chemistry Letters, 2016, 7 (1): 167-172.

[64] Yantara N, Bhaumik S, Yan F, et al. Inorganic halide perovskites for efficient light-emitting diodes[J]. Journal of Physical Chemistry Letters, 2015, 6 (21): 4360-4364.

[65] Park J H, Lee A Y, Yu J C, et al. Surface ligand engineering for efficient perovskite nanocrystal-based light-emitting diodes[J]. ACS Applied Materials & Interfaces, 2019, 11 (8): 8428-8435.

[66] Kondo S, Ohsawa H, Saito T, et al. Room-temperature stimulated emission from microcrystalline $CsPbCl_3$ films[J]. Applied Physics Letters, 2005, 87 (13): 131912.

[67] Goh C, Scully S R, McGehee M D. Effects of molecular interface modification in hybrid organic-inorganic photovoltaic cells[J]. Journal of Applied Physics, 2007, 101 (11): 114503.

[68] Pourdavoud N, Haeger T, Mayer A, et al. Room-temperature stimulated emission and lasing in recrystallized cesium lead bromide perovskite thin films[J]. Advanced Materials, 2019, 31 (39): 1903717.

[69] Wang S, Yu J, Zhang M, et al. Stable, strongly emitting cesium lead bromide perovskite nanorods with high optical gain enabled by an intermediate monomer reservoir synthetic strategy[J]. Nano Letters, 2019, 19 (9): 6315-6322.

[70] Pan J, Sarmah S P, Murali B, et al. Air-stable surface-passivated perovskite quantum dots for ultra-robust, single-and two-photon-induced amplified spontaneous emission[J]. Journal of Physical Chemistry Letters, 2015, 6 (24): 5027-5033.

[71] Wang Y, Zhi M, Chang Y Q, et al. Stable, ultralow threshold amplified spontaneous emission from $CsPbBr_3$ nanoparticles exhibiting trion gain[J]. Nano Letters, 2018, 18 (8): 4976-4984.

[72] Yan D, Shi T, Zang Z, et al. Ultrastable $CsPbBr_3$ perovskite quantum dot and their enhanced amplified spontaneous emission

by surface ligand modification[J]. Small，2019，15（23）：1901173.

[73] Yan D，Zhao S，Wang H，et al. Ultrapure and highly efficient green light emitting devices based on ligand-modified CsPbBr$_3$ quantum dots[J]. Photonics Research，2020，8（7）：1086-1092.

[74] Redding B，Choma M A，Cao H. Speckle-free laser imaging using random laser illumination[J]. Nature Photonics，2012，6（6）：355-359.

[75] Chang S W，Liao W C，Liao Y M，et al. A white random laser[J]. Scientific Reports，2018，8（1）：2720.

[76] Safdar A，Wang Y，Krauss T F. Random lasing in uniform perovskite thin films[J]. Optics Express，2018，26（2）：A75-A84.

[77] Wiersma D. The smallest random laser[J]. Nature，2000，406（6792）：133-135.

[78] Fan H，Mu Y，Liu C，et al. Random lasing of CsPbBr$_3$ perovskite thin films pumped by modulated electron beam[J]. Chinese Optics Letters，2020，18（1）：011403.

[79] Li S，Lei D，Ren W，et al. Water-resistant perovskite nanodots enable robust two-photon lasing in aqueous environment[J]. Nature Communications，2020，11（1）：1192.

[80] Yang L，Wang T，Min Q，et al. Ultrahigh photo-stable all-inorganic perovskite nanocrystals and their robust random lasing[J]. Nanoscale Advances，2020，2（2）：888-895.

[81] Li C，Zang Z，Han C，et al. Highly compact CsPbBr$_3$ perovskite thin films decorated by ZnO nanoparticles for enhanced random lasing[J]. Nano Energy，2017，40：195-202.

[82] Li X，Wang Y，Sun H，et al. Amino-mediated anchoring perovskite quantum dots for stable and low-threshold random lasing[J]. Advanced Materials，2017，29（36）：1701185.

[83] Deschler F，Price M，Pathak S，et al. High photoluminescence efficiency and optically pumped lasing in solution-processed mixed halide perovskite semiconductors[J]. Journal of Physical Chemistry Letters，2014，5（8）：1421-1426.

[84] Chen S，Roh K，Lee J，et al. A photonic crystal laser from solution based organo-lead iodide perovskite thin films[J]. ACS Nano，2016，10（4）：3959-3967.

[85] Gu Z，Wang K，Sun W，et al. Two-photon pumped CH$_3$NH$_3$PbBr$_3$ perovskite microwire lasers[J]. Advanced Optical Materials，2016，4（3）：472-479.

[86] Fu Y，Zhu H，Stoumpos C C，et al. Broad wavelength tunable robust lasing from single-crystal nanowires of cesium lead halide perovskites（CsPbX$_3$，X = Cl，Br，I）[J]. ACS Nano，2016，10（8）：7963-7972.

[87] Shang Q，Li M，Zhao L，et al. Role of the exciton-polariton in a continuous-wave optically pumped CsPbBr$_3$ perovskite laser[J]. Nano Letters，2020，20（9）：6636-6643.

[88] Zhou H，Yuan S，Wang X，et al. Vapor growth and tunable lasing of band gap engineered cesium lead halide perovskite micro/nanorods with triangular cross section[J]. ACS Nano，2017，11（2）：1189-1195.

[89] Park K，Lee J W，Kim J D，et al. Light-matter interactions in cesium lead halide perovskite nanowire lasers[J]. Journal of Physical Chemistry Letters，2016，7（18）：3703-3710.

[90] Evans T J S，Schlaus A，Fu Y，et al. Continuous-wave lasing in cesium lead bromide perovskite nanowires[J]. Advanced Optical Materials，2018，6（2）：1700982.

[91] Li F，Jiang M，Cheng Y，et al. Single-mode lasing of CsPbBr$_3$ perovskite NWs enabled by the vernier effect[J]. Nanoscale，2021，13（8）：4432-4438.

[92] Ying G，Jana A，Osokin V，et al. Highly efficient photoluminescence and lasing from hydroxide coated fully inorganic perovskite micro/nano-rods[J]. Advanced Optical Materials，2020，8（23）：2001235.

[93] Zhang Q，Ha S T，Liu X，et al. Room-temperature near-infrared high-Q perovskite whispering-gallery planar nanolasers[J]. Nano Letters，2014，14（10）：5995-6001.

[94] Liao Q，Hu K，Zhang H，et al. Perovskite microdisk microlasers self-assembled from solution[J]. Advanced Materials，2015，27（22）：3405-3410.

[95] Guo P，Hossain M K，Shen X，et al. Room-temperature red-green-blue whispering-gallery mode lasing and white-light emission from cesium lead halide perovskite（CsPbX$_3$，X = Cl，Br，I）microstructures[J]. Advanced Optical Materials，2018，

6（3）：1700993.

[96]　Zhang Q，Su R，Liu X，et al. High-quality whispering-gallery-mode lasing from cesium lead halide perovskite nanoplatelets[J]. Advanced Functional Materials，2016，26（34）：6238-6245.

[97]　Du H，Wang K，Zhao L，et al. Size-controlled patterning of single-crystalline perovskite arrays toward a tunable high-performance microlaser[J]. ACS Applied Materials & Interfaces，2020，12（2）：2662-2670.

[98]　Wang Y，Gu Z，Ren Y，et al. Perovskite-ion beam interactions：Toward controllable light emission and lasing[J]. ACS Applied Materials & Interfaces，2019，11（17）：15756-15763.

[99]　Tang B，Dong H，Sun L，et al. Single-mode lasers based on cesium lead halide perovskite submicron spheres[J]. ACS Nano，2017，11（11）：10681-10688.

[100]　Tang B，Hu Y，Dong H，et al. An all-inorganic perovskite-phase rubidium lead bromide nanolaser[J]. Angewandte Chemie，2019，58（45）：16134-16140.

[101]　Yan D，Shi T，Zang Z，et al. Stable and low-threshold whispering-gallery-mode lasing from modified $CsPbBr_3$ perovskite quantum dots@SiO_2 sphere[J]. Chemical Engineering Journal，2020，401：126066.

[102]　Hu Z，Liu Z，Bian Y，et al. Enhanced two-photon-pumped emission from in situ synthesized nonblinking $CsPbBr_3$/SiO_2 nanocrystals with excellent stability[J]. Advanced Optical Materials，2017，6（3）：1700997.

[103]　Byrnes T，Kim N Y，Yamamoto Y. Exciton-polariton condensates[J]. Nature Physics，2014，10（11）：803-813.

[104]　Su R，Diederichs C，Wang J，et al. Room-temperature polariton lasing in all-inorganic perovskite nanoplatelets[J]. Nano Letters，2017，17（6）：3982-3988.

[105]　Huang C Y，Zou C，Mao C，et al. $CsPbBr_3$ perovskite quantum dot vertical cavity lasers with low threshold and high stability[J]. ACS Photonics，2017，4（9）：2281-2289.

[106]　Brenner P，Stulz M，Kapp D，et al. Highly stable solution processed metal-halide perovskite lasers on nanoimprinted distributed feedback structures[J]. Applied Physics Letters，2016，109（14）：141106.

[107]　Wu Z，Chen J，Mi Y，et al. All-inorganic $CsPbBr_3$ nanowire based plasmonic lasers[J]. Advanced Optical Materials，2018，6（22）：1800674.

第4章 无机钙钛矿太阳能电池

4.1 概 述

当前，能源危机和环境污染等问题制约着人类社会的进步与发展。寻找一种可再生的绿色新能源来替代传统的化石能源已经成为全人类共同关心的问题，也是决定我国中长期经济高速发展的关键之一。太阳能电池将太阳能直接转换为电能，是绿色环保、安全可靠的太阳能利用方式，已经成为全世界研究可持续发展问题的重要方向。

目前，Si 基太阳能电池的市场占有度最高，但是其制作成本高（Si 纯度要求高）和工艺复杂（高温加工）等问题制约了其长远发展。因此，人们逐渐将目光转向低成本、低能耗、原料丰富的新型光伏材料。自 2009 年以来，基于卤化铅的 HOIPs 因具有卓越的光电性能，在太阳能电池领域取得广泛的关注和发展。短短十余年，HOIPs 太阳能电池的光电转换效率频频取得突破，从 3.8%迅速提升至 25.5%[1-5]。然而，由于 HOIPs 中含有 MA$^+$和 FA$^+$等易挥发的有机阳离子，HOIPs 太阳能电池的热稳定性受到严重影响，制约了其商业化进程。已有报道指出，MAPbI$_3$会在 85℃以上分解为 PbI$_2$和 MAI 两种材料，严重影响器件稳定性[6]。尽管基于 FA$^+$和 FA$^+$/Cs$^+$的钙钛矿薄膜的热稳定性能提高到 100℃以上，但一劳永逸的提高热稳定性的方式是采用熔点更高（>460℃）的无机阳离子（如 Cs$^+$和 Rb$^+$）来替代这些不稳定的有机阳离子[7]。自从 Wells 于 1893 年第一次合成 CsPbX$_3$（X = I，Br）后[8]，大量关于 CsPbX$_3$性能与应用的研究相继被报道，同时其在发光领域获得了广泛关注。

关于 CsPbX$_3$太阳能电池的研究始于 2012 年。Chen 等报道了第一例 CsSnI$_3$太阳能电池，但是该电池光电转换效率低且不稳定[9]。2015 年，Kulbak 等证实了 CsPbBr$_3$太阳能电池具有与 MAPbBr$_3$太阳能电池相当的工作性能[7]。从这以后，大量关于 CsPbX$_3$太阳能电池的研究相继报道，根据 X 位的不同组分，发展了 CsPbI$_3$、CsPbI$_2$Br、CsPbIBr$_2$和 CsPbBr$_3$四种主要分支。其中，α-CsPbI$_3$的带隙最窄，为 1.73eV，非常接近单节太阳能电池的最佳带隙。因此，α-CsPbI$_3$太阳能电池理论光电转换效率高达 28.64%。但是，α-CsPbI$_3$在室温下极不稳定，容易转变为非钙钛矿的 δ 相。2015 年，牛津大学 Eperon 等利用 HI 作为添加剂，制备了第一例在室温下稳定的 α-CsPbI$_3$太阳能电池，光电转换效率为 2.90%[10]。2016 年和 2017 年，Sanehira 等通过降维方法制备了室温稳定的 α-CsPbI$_3$量子点太阳能电池，分别获得了 10.77%和 13.43%的光电转换效率[11, 12]。2018 年，Wang 等利用苯基三甲基溴化铵（phenyltrimethylammonium bromide，PTABr）后处理 CsPbI$_3$薄膜，制备的太阳能电池获得了 17.06%的光电转换效率[13]；2019 年，他们通过前驱体溶液工程制备了 CsPbI$_3$薄膜太阳能电池，将光电转换效率提升至 19.03%[14]。与 CsPbI$_3$相比，CsPbI$_2$Br 具有更好的热稳定性，但带隙相对较大，达到 1.92eV。2016 年，Sutton 等报道了第一例 $CsPbI_2Br$ 太阳能电池，光电转换效率为 9.80%[15]。2017 年，Chen 等利用双源共蒸法，制备了光电转换效率为 11.70% 的 $CsPbI_2Br$ 太阳能电池[16]。2018 年，Bai 等通过优化钙钛矿结晶过程，获得了 14.81% 的光电转换效率[17]。2019 年，Zhang 等利用 CsBr 处理 $CsPbI_2Br$ 薄膜，制备的太阳能电池获得了 16.37% 的光电转换效率[18]。2020 年，Han 等利用 Ca^{2+} 掺杂来提高 $CsPbI_2Br$ 薄膜质量，制备的太阳能电池光电转换效率提高至 16.79%[19]。与 $CsPbI_2Br$ 相比，$CsPbIBr_2$ 的带隙更宽，达到 2.05eV。但是由于其具有优异的热力学稳定性，$CsPbIBr_2$ 在太阳能电池领域也得到了广泛的关注。2016 年，Lau 等利用喷涂法制备了第一块 $CsPbIBr_2$ 太阳能电池，光电转换效率为 6.30%[20]。2017 年，Li 等通过气体辅助沉积法获得了光电转换效率为 8.02% 的 $CsPbIBr_2$ 太阳能电池[21]。2018 年，Zhu 等利用分子交换法将 $CsPbIBr_2$ 太阳能电池光电转换效率提升至 9.16%[22]。2019 年，Subhani 等通过 $SmBr_3$ 界面工程制备了光电转换效率为 10.88% 的 $CsPbIBr_2$ 太阳能电池[23]。2020 年，Wang 等利用宽带隙半导体 MgO 作为界面修饰层来降低界面缺陷复合，使 $CsPbIBr_2$ 太阳能电池的光电转换效率成功突破 11%[24]。此外，热力学非常稳定的 $CsPbBr_3$（拥有高达 2.3eV 的带隙）的最高光电转换效率也达到与 $CsPbIBr_2$ 相当的水平。2015 年，第一块被报道的 $CsPbBr_3$ 太阳能电池光电转换效率仅为 5.95%[7]，经过几年的发展，2019 年，$CsPbBr_3$ 太阳能最高光电转换效率已经达到 10.91%[25]。

　　尽管无机钙钛矿太阳能电池光电转换效率日新月异，但是其与理论极限的差距依旧十分明显。造成这个差距的主要原因是无机钙钛矿太阳能电池中的光管理过程和载流子管理过程的优化不足，导致光伏参数较低。分开来看，光管理不足主要来源于无机钙钛矿薄膜厚度不足导致的光吸收能力下降。此外，与其他宽带隙电池一样，无机钙钛矿太阳能电池的开路电压也存在损耗过大的情况，其主要原因是卤素分离和杂质相带来的能带波动。载流子管理不足主要是因为在无机钙钛矿薄膜内部和界面处的缺陷会成为载流子复合中心，导致开路电压降低[26]。

　　为了提高无机钙钛矿太阳能电池中的光管理和载流子管理过程，研究者采取了大量方法，如高效薄膜沉积、组分工程、电子和空穴传输材料优化，同时开展了对钙钛矿太阳能电池光电转换效率极限和效率损失的理论研究。这有助于拓宽对钙钛矿太阳能电池（特别是光电转换效率较低的无机钙钛矿太阳能电池）中物理机理的认识。根据相关理论研究，总结了提高光电转换效率的电池设计准则：①根据光陷阱和角限制进行辐射复合光学校正；②考虑电极电荷积聚和表面复合的选择性接触；③平衡吸光层厚度，确保光电流和辐射复合；④优化电荷传输层，控制并减少由电阻引起的损耗通道，降低材料的光学反射率。

　　本章将详细讨论无机钙钛矿太阳能电池中面临的挑战以及相应的方法。首先，详细介绍 $CsPbX_3$ 的基本性能和高性能无机钙钛矿薄膜的设计与制备；其次，系统介绍关于电子传输层和空穴传输层的一些研究进展，总结其发展方向；再次，针对碳电极在无机钙钛矿太阳能电池中的应用，对提高其稳定性等方面进行详细阐述；最后，讨论无机钙钛矿太阳能电池商业化进程中面临的其他挑战，如迟滞效应、大规模制备和工作稳定性等。

4.2　电池结构及光伏参数

4.2.1　工作原理

钙钛矿太阳能电池器件的组成结构如图 4.1（a）所示，其一般由钙钛矿吸光层、电子传输层、空穴传输层以及上下电极组成。钙钛矿吸光层负责捕获光子，将钙钛矿价带上的电子激发至导带，并形成带负电荷的自由电子，而在钙钛矿价带上留下带正电荷的空穴，即产生电子-空穴对。钙钛矿材料本身的激子束缚能比较小（例如，$CsPbI_3$ 的激子束缚能低于 20meV），在室温下就可以将电子-空穴对激发成为自由载流子。生成的光生电子-空穴对由于能级差分别向电子传输层和空穴传输层转移，并被其捕获传输到外电路中，从而完成光电转换的全过程，如图 4.1（b）所示。在钙钛矿太阳能电池中，为了实现自由载流子的快速分离，一般要求电子传输层材料的 CBM 低于钙钛矿的 CBM，空穴传输层材料的 VBM 高于钙钛矿的 VBM。同时，为了实现自由载流子的快速传输，电子传输层和空穴传输层必须分别具有高的电子迁移率和高的空穴迁移率。理解钙钛矿太阳能电池的工作原理，对开展相关科研工作以提升钙钛矿太阳能电池的光电转换效率具有重要的指导意义。

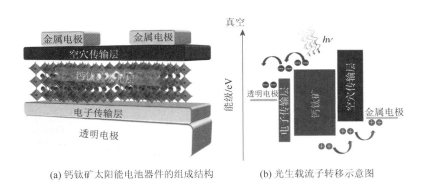

(a) 钙钛矿太阳能电池器件的组成结构　　　　(b) 光生载流子转移示意图

图 4.1　钙钛矿太阳能电池

4.2.2　电池结构

染料敏化太阳能电池以及有机太阳能电池的研究为钙钛矿太阳能电池的研究与发展奠定了坚实的基础。目前，研究者主要开发了三种结构的钙钛矿太阳能电池，分别为介孔结构、正式平面结构以及反式平面结构，如图 4.2 所示[27]。此外，根据介孔结构中金属氧化物的作用，将介孔结构细分为半导体介孔结构（TiO_2）以及绝缘介孔结构（Al_2O_3）。这两种结构最主要的区别在于钙钛矿是否完全渗入金属氧化物的网格中并完全覆盖金属氧化骨架及电子的传输方式不同。

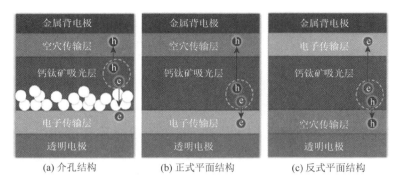

(a) 介孔结构　　　　(b) 正式平面结构　　　　(c) 反式平面结构

图 4.2　钙钛矿太阳能电池器件结构

1. 介孔结构

介孔结构钙钛矿太阳能电池起源于染料敏化太阳能电池，这类电池结构与染料敏化太阳能电池结构类似，因此也称为染料敏化型钙钛矿太阳能电池。这类电池中的介孔结构（金属氧化物）主要用来促进光生载流子分离及传输，同时辅助钙钛矿材料成膜。介孔结构钙钛矿太阳能电池的经典结构为透明电极/电子传输层/介孔钙钛矿吸光层/空穴传输层/金属背电极。随着制备工艺的成熟，介孔结构钙钛矿太阳能电池的光电转换效率已经突破 24.2%，在所有钙钛矿太阳能电池结构中光电转换效率最高。此外，介孔结构需要高温烧结（>450℃），介孔结构钙钛矿太阳能电池在规模化生产中面临较大的困难。

2. 平面结构

由于介孔结构需要高温烧结，一方面增加了工艺的复杂性，另一方面增加了器件生产成本，且不利于柔性化应用。因此，低温制备的平面结构钙钛矿太阳能电池应运而生。平面结构分为两种，分别为正式平面结构和反式平面结构。与介孔结构钙钛矿太阳能电池不同，平面结构钙钛矿太阳能电池没有介孔支架，钙钛矿吸光层直接与电子传输层（或空穴传输层）接触。通常把透明电极/电子传输层/钙钛矿吸光层/空穴传输层/金属背电极结构的电池称为正式平面结构钙钛矿太阳能电池，把透明电极/空穴传输层/钙钛矿吸光层/电子传输层/金属背电极结构的电池称为反式平面结构钙钛矿太阳能电池。与正式平面结构钙钛矿太阳能电池相比，反式平面结构钙钛矿太阳能电池的光电转换效率较低。但由于其具有制备工艺简单、迟滞小、匹配现有工艺等特点，反式平面结构钙钛矿太阳能电池受到广泛关注。

4.2.3　光伏参数

评估钙钛矿太阳能电池性能的主要参数有短路电流密度（short circuit current density，J_{SC}）、开路电压（open-circuit voltage，V_{OC}）、填充因子（filling factor，FF）、光电转换效率（photoelectric conversion efficiency，PCE）、迟滞因子（hysteresis index，HI），前四个参数均可以通过电流密度-电压（或电流-电压）曲线（J-V 曲线、I-V 曲线）获得，如图 4.3 所示。

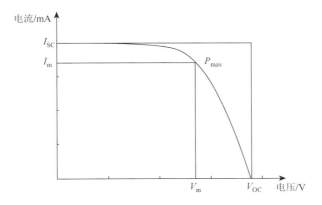

图 4.3　钙钛矿太阳能电池 I-V 曲线示例

1. 短路电流密度

短路电流密度是指在一定的光照条件下，太阳能电池器件在外电路短路条件下测得的电流密度，其表明该器件所能转化的最大电流密度。短路电流密度主要与电池器件吸收的光子数及载流子输运损耗有关。在不考虑载流子输运损耗的情况下，短路电流密度可以表示为

$$J_{SC} = e\int_0^{+\infty} EQE_{PV}(E)\phi_{AM1.5}(E)dE \qquad (4.1)$$

式中，$\phi_{AM1.5}(E)$ 为入射太阳光谱的强度；$EQE_{PV}(E)$ 为外量子效率，其物理意义为特定入射波长下，太阳能电池短路时，转换为光电流的光子数与入射光子数的比值。

提高钙钛矿太阳能电池短路电流密度的方法如下：①调节钙钛矿吸光层的厚度；②扩大钙钛矿吸光层的吸光范围（优化钙钛矿吸光层的组分）；③提高钙钛矿吸光层的光捕获效率（提高钙钛矿吸光层的结晶质量）；④通过修饰等手段加快载流子的分离与传输。

2. 开路电压

开路电压是指在一定的光照条件下，太阳能电池器件断路时的端电压，其表明该电池所能提供的最大输出电压。在理想情况下，钙钛矿太阳能电池的开路电压应等于钙钛矿吸光层的带隙。但在实际应用中，由于自发热辐射、钙钛矿太阳能电池各层能级不匹配、钙钛矿吸光层的缺陷以及载流子的复合等问题，获得的开路电压相较于钙钛矿吸光层带隙均有损失。因此，通过优化能级设计、降低载流子复合、减少缺陷等方法可将开路电压损失降到最小。

3. 填充因子

填充因子是评价电池性能的重要参数之一，可以表示为

$$FF = \frac{P_{max}}{J_{SC} \times V_{OC}} \qquad (4.2)$$

式中，P_{max} 为电池最大功率点的输出功率。

在短路电流密度与开路电压一致的情况下，可以通过填充因子来评估钙钛矿太阳能电池的质量。填充因子越趋向 100%，其光电转换效率越高，能量损耗越少。通常认为，填充因子与电池器件内部的电阻有关，但在实际运用中，填充因子还与光照强度、扫描方向等因素有关。钙钛矿太阳能电池填充因子的理论值能达到 90%，但是其实际值均低于理论值。

4. 光电转换效率

光电转换效率或能量转换效率（power conversion efficiency，PCE）是太阳能电池中最重要的参数，其计算公式如下：

$$PCE = \frac{P_{MP}}{P_{in}} = \frac{J_{MP}V_{MP}}{P_{in}} = \frac{J_{SC}V_{OC}FF}{P_{in}} \tag{4.3}$$

式中，P_{in} 为标准的 AM1.5 太阳光的入射功率密度（100mW/cm^2）；J_{MP} 和 V_{MP} 分别为最大功率点的电流密度与电压。研究表明，钙钛矿吸光层组分调节、掺杂、界面修饰等工艺均可有效提高钙钛矿太阳能电池的光电转换效率。目前，钙钛矿吸光层组分调节及掺杂等工艺对钙钛矿太阳能电池光电转换效率的提升已经遇到瓶颈，因此，研究者把目光转向利用界面修饰来提高钙钛矿太阳能电池的光电转换效率。

5. 迟滞因子

迟滞因子是评估器件性能优异与否的参数之一，其计算公式如下：

$$HI = \frac{PCE_{reverse-scan} - PCE_{forward-scan}}{PCE_{reverse-scan}} \tag{4.4}$$

式中，$PCE_{reverse-scan}$ 为反扫条件下测得的光电转换效率；$PCE_{forward-scan}$ 为正扫条件下测得的光电转换效率。研究者通常采用迟滞因子来评估钙钛矿太阳能电池中迟滞效应的严重程度。

4.3 钙钛矿吸光层的设计与优化

无机钙钛矿太阳能电池的光电转换过程主要发生在钙钛矿吸光层。因此，钙钛矿吸光层的优劣决定了无机钙钛矿太阳能电池的性能。离子型无机钙钛矿材料的一大优点是可以用溶液法制备，这为改进其光电性能提供了种类繁多的手段，例如，通过前驱体溶液工程优化无机钙钛矿薄膜结晶动力学过程，利用掺杂工程改变钙钛矿材料的光电性能，根据材料特点优化薄膜制备工艺，以及对钙钛矿薄膜进行后处理以提高稳定性等。

4.3.1 掺杂工程

元素掺杂是一种故意将杂质原子引入目标晶格且不会对原始晶体结构和基本物理化

学性质产生太大影响的方法，旨在通过适当修饰目标半导体来提高其微电性能和光电性能。对于 $CsPbX_3$ 太阳能电池，元素掺杂，特别是对 Pb 进行元素替代，已经被证明可以同时获得性能提升和 Pb 毒性降低的双重效果[28]。图 4.4 总结了已报道的元素掺杂对 $CsPbX_3$ 太阳能电池不同方面的优化，如光转换、薄膜形貌、载流子动力学和相稳定。其中，一些元素具有多重作用，这里仅根据其最主要的作用进行归类（表 4.1）。

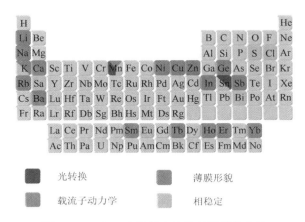

光转换　　　　　　　　薄膜形貌

载流子动力学　　　　　相稳定

扫一扫　看彩图

图 4.4　$CsPbX_3$ 太阳能电池的元素掺杂方法

表 4.1　已经报道的基于元素掺杂的 $CsPbX_3$ 太阳能电池（括号中为对照组器件性能）

掺杂元素	样品	PCE/%	V_{OC}/V	J_{SC}/(mA/cm^2)	FF	年份
光转换						
Sn	$CsPbIBr_2$	11.33（8.25）	1.26（1.08）	14.30（12.32）	0.62（0.63）	2017[29]
Mn	$CsPbIBr_2$	7.36（6.14）	0.99（0.96）	13.15（12.15）	0.57（0.53）	2018[30]
载流子动力学						
Yb	$CsPbBr_3$	9.20（6.99）	1.54（1.35）	7.45（6.94）	0.80（0.75）	
Er	$CsPbBr_3$	9.66（6.99）	1.56（1.35）	7.46（6.94）	0.83（0.75）	
Ho	$CsPbBr_3$	9.75（6.99）	1.57（1.35）	7.45（6.94）	0.83（0.75）	2018[31]
Tb	$CsPbBr_3$	10.06（6.99）	1.59（1.35）	7.47（6.94）	0.85（0.75）	
Sm	$CsPbBr_3$	10.14（6.99）	1.59（1.35）	7.48（6.94）	0.85（0.75）	
Yb	$CsPbI_3$	13.12（12.06）	1.25（1.25）	14.18（12.86）	0.74（0.75）	2019[32]
Ba	$CsPbI_2Br$	14.00（11.10）	1.28（1.12）	14.00（13.40）	0.78（0.74）	2019[33]
Ca	$CsPbI_2Br$	16.79（14.89）	1.32（1.25）	15.32（15.01）	0.83（0.80）	2020[19]
Ge①	$CsPbI_2Br$	10.80（5.30）	1.27（1.02）	12.15（9.06）	0.70（0.57）	2018[34]
薄膜形貌						
Mn	$CsPbI_2Br$	13.47（11.88）	1.17（1.12）	14.37（14.15）	0.80（0.75）	2018[35]
Sr	$CsPbI_2Br$	11.20（7.70）	1.04（0.96）	15.30（13.40）	0.70（0.60）	2017[36]
In	$CsPbI_2Br$	13.57（12.92）	1.15（1.10）	15.10（15.10）	0.78（0.78）	2019[37]

掺杂元素	样品	PCE/%	V_{OC}/V	J_{SC}/(mA/cm²)	FF	年份
Ba	CsPbIBr₂	10.51（8.46）	1.19（1.12）	11.91（10.93）	0.74（0.69）	2019[38]
Ba	CsPbI₂Br	14.85（12.43）	1.21（1.17）	15.45（13.48）	0.79（0.79）	2019[39]
Ca	CsPbI₃	12.60（10.60）	0.94（0.85）	17.30（17.10）	0.78（0.73）	2018[40]
Na	CsPbBr₃	7.87（7.28）	1.45（1.41）	6.95（6.72）	0.78（0.77）	2018[41]
Li	CsPbBr₃	8.31（7.28）	1.49（1.41）	6.97（6.72）	0.80（0.77）	
K	CsPbBr₃	8.61（7.28）	1.51（1.41）	7.25（6.72）	0.78（0.77）	
Rb	CsPbBr₃	9.86（7.28）	1.55（1.41）	7.73（6.72）	0.82（0.77）	
Sb	CsPbI₃	5.31（4.45）	0.73（0.71）	14.65（13.46）	0.50（0.48）	2018[42]
Na	CsPbI₃	10.70（8.60）	0.92（0.77）	16.50（17.76）	0.70（0.63）	2019[43]
Mn	CsPbBr₃	6.98（6.37）	1.44（1.43）	6.10（6.04）	0.79（0.74）	2019[44]
Ni	CsPbBr₃	8.03（6.37）	1.48（1.43）	6.80（6.04）	0.79（0.74）	
Ni	CsPbI₂Br	13.88（11.97）	1.14（1.11）	16.02（15.06）	0.76（0.71）	2019[45]
Cu	CsPbBr₃	8.23（6.37）	1.53（1.43）	6.97（6.04）	0.79（0.74）	2019[44]
Zn	CsPbBr₃	9.18（6.37）	1.56（1.43）	7.30（6.04）	0.81（0.74）	
相稳定						
Mn	CsPbI₃	13.40（1.39）	1.12（0.44）	17.10（12.09）	0.70（0.25）	2019[46]
Eu	CsPbI₂Br	13.71（10.21）	1.22（1.12）	14.63（12.57）	0.77（0.73）	2019[47]
S	CsPbIBr₂	9.78（5.16）	1.30（1.07）	10.19（8.83）	0.74（0.55）	2019[48]
Bi	CsPbI₃	13.21（8.07）	0.97（0.89）	18.76（16.02）	0.73（0.57）	2017[49]
K	CsPbI₃	10.00（9.50）	1.18（1.21）	11.58（10.81）	0.73（0.73）	2017[50]
Y	CsPbI₂Br	13.25（8.46）	1.23（1.07）	14.49（12.11）	0.74（0.66）	2019[51]

注：①在文献[34]中，Ge 同时具有相稳定的作用。

当对 $CsPbX_3$ 进行元素掺杂时，其能带结构不可避免会受到杂质原子的影响。因此，与材料带隙紧密相关的光吸收能力也会由于元素掺杂而发生变化。对于带隙稍宽的 $CsPbX_3$，一些关于 Pb 元素的掺杂方法可以有效降低带隙，进而拓宽其吸收光谱，提高光吸收能力。Liang 等利用 Sn^{2+} 替代 $CsPbIBr_2$ 中 10%的 Pb^{2+}，将其带隙成功降低至 1.79eV，如图 4.5（a）～（c）所示[29]。因此，$CsPbIBr_2$ 器件的 EQE 截止边延长至 700nm 附近，其短路电流密度提升至 14.30mA/cm²。同样地，Liang 等用少量 Mn^{2+} 替代 Pb^{2+}，将 $CsPbIBr_2$ 的带隙降低至 1.85eV，如图 4.5（d）～（f）所示[30]。因此，对于 Mn^{2+} 掺杂的 $CsPbIBr_2$ 太阳能电池，由于薄膜质量的提升和带隙的降低，其性能得到显著提高。利用镧系元素或者二价元素 Ba^{2+} 和 Ca^{2+} 等对 Pb^{2+} 进行部分替代，可以钝化无机钙钛矿薄膜本征缺陷，优化器件载流子动力学过程。Duan 等系统研究了镧系元素（Yb^{3+}、Er^{3+}、Ho^{3+}、Tb^{3+}、Sm^{3+}）掺杂对 $CsPbBr_3$ 薄膜的影响。时间分辨光致发光谱（time-resolution photoluminescence spectrum，TRPL spectrum）显示，在进行镧系元素掺杂后，$CsPbBr_3$ 薄膜的载流子寿命明显提高[31]。2020 年，Han 等利用 Ca^{2+} 替代 Pb^{2+} 掺杂 $CsPbI_2Br$ 薄膜，同样起到改善薄膜形貌、提高瞬态荧光寿命的作用，并加强了内建电场[19]。

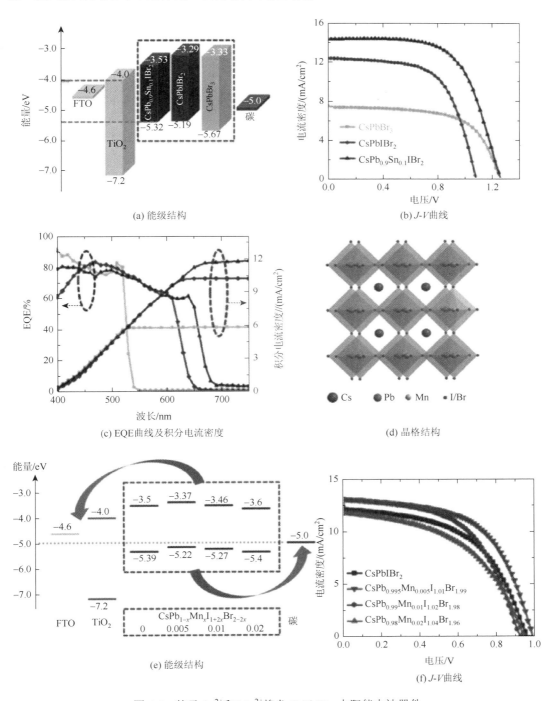

(a) 能级结构

(b) J-V曲线

(c) EQE曲线及积分电流密度

(d) 晶格结构

(e) 能级结构

(f) J-V曲线

图 4.5　基于 Sn^{2+} 和 Mn^{2+} 掺杂 $CsPbIBr_2$ 太阳能电池器件

此外，元素掺杂可以调节形核过程和降低结晶速率，从而改善无机钙钛矿薄膜结晶性和形貌。Bai 等采用 Mn^{2+} 掺杂方法来控制 $CsPbI_2Br$ 薄膜生长过程。Mn^{2+} 掺杂前后 $CsPbI_2Br$ 薄膜的平均晶粒尺寸从 $0.5\mu m$ 增大到 $1.2\mu m$[35]。此外，Lau 等发现在 $CsPbI_2Br$ 中加入 Sr^{2+} 可以极大地改变无机钙钛矿薄膜形貌，形成雪花状结构[36]。除了增大晶粒和改变形貌，元素掺杂对 $CsPbX_3$ 晶胞可以起到结构重塑的作用。Liu 等证实，将 $InCl_3$ 引入 $CsPbI_2Br$ 晶格中，可以使 $CsPbI_2Br$ 沿不同晶向生长，同时可以抑制 δ 相的生成[37]。除了对 Pb^{2+} 进行替代，在 Cs^+ 位置进行元素掺杂也能增大无机钙钛矿薄膜的晶粒尺寸。Li 等报道了不同碱金属离子（Na^+、Li^+、K^+、Rb^+）部分替代 Cs^+ 对 $CsPbBr_3$ 晶粒尺寸的影响[41]。他们发现，Rb^+ 掺杂 $CsPbBr_3$ 薄膜的平均晶粒尺寸增大至 $820nm$，远远大于未掺杂的 $CsPbBr_3$ 薄膜。其机理在于 Rb^+ 掺杂后提高了 $CsPbBr_3$ 晶格的形成能，同时优化后的结晶过程使晶粒倾向逐渐形成更大晶粒，而不是形成新的晶核。2019 年，Tang 等报道了过渡金属（Mn^{2+}、Ni^{2+}、Cu^{2+}、Zn^{2+}）同样可以增大 $CsPbBr_3$ 薄膜的晶粒尺寸，从而提高器件的性能[44]。

元素掺杂还可以在室温下稳定钙钛矿相，通常稳定 α 相，部分 β 相或 γ 相的 $CsPbI_3$ 薄膜同样具有很好的性能。关于元素掺杂在 $CsPbI_3$ 相稳定方面的应用将在 4.3.3 节中详细讨论。同时，Wang 等利用与 Pb^{2+} 具有强配位作用的 S^{2-} 来掺杂 $CsPbI_2Br$，通过钝化卤素空位来切断水汽通道，实现了 α 相稳定性的大幅提高[48]。

4.3.2　后处理工程

低温制备的 $CsPbX_3$ 薄膜不可避免地会由于结晶不足导致表面缺陷严重。同时，在 $CsPbX_3$ 薄膜制备过程中，卤素离子富余造成深能级缺陷态过多，导致严重的载流子复合，从而影响器件性能。因此，研究者开发了基于 $CsPbX_3$ 薄膜的后处理方法，用以钝化表面缺陷和加速载流子运输。Yuan 等将 $Pb(NO_3)_2$ 溶液滴加至制备好的 $CsPbI_2Br$ 薄膜上，有效钝化了 Pb 空位和 I 错位等缺陷[52]。Zhang 等采用甲脒碘（formamidine iodide，FAI）来后处理由一步旋涂法制备的 $CsPbI_2Br$ 量子点薄膜[53]。他们发现，一方面，FAI 的钝化效果与浸泡时间相关，在最佳浸泡时间下，在 $CsPbI_2Br$ 量子点上生长的 $CsPbX_3$ 薄膜可以实现表面修饰和能带弯曲；另一方面，$CsPbI_2Br$ 薄膜表面和晶界处由于 FA^+ 加入而得到缺陷钝化。因此，载流子复合的降低与界面电荷转移能力的增强使得 $CsPbI_2Br$ 太阳能电池的光电转换效率提升至 14.49%。

除了有机盐或无机盐，芳香基的氢碘酸盐也是有效的后处理材料。Zhuang 等采用 4-对溴苄胺氢碘酸对 $CsPbIBr_2$ 薄膜进行后处理[54]，实现了钙钛矿与空穴传输层界面的能带协调，抑制了电子-空穴对在界面的复合，从而提高了空穴传输效率。因此，该后处理方法有效提高了 $CsPbIBr_2$ 太阳能电池的短路电流密度，并将光电转换效率提高至 14.63%。此外，由带电缺陷导致的较大开路电压损失也阻碍了 $CsPbX_3$ 太阳能电池性能的提高。基于此，Wang 等引入了一种路易斯碱小分子，并利用其腈类基团（C—N）来钝化这些缺陷[26]。他们发现，小分子钝化后薄膜内部的非辐射复合得到了极大抑制，从而提高了器件的开路电压和填充因子。

尺寸只有几纳米的量子点是一种光电性能、能态结构和电荷抽取性能随尺寸可调的材料，十分适合用作协调能带的界面修饰材料。特别是基于烷基酸包覆的量子点材料，其光电学表现受到表面形貌和电荷性能的影响。因此，有机配体对量子点材料十分重要，主要表现在为量子点提供了显著的抗团聚、溶解加工、表面原子配位、表面缺陷钝化和能级调控等功能。此外，电荷复合与传输之间的竞争更加凸显了有机配体链长的重要性。因此，基于表面配位化学，对于界面载流子动力学的研究有助于提供可靠的配体设计来优化量子点在光伏领域的应用。Duan 等研究了量子点空穴材料中电荷复合受配体链长影响的机理[55]。通过控制烷基链长，将电荷的库仑斥力与量子隧穿距离达到理想的平衡状态，以优化电荷的抽取。

4.3.3　应变工程

应变（ε）表示一个物体在外界作用力或其他因素的作用下发生的相对形变：

$$\varepsilon = \lim_{L \to \infty} \frac{\Delta L}{L} \tag{4.5}$$

式中，L 为形变前的长度；ΔL 为形变量。如果材料的长度增加，那么这种应变就是拉伸应变；相反，如果材料的长度减少，那么这种应变就是压缩应变，如图 4.6 所示[56]。

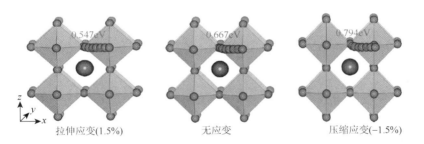

图 4.6　无机钙钛矿中的晶格应变示意图

钙钛矿薄膜中的应力主要来源于热退火过程中钙钛矿和衬底热膨胀系数巨大差异而导致的热膨胀失配。钙钛矿薄膜通常需要较高的热退火温度。这样的热退火过程不可避免地会在钙钛矿薄膜内部产生较大的热应力。同时，钙钛矿和衬底之间的晶格不匹配和化学反应会限制钙钛矿晶体的膨胀或者收缩。例如，$CsPbI_3$ 的热膨胀系数约为 $5 \times 10^{-7} K^{-1}$，远大于玻璃衬底的热膨胀系数（约 $1 \times 10^{-7} K^{-1}$）。因此，在热退火后的降温过程中，玻璃衬底会限制钙钛矿的收缩，从而在钙钛矿薄膜内产生拉伸应变[57]，如图 4.7 所示。在典型的钙钛矿太阳能电池结构中，玻璃衬底上有一层约 300nm 厚的透明氧化物导电薄膜，如掺氟氧化锡（fluorine-doped tin oxide，FTO）、ITO。同时，在 FTO 或 ITO 与钙钛矿吸光层之间有一层约 50nm 的载流子传输层（SnO_2、ZnO、NiO_x、聚合物导电薄膜等）。研究发现，对于钙钛矿太阳能电池，衬底（Si、聚碳酸酯）带来的热应力要大于载流子传输层（NiO_x、聚三芳胺）[57]。

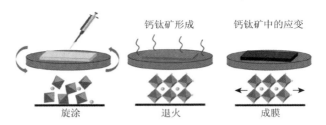

图 4.7　热退火过程引入热应变示意图

钙钛矿薄膜应变的另一个来源是薄膜外延生长过程中薄膜和衬底之间的晶格失配，如图 4.8 所示[58]。一直以来，如何选择具有合适晶格常数的外延生长衬底一直是制备高质量钙钛矿薄膜的挑战之一。钙钛矿薄膜通常具有约 500nm 的厚度，随着薄膜厚度的增加，晶格失配带来的应变最终会导致垂直于衬底与钙钛矿薄膜界面的位错缺陷的产生，影响薄膜形貌与器件性能。Li 等的理论计算证明，通过对 $CsPbI_3$ 晶格中引入压缩（拉伸）应变，Pb—I 键长会相应地减少（增加）。这种晶体几何的变化会导致带隙的变化。当应变量从–3%增加至 3%时，$CsPbI_3$ 的带隙也从 1.543eV 变化至 1.944eV[59]。

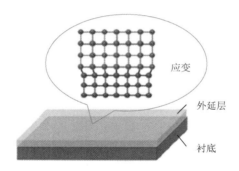

图 4.8　薄膜外延生长过程中晶格失配引起的应变示意图

目前，观测钙钛矿薄膜中的应变行为主要有两种方法：拉曼光谱和 X 射线衍射（X-ray diffraction，XRD）。拉曼光谱主要捕捉材料中的振动频率随应变的变化，从而反推材料中应变的信息。例如，北京大学 Yuan 等在室温下用拉曼光谱成功表征了 $CsPbI_3$ 在 3.9GPa 时从正交相到单斜相的结构转变[60]。采用 XRD 测量材料中的应变过程基于布拉格方程：

$$2d \sin\theta = n\lambda \tag{4.6}$$

式中，d 为晶面间距；θ 为 X 射线入射角；n 为反射级数；λ 为入射波长。XRD 技术可以测量分子中任意空间位置的电子浓度。虽然薄膜中的应变本身不是可观察的量，但分子轨道的平方（电子密度）对应于 XRD 实际测量的值，可用于表征应变。在 XRD 测量中，通常利用威廉姆森-霍尔（Williamson-Hall）方法来进一步获得应变的信息。由于设备误差（β_S）、晶粒尺寸（β_G）以及应变（β_ε）的存在，XRD 峰会出现不同程度的展宽（β_T），如图 4.9（a）所示。四者的关系如下：

$$\beta_T = \beta_S + \beta_G + \beta_\varepsilon \tag{4.7}$$

一般来说，设备误差引入的 XRD 峰展宽可以忽略不计。因此，式（4.7）变为

$$\beta_T = \beta_G + \beta_\varepsilon \qquad (4.8)$$

引入谢乐（Scherrer）公式：

$$\beta_G = \frac{K\lambda}{D\cos\theta} \qquad (4.9)$$

式中，β_G 为 XRD 峰展宽程度（即半高宽，单位是 rad）；K 为形状因子（$K = 0.9$）；λ 为入射波长（$\lambda=0.15406\text{nm}$）；D 为晶粒尺寸；θ 为 XRD 峰位置（单位是 rad）。类似地，由应变造成的 XRD 峰展宽 β_ε 可以写为

$$\beta_\varepsilon = 4\varepsilon\tan\theta \qquad (4.10)$$

将式（4.9）和式（4.10）代入式（4.8）中，得

$$\beta_T = \frac{K\lambda}{D\cos\theta} + 4\varepsilon\tan\theta = \frac{K\lambda}{D\cos\theta} + 4\varepsilon\frac{\sin\theta}{\cos\theta} \qquad (4.11)$$

两侧同乘 $\cos\theta$：

$$\beta_T\cos\theta = \varepsilon(4\sin\theta) + \frac{K\lambda}{D} \qquad (4.12)$$

可以看出，式（4.12）是关于 $4\sin\theta$ 的一次函数，式中，ε 为斜率；$K\lambda/D$ 为 y 轴截距，如图 4.9（b）所示。

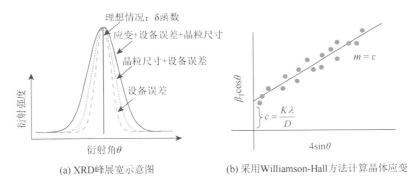

(a) XRD 峰展宽示意图　　　(b) 采用 Williamson-Hall 方法计算晶体应变

图 4.9　通过 XRD 获得晶体应变信息

4.4　电子传输层

一般来说，钙钛矿太阳能电池中需要构建电子传输层来推动电子向电极转移，并起到阻挡空穴的作用。选择合适的电子传输材料并对其表/界面进行适当的修饰，可以加速电子的移动，并抑制载流子的复合[图 4.10（a）]，从而提高器件的光伏性能和环境稳定性。尤其对于具有 n-i-p 正式平面结构的器件，电子传输层还起到对上层钙钛矿薄膜形核结晶的支持作用，实现对其薄膜形貌的调控。基于此，电子传输层的要求主要包括[图 4.10（b）]：①电学性能（能级结构、缺陷密度、迁移率）；②光学性能（透过率、带隙和反射系数）；③形貌、表/界面和结晶性调控；④对紫外光、湿度和溶剂的耐受性；⑤制备简单、成本低、无毒。经过十余年的发展，大量 n 型（有机和无机）

电子传输材料已经展示了它们在高性能钙钛矿太阳能电池的应用潜力，如图 4.10（c）所示。电子传输材料在 HOIPs 太阳能电池领域的快速发展为其在无机钙钛矿太阳能电池领域的应用提供了便利，推动了无机钙钛矿太阳能电池光电转换效率的进一步提升。一般来说，电子传输层一般可以分为无机电子传输层和有机电子传输层。两者存在差异，但光伏界的普遍看法是有机材料的制造成本较低（无论是原材料成本还是能源成本），而无机材料通常具有更高的热稳定性和长期稳定性。由于钙钛矿薄膜温度稳定性的限制，两者的界限更明显：有机电子传输层一般不需要退火（或低温退火），可以置于钙钛矿吸光层上方，因此常用于反式平面结构中，一般采用富勒烯及其衍生物；无机电子传输层通常需要高温退火，故一般置于钙钛矿吸光层下方，用于正式平面结构中，多采用透明金属氧化物。

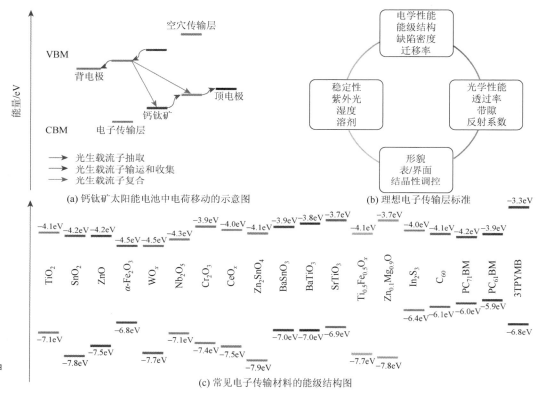

(a) 钙钛矿太阳能电池中电荷移动的示意图　　(b) 理想电子传输层标准

(c) 常见电子传输材料的能级结构图

图 4.10　电子传输层

4.4.1　无机电子传输层

n 型无机材料（特别是二元和三元金属氧化物，如 TiO$_2$、SnO$_2$、ZnO）由于制备简单和性能优异等特点，成为非常理想的电子传输材料。无机钙钛矿太阳能电池中常见的无机电子传输材料的电学性能如表 4.2 所示[23, 61-63]。尽管如此，这些材料也存在一些亟待解决的问题（界面载流子复合严重、能带失配和需高温退火等）。下面将讨论这些二元和三元金属氧化物电子传输层的基本性质和性能提高方法。

表 4.2　无机钙钛矿太阳能电池中无机电子传输材料的电学性能

材料	CBM/eV	带隙/eV	迁移率/[cm²/(V·s)]	反射系数
TiO$_2$	−4.1	3.0～3.2	1	2.4～2.5
SnO$_2$	−4.22	3.6～4.0	250	2
ZnO	−4.17	3.2	200	2.2
Nb$_2$O$_5$	−4.25	3.4	0.2	2.1～2.4
CeO$_2$	−4.0	3.5	0.01	1.6～2.5

1. TiO$_2$

TiO$_2$ 在太阳能电池中的应用起源于染料敏化太阳能电池，TiO$_2$ 如今已经成为钙钛矿太阳能电池中最成功和普遍的电子传输材料。在钙钛矿太阳能电池中，一般采用 TiO$_2$ 致密层加 TiO$_2$ 介孔层的方式来制备电子传输层。TiO$_2$ 致密层通常通过气溶胶喷雾热解或旋涂 Ti 基溶液[如二(乙酰丙酮基)钛酸二异丙酯溶液、异丙醇钛]制成；TiO$_2$ 介孔层通常通过旋涂乙醇稀释的 TiO$_2$ 浆料制成。TiO$_2$ 主要具有四种晶相：锐钛矿相（四方相）、金红石相（四方相）、板钛矿相（正交相）和 TiO$_2$-B 相（单斜相）。四种晶相的 TiO$_2$ 都在钙钛矿太阳能电池领域获得了一定的应用，其中，锐钛矿相是最成功的。TiO$_2$ 的 CBM 为−4.1eV，低于无机钙钛矿的 CBM，可以将电子运输至背电极。同时，其在可见光范围内优异的透光性能保证了足够的光入射至 CsPbX$_3$ 薄膜。表 4.3 总结了基于 TiO$_2$ 电子传输层的无机钙钛矿太阳能电池光电转换效率较高的若干例子。

表 4.3　基于 TiO$_2$ 电子传输层的高光电转换效率无机钙钛矿太阳能电池的光伏性能

类别	PCE/%	V_{OC}/V	J_{SC}/(mA/cm²)	FF	年份
CsPbI$_3$	19.03	1.14	20.23	0.83	2019[64]
CsPbI$_2$Br	16.79	1.32	15.32	0.83	2020[19]
CsPbIBr$_2$	10.88	1.17	12.75	0.73	2019[23]
CsPbBr$_3$	10.85	1.63	7.73	0.86	2020[55]

尽管 TiO$_2$ 具有很多优异的性质，但是其退火温度高于 450℃、能带失配、紫外光下不稳定等缺点影响了其电池性能的进一步提高。因此，研究者开发了大量精心设计的方法来应对这些缺点。Zhao 等开发了一种低温退火法来制备反式平面结构钙钛矿太阳能电池，并通过研究发现薄膜缺陷密度得到抑制并形成更好的能级匹配来降低单分子肖克莱-莱德-霍尔（Shockley-Read-Hall，SRH）复合与离子迁移[65]。特别地，他们指出 TiO$_2$ 层厚度与电池性能没有相关性，为该类电池的大规模制备和重复性制备提供了科学依据。Subhani 等将 SmBr$_3$ 作为修饰层插入 TiO$_2$ 层与 CsPbI$_2$Br 层之间[23]。从元素掺杂的角度来看，SmBr$_3$ 通过与 TiO$_2$ 形成键合，成功插入 CsPbI$_2$Br 晶格内部，且呈现梯度分布，实现了电池性能的大幅提高。Sm 替代 Pb 使能带结构发生变形，由此实现了梯度能带分布，并具有阻隔空穴的作用。同时，SmBr$_3$ 修饰层对钙钛矿薄膜的生长提供支持，形成

了致密无孔洞的 CsPbIBr$_2$ 薄膜。类似地，Zhu 等发现在 TiO$_2$ 层和 CsPbIBr$_2$ 层之间插入一层 CsBr 可以形成更好的能带准直，从而抑制载流子复合并提高其传输性能[66]。Qian 等通过第一性原理解释了 CsBr 作为 TiO$_2$ 体系修饰层的机理，即电荷的积累主要发生在 Ti 原子和 O 原子上，同时在 Cs 原子和 Br 原子上耗尽[67]。局部态密度积分显示，错列能带补偿了异质结和界面态。此外，CsBr/TiO$_2$ 界面能带的降低引入了隧穿效应，提升了 CsPbBr$_3$ 器件的光伏性能。

稳定性是对于 TiO$_2$ 电子传输层的另一大挑战。为了提高其稳定性和相关无机钙钛矿太阳能电池的性能，Zhang 等将碳化 TiO$_2$ 沉积至 CsPbI$_2$Br 薄膜表面，以制备反式平面结构无机钙钛矿太阳能电池[68]，原位导电型原子力显微镜（conductive atomic force microscope，C-AFM）结果显示，碳化 TiO$_2$ 薄膜具有比富勒烯衍生物苯基-C$_{61}$-丁酸甲酯（phenyl-C$_{61}$-butyric acid methyl ester，PCBM）更好的热稳定性。基于这种形貌和电学性能稳定的碳化 TiO$_2$ 电子传输层的钙钛矿太阳能电池的稳定性也得到大幅提升。

2. SnO$_2$

与烧结温度高的 TiO$_2$ 相比，SnO$_2$ 只需要小于 200℃的制备温度，非常有望替代 TiO$_2$ 作为钙钛矿太阳能电池的电子传输层。除了可低温制备的优点，SnO$_2$ 还具备以下特征：①更深的 CBM 和与钙钛矿更匹配的能级结构；②高电子迁移率[240cm^2/(V·s)]和高电导率；③宽带隙（3.6～4.0eV），保证足够的入射光进入钙钛矿吸光层；④优异的化学稳定性。表 4.4 总结了基于 SnO$_2$ 电子传输层的无机钙钛矿太阳能电池光电转换效率较高的若干例子。

表 4.4　基于 SnO$_2$ 电子传输层的高光电转换效率无机钙钛矿太阳能电池的光伏性能

类别	PCE/%	V_{OC}/V	J_{SC}/(mA/cm^2)	FF	年份
CsPbI$_3$	18.64	1.23	18.30	0.83	2019[69]
CsPbI$_2$Br	16.20	1.30	15.30	0.82	2019[70]
CsPbIBr$_2$	11.04	1.36	11.70	0.69	2020[24]
CsPbBr$_3$	10.60	1.61	7.80	0.84	2019[71]

由于 SnO$_2$ 电子传输层的性能严重受制于制备方法和条件，对 SnO$_2$ 电子传输层的修饰与后处理是非常有必要的。高性能无机钙钛矿太阳能电池始终受制于开路电压损失（与能级匹配和界面缺陷有关）。因此，研究者开发了大量界面修饰方法来加强 SnO$_2$ 与 CsPbX$_3$ 之间的能级匹配，同时钝化薄膜缺陷。中国科学院 Ye 等在 SnO$_2$ 层和 CsPbI$_{3-x}$Br$_x$ 层之间插入一层超薄 LiF 绝缘层，在提高 SnO$_2$ 导带位置的同时钝化了表面缺陷。更好的能带协调和缺陷钝化能力将器件的开路电压从 1.08V 提升至 1.18V[69]。Yan 等在 CsPbI$_2$Br 器件中发现了严重的开路电压损失。为了解决这一问题，他们提出一种基于 SnO$_2$/ZnO 双电子传输层的方法来形成更加协调的能带结构，同时提升电子抽取能力。结果表明，由于界面复合的降低和电子抽取速度的提升，器件开路电压提升了 0.17V[72]。Wang 等报道了一

种基于宽带隙半导体 MgO 薄层的界面修饰工程来抑制 SnO$_2$ 层和 CsPbIBr$_2$ 层之间界面复合的工作。在该工作中，宽带隙半导体 MgO 薄层主要起到以下三个方面的作用：①为 CsPbIBr$_2$ 薄膜生长提供更好的支撑，抑制界面处非钙钛矿相（δ 相）的产生；②利用电子隧穿效应来阻挡空穴向电子传输层的转移；③提高电子传输层的功函数，加速电子转移。因此，基于 MgO 界面修饰的 CsPbIBr$_2$ 器件光电转换效率首次突破 11%，达到了 11.04%，并获得 1.36V 的高开路电压。同时，器件光电转换效率在存储 1250h 后（25℃，25%相对湿度的条件下）仍能保持初始光电转换效率的 90%以上。

除了能带失配，低温退火导致的结晶性差和电子迁移率低等问题也存在于溶液法制备的 SnO$_2$ 电子传输层中。Zhao 等通过改变 SnO$_2$ 量子点的老化时间来控制其能带和能级结构[71]。该工作指出，36h 的老化时间可以形成能级匹配，并将 CsPbBr$_3$ 太阳能电池的开路电压提升至 1.57V。最近，他们继续在 SnO$_2$ 薄膜上制备 TiCl$_4$ 界面修饰层，在修复氧缺陷的同时实现能级匹配，并提高了 CsPbBr$_3$ 薄膜形貌质量[73]。Tian 等发现利用氨基聚合物薄膜来修饰 CsPbI$_2$Br 层与 SnO$_2$ 层界面具有以下三重效果[70]：①界面湿度性能更好，使得钙钛矿能更好成膜；②能级结构更匹配；③表面缺陷密度降低。

3. ZnO

与 SnO$_2$ 类似，ZnO 凭借其高电子迁移率、合适的能级结构、高透过率和易制备等特点，被认为是一种非常有潜力的电子传输材料。此外，ZnO 可以在正式平面结构或反式平面结构中充当电子传输层；ZnO 具有纳米粒和纳米棒等结构，可以用于需低温制备的柔性钙钛矿太阳能电池中。由于 MA$^+$ 会与 ZnO 表面羟基中的氧原子形成氢键，CH$_3$NH$_3^+$ 会被去质子化生成 CH$_3$NH$_2$，有机钙钛矿太阳能电池性能严重衰退[74]。但是这一缺点并不会对无机钙钛矿太阳能电池造成影响，代表性工作总结如表 4.5 所示。

表 4.5　基于 ZnO 电子传输层的高光电转换效率无机钙钛矿太阳能电池的光伏性能

类别	PCE/%	V_{OC}/V	J_{SC}/(mA/cm^2)	FF	年份
CsPbI$_3$	21.06	1.31	21.79	0.74	2019[75]
CsPbI$_2$Br	16.42	1.28	16.34	0.79	2020[76]
CsPbIBr$_2$	10.16	1.27	11.52	0.69	2020[77]
CsPbBr$_3$	7.78	1.44	7.01	0.77	2018[78]

在无机钙钛矿太阳能电池中使用的 ZnO 电子传输层通常采用旋涂含有乙酸锌的 2-甲氧基乙醇溶液，并以乙醇胺作为提高薄膜电子迁移率的添加剂，历经低温退火（150℃）制备而成。但是大量研究发现，ZnO 的能级与传统无机钙钛矿的能级不能完美匹配。因此，业内通过添加剂工程、掺杂工程和界面工程等手段来提高 ZnO 与无机钙钛矿的能级匹配，实现器件性能的提高。

Wang 等将少量 NH$_4$Cl 引入 ZnO 前驱体溶液，明显改善了 ZnO 电子传输层的性能[77]。扫描电镜和原子力显微镜展示了 ZnO 薄膜和 ZnO-NH$_4$Cl 薄膜表面有明显的差异。扫描电镜结果显示，致密的 ZnO 薄膜成功地附着在 ITO 衬底上。通过比较图 4.11（a）

和（b）可以发现，NH₄Cl 的引入使得原本褶皱的 ZnO 薄膜更加均匀、平整。这种更加规则的表面形貌也被原子力显微镜结果进一步证实。图 4.12 清晰地示出了两种 ZnO 薄膜表面都十分致密，但是 ZnO 薄膜的粗糙度（3.10nm）要大于 ZnO-NH₄Cl 薄膜（加入 2mg/mL 的 NH₄Cl）的粗糙度（1.65nm）。这种更加平整的基底对钙钛矿薄膜的沉积起到积极作用，有利于制备大晶粒尺寸和高结晶度的钙钛矿薄膜，从而提高开路电压。在光学性能方面，除了添加高浓度 NH₄Cl 的样品（4mg/mL），其余 ZnO 薄膜在 440～690nm 内均具有高透过率，保证了钙钛矿薄膜对入射光的吸收。

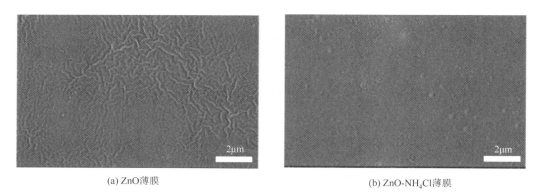

(a) ZnO薄膜　　　　　　　　　　　　　　　(b) ZnO-NH₄Cl薄膜

图 4.11　ZnO 电子传输层在扫描电镜下的薄膜形貌

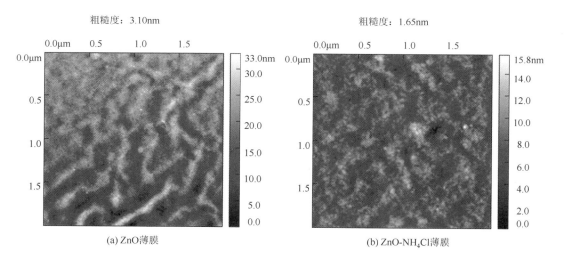

(a) ZnO薄膜　　　　　　　　　　　　　　　(b) ZnO-NH₄Cl薄膜

图 4.12　ZnO 电子传输层在原子力显微镜下的薄膜形貌

在电学性能方面，引入 NH₄Cl 后可以提高 ZnO 薄膜的电子迁移率。这里采用空间电荷限制电流（space-charge-limited current，SCLC）方法来计算薄膜的电子迁移率：

$$\mu_e = \frac{8JL^3}{9\varepsilon_0\varepsilon\left(V_{app} - V_{bi}\right)^2} \tag{4.13}$$

式中，J 为电流密度；L 为电子传输层厚度；ε_0 为真空介电常数；ε 为电子传输层的介电常数；V_{app} 为偏压；V_{bi} 为两个电极之间的内建电场。根据 SCLC 方法测得的 J-V 曲线如图 4.13 所示，计算得出的 ZnO-NH₄Cl 薄膜的电子迁移率为 $1.08 \times 10^{-4}\text{cm}^2/(\text{V}\cdot\text{s})$，远高于 ZnO 薄膜的电子迁移率[$1.64 \times 10^{-5}\text{cm}^2/(\text{V}\cdot\text{s})$]。由于电子迁移率的提高，ZnO 薄膜的电导率增大。

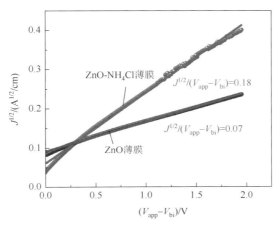

图 4.13　采用 SCLC 方法计算 ZnO 薄膜电子迁移率

NH₄Cl 的引入对 ZnO 薄膜的能带结构也会产生影响。Wang 等利用开尔文探针力显微镜（Kelvin probe force microscope，KPFM）来研究 NH₄Cl 的引入对 ZnO 薄膜功函数的影响。KPFM 是将原子力显微镜与宏观的开尔文方法相结合研发而成的，是一种非接触式的测量手段。它的主要原理是通过探测样品表面与探针之间的接触电势差来获得样品的表面电势或功函数的信息。从图 4.14 中可以看出，在引入 NH₄Cl 后，ZnO 薄膜的功函数得到提升。其中，作为 KPFM 探针的 Au 电极功函数为 5.4eV，因此推断出 ZnO 薄膜和 ZnO-NH₄Cl 薄膜的功函数分别为 4.54eV 和 4.30eV。更低的功函数可以更有效地阻止电子回流，降低界面载流子的复合，从而提高器件的性能。

Shen 等将 Cs₂CO₃ 掺杂到 ZnO 中来调节能级结构和电学性能，并成功地运用在 CsPbI₂Br 太阳能电池中[76]。在部分 Cs⁺取代 Zn²⁺后，O²⁻的悬键与 Cs⁺形成了偶极矩并指向 Zn²⁺，可将 ZnO 的功函数从 4.0eV 降低至 3.7eV。基于此，钙钛矿薄膜与电子传输层的能带结构更加匹配，最终将开路电压从 1.13V 提升至 1.28V。

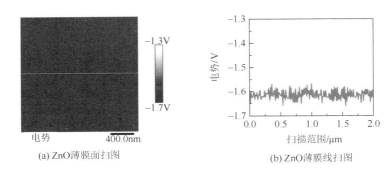

(a) ZnO薄膜面扫图　　　　　　　　　　(b) ZnO薄膜线扫图

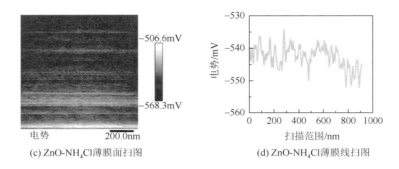

(c) ZnO-NH₄Cl薄膜面扫图　　　　　(d) ZnO-NH₄Cl薄膜线扫图

图 4.14　利用 KFPM 计算 ZnO 薄膜表面功函数

界面修饰是另一种来应对界面复合的有效方法。Yue 等利用掺杂工程和 TiO₂ 界面修饰层来抑制 ZnO 与 CsPbI₃ 之间的界面复合[75]。一方面，界面修饰层减轻了能带弯曲和 CsPbI₃ 晶格的无序度。另一方面，ZnO/TiO₂ 双电子传输层的电导率随着掺杂量的提升而提升。Zhang 等同样开发出 ZnO/SnO₂ 双电子传输层来提高电子抽取效率[79]。在反式 p-i-n 结构中，ZnO/C₆₀ 双电子传输层也被证明是一种实现能级匹配和加强电子抽取的有效方法[80]。

与双电子传输层概念类似，Li 等开发出一种新颖的核壳结构 ZnO@SnO₂ 纳米粒，用于提高 CsPbI₂Br 太阳能电池的性能[81]。电子迁移率的提升和 CsPbI₂Br 薄膜形貌的改善增强了电池的光伏性能。此外，对 ZnO 进行有效的掺杂可以改善 CsPbI₂Br 薄膜的形貌。Yang 等发现，对厚度敏感的 Al 掺杂 ZnO 不仅提供了一种更合适的能级结构来提升开路电压，还可以提升钙钛矿薄膜的质量[82]。

4. In₂S₃

除金属氧化物及有机聚合物可用作电子传输层外，金属硫化物优良的光电性能也引起了研究者的关注。如图 4.15 所示[83]，In₂S₃ 具有 α-In₂S₃（立方相）、β-In₂S₃（立方相或四方相）及 γ-In₂S₃（六方相）三种晶相，其中，β-In₂S₃ 常温条件下具有稳定的尖晶石结构，且表现出 n 型半导体特征，电子迁移率高达 $17.6cm^2/(V \cdot s)$，带隙为 2.0～2.8eV，CBM 为 –3.98eV，透过率高（尤其在红外波段），已被广泛用于光催化、光探测、电池缓冲层、电化学、锂电池等领域。2017 年，Hou 等采用低温（80℃）化学浴沉积法成功制备了 In₂S₃ 薄膜，并作为电子传输层，其退火温度低至 100℃[84]。2018 年，Xu 等通过热溶剂法在 180℃下成功合成 In₂S₃ 纳米片，之后采用旋涂法制备 In₂S₃ 薄膜，并作为电子传输层[85]。

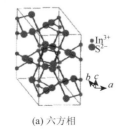

(a) 六方相

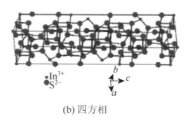

(b) 四方相

(c) 立方相

图 4.15　In₂S₃ 的三种晶相

化学浴沉积法是一种非真空成膜技术。它将金属盐、缓释剂及含目标产物阴离子的有机物混合溶解于去离子水，通过常温搅拌使溶液均匀混合，再将需成膜的基底置于溶液中，整个反应装置放于水浴锅内，调节水浴温度或水浴时间，从而调控产物形貌及结晶性等性质。该法具有操作简单、低温制备、反应条件易于调控、产物质量高及可大规模制备等优点，但也存在反应过程中溶液浓度有限、薄膜厚度增加受阻等缺点。

In_2S_3 薄膜的制备采用低温化学浴沉积法，具体步骤如图 4.16 所示。将干净的 FTO 基底放置在 0.06mmol/mL 的 3-氨丙基三乙氧基硅烷[(3-aminopropyl) triethoxysilane，APTS]的甲醇溶液中进行分子自组装，40℃处理 3h 后，使用干净的甲醇清洗未组装的 APTS 分子。使用柠檬酸（$C_6H_8O_7$）、氯化铟（$InCl_3$）、硫代乙酰胺（CH_3CSNH_2，thioacetamide，TA）与去离子水配制 In_2S_3 溶液（配制量为 $InCl_3$ 0.025mmol/mL、$C_6H_8O_7$ 0.125mmol/mL、TA 0.100mmol/mL），常温下搅拌至溶质完全溶解，再将已处理的 FTO 基底垂直放入装有前驱体溶液的密闭容器中，并置于温度为 70℃的水浴锅中反应不同时间，反应结束后取出生长有 In_2S_3 薄膜的 FTO 基底，使用去离子水超声清洗，得到表面干净、光滑的黄色薄膜，再使用无水乙醇清洗掉残留的有机物，并使用 N_2 枪吹干。

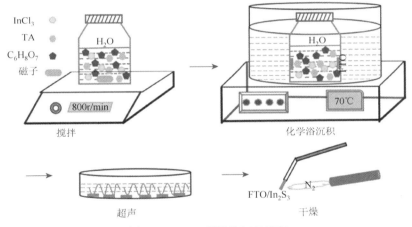

图 4.16　In_2S_3 薄膜的制备流程

如图 4.17 所示，随着水浴时间的延长，采用化学浴沉积法制备的 In_2S_3 薄膜由淡黄色逐渐加深，后续测试发现，水浴时间对 In_2S_3 薄膜的光学与电学性能产生明显影响，进而影响在其上旋涂的钙钛矿薄膜质量，最终影响钙钛矿太阳能电池的光电转换效率。

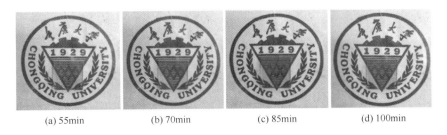

(a) 55min　　　(b) 70min　　　(c) 85min　　　(d) 100min

图 4.17　不同水浴时间制备的 In_2S_3 薄膜光学照片

　　采用化学浴沉积法制备化合物半导体薄膜，其反应溶液中同时存在两个相互竞争的过程：同质反应与异质反应。同质反应中生成物在溶液中形成，异质反应中生成物在衬底上形成。由于大多数生成物的溶度积很小，相互接触的金属阳离子与阴离子会在溶液中快速反应产生沉淀。为获得高质量的化合物半导体薄膜，需要对易于发生的同质反应进行抑制，加大异质反应的发生概率。络合剂为控制反应的进程提供了可行的路径：

$$
\underset{\substack{|\\ CH_2COOH}}{\overset{\substack{CH_2COOH\\ |}}{HO-C-COOH}} \underset{K_a}{\rightleftharpoons} \underset{\substack{|\\ CH_2COOH}}{\overset{\substack{CH_2COO^-\\ |}}{HO-C-COOH_2(L^-)}}+H_2 \tag{4.14}
$$

$$
InL_3 \xrightleftharpoons{K_W} In^{3+}+3L^- \tag{4.15}
$$

$$
\underset{\substack{|\\ H_3C-C-NH_2}}{\overset{S}{\|}}+H_2O \xrightarrow{H^+} \underset{\substack{\|\\ CH_3-C-NH_2}}{\overset{O\cdot}{}}+S^{2-}+2H^+ \tag{4.16}
$$

$$
2In^{3+}+3S^{2-} \xrightleftharpoons{K_{ap}} In_2S_3 \tag{4.17}
$$

　　根据金属络合物稳定性与经典形核理论，In_2S_3 薄膜在溶液中的形成包括两个过程：形核与生长。如反应（4.14）所示，加到去离子水中的柠檬酸由于电离作用而产生柠檬酸根（L^-）及 H^+；反应（4.15）表明，L^- 与溶液中的 In^{3+} 通过络合作用形成金属络合物，该反应在一定条件下达到动态平衡，存在络合平衡常数；反应（4.16）表明，TA 在酸性环境中分解产生 S^{2-}；反应（4.17）表明，由于 In_2S_3 的溶度积（约 10^{-14}）很小，且金属络合物存在动态平衡，其在溶液中缓慢释放出的 In^{3+} 与 S^{2-} 便会结合并缓慢生成 In_2S_3。In_2S_3 可在溶液中于 FTO 表面形成，相对于溶液中的均质形核，在 FTO 表面上形成 In_2S_3 的过程属于异质形核。为此，通过 APTS 处理 FTO 表面，可减小表面张力，同时，APTS 中的—NH_2 基团可与 In_2S_3 晶核相结合，提高 In_2S_3 晶核在 FTO 表面的形核概率，优化沉积时间，最终形成高质量、致密 In_2S_3 薄膜。图 4.18 为不同水浴时间制备的 In_2S_3 薄膜的扫描电镜图，可以看到，In_2S_3 薄膜形貌随水浴时间的改变而变化：水浴时间不足，薄膜孔洞多；水浴时间过长，膜厚增加，粗糙度变大。当水浴时间为 55min 时，In_2S_3 颗粒较小、薄膜孔洞大且多（图中圆圈标注）；当水浴时间为 70min 时，In_2S_3 颗粒继续长大，薄膜孔洞变小，数量变少；当水浴时间进一步延长到 85min 时，In_2S_3 颗粒进一步长大，形成类介孔状致密均匀薄膜；当水浴时间延长到 100min 时，In_2S_3 颗粒过度长大，薄膜表面崎岖不平（图中圆圈标注），膜厚增加。这表明调控水浴时间可制备不同表面形貌的 In_2S_3 薄膜。

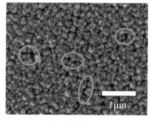　　

(a) 55min　　　　　　　　　　　　(b) 70min

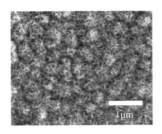
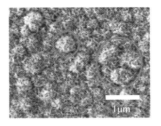

(c) 85min　　　　　　　　　(d) 100min

图 4.18　不同水浴时间制备的 In_2S_3 薄膜的扫描电镜图

图 4.19（a）和（b）分别为 $CsPbIBr_2$ 太阳能电池结构示意图及能级结构示意图，钙钛矿吸光层吸收大于其带隙的太阳光并产生光生载流子（激子），激子扩散到钙钛矿吸光层与相邻功能层界面上并发生分离，光生电子由 $CsPbIBr_2$ 钙钛矿吸光层导带注入 In_2S_3 电子传输层导带上，并传输到 FTO 电极，光生空穴则由 $CsPbIBr_2$ 钙钛矿吸光层价带转移到 2, 2′, 7, 7′-四 (N, N-二对甲氧基苯基胺)9, 9′-螺二芴 [2, 2′, 7, 7′-tetrakis(N, N-di-p-methoxyphenyl-amine) 9, 9′-spirobifluorene，Spiro-OMeTAD] 空穴传输层的最高占据分子轨道（highest occupied molecular orbit，HOMO）能级上，并传输到 Ag 电极。图 4.19（c）为使用不同水浴时间制备的 In_2S_3 薄膜作为电子传输层的 $CsPbIBr_2$ 太阳能电池的 J-V 曲线，可以明显看到，使用 85min 水浴制备的 In_2S_3 薄膜作为电子传输层，其开路电压、短路电流密度、填充因子及光电转换效率最高。其原因在于：①相比于其他条件下制备的薄膜，85min 水浴制备的 In_2S_3 薄膜具有最佳的表面形貌及最低的表面粗糙度，在其上旋涂制备的 $CsPbIBr_2$ 薄膜有最大的晶粒尺寸与最好的致密度，降低了载流子复合概率；②85min 水浴制备的 In_2S_3 薄膜上的 $CsPbIBr_2$ 光吸收能力最高，100min 水浴制备的 In_2S_3 薄膜上的 $CsPbIBr_2$ 光吸收能力最弱，光吸收越强，越有利于短路电流密度的提高。图 4.19（d）为不同水浴时间制备的 $CsPbIBr_2$ 太阳能电池光电转换效率分布箱线图，可以看到，85min 水浴制备的电池具有较小的标准偏差，这表明该条件下的电池制备工艺重现性较好，制备的薄膜质量差异不大。

以上结果表明，金属硫化物有潜力作为一种新的优异的电子传输材料。在众多制备电子传输层薄膜的方法中，化学浴沉积法具有反应温度（<100℃）低、设备简单、原材料选择性大、薄膜均匀致密且可多次连续成膜的优点，已成为低温制备薄膜的重要手段，这也符合柔性器件制备的内在要求。

(a) 器件结构

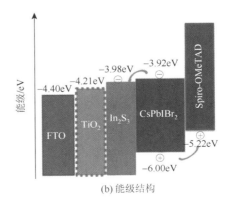

(b) 能级结构

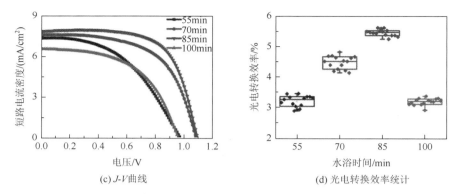

(c) J-V曲线　　　　　　　　　　　(d) 光电转换效率统计

图 4.19　基于 In₂S₃ 电子传输层的 CsPbIBr₂ 太阳能电池

4.4.2　有机电子传输层

除上述无机电子传输材料以外，n 型有机材料（如 C_{60} 及其衍生物，图 4.20）已广泛用作反式平面结构无机钙钛矿太阳能电池中的电子传输层。其中，PCBM 是目前应用最广泛的有机电子传输材料。PCBM 的电子迁移率为 $2 \times 10^{-3} \sim 2 \times 10^{-2} cm^2/(V \cdot s)$，CBM 为 $-3.9eV$，带隙约 $2.0eV$，特别适合作为反式平面结构中的电子传输材料。除此之外，PCBM 在薄膜晶体管、忆阻器、富勒烯的荧光光谱测量等方面也有很广泛的应用。在无机钙钛矿太阳能电池应用方面，富勒烯及其衍生物可以很好地溶解于氯苯或甲苯等非极性溶液中，不会对钙钛矿薄膜造成损害，且能与大规模制备工艺相结合，但是它们通常很昂贵，并且光、热和湿气稳定性较弱。Liu 等通过共掺杂方法，利用三(五氟苯基)硼烷 [tris(pentafluorophenyl) borane，TPFPB] 和非吸湿性锂盐（$LiClO_4$）对 C_{60} 进行改性，获得高性能的有机电子传输层，大幅提高了 $CsPbI_2Br$ 太阳能电池的开路电压[86]。C_{60} 经过 TPFPB 掺杂，最低未占据分子轨道（lowest un-occupied molecular orbit，LUMO）能级显著降低，因此与钙钛矿吸光层之间实现了良好的能级匹配。同时，$LiClO_4$ 的加入提高了电子迁移率，从而减少了迟滞现象，并且易于制造大面积器件。Chen 等设计了一种新颖的非富勒烯电子传输材料 $SFX-PDI_2$，并将其与 PCBM 结合形成复合电子传输层[87]。这种级联能带结构提高了电子迁移率，将 $CsPbI_2Br$ 太阳能电池的光电转换效率提升至 15.12%，这是截至 2022 年平面结构无机钙钛矿太阳能电池光电转换效率的最高值。

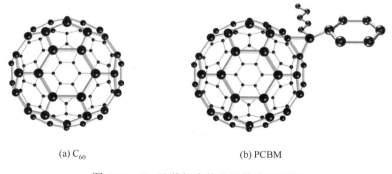

(a) C_{60}　　　　　　　　　　　　(b) PCBM

图 4.20　C_{60} 及其衍生物分子结构示意图

4.5　空穴传输层

理想的空穴传输层具有以下优点[图 4.21（a）]：①能级结构合适和空穴迁移率高，保证光生空穴的有效提取；②制备工艺（合成和纯化过程）简单；③成本低；④光化学稳定性和热稳定性高；⑤溶于对钙钛矿薄膜无害的溶剂；⑥透过率高。基于这些要求，研究者已经开发出几大类型的空穴传输材料，如导电聚合物、有机小分子、金属化合物和无机半导体。但是，相关无机钙钛矿太阳能电池的光电转换效率低，不稳定性和成本高等问题仍然有待解决。在各种空穴传输材料中，基于三苯胺（triphenylamine，TPA）的 Spiro-OMeTAD 是应用得最广泛的材料。但是，Spiro-OMeTAD 的缺点也很明显，如空穴迁移率低、合成复杂且成本高、亲水性和掺杂剂引起的不稳定性高，如图 4.21（b）所示。针对上述问题，研究者开发了大量性能优异的空穴传输材料，如图 4.21（c）所示。

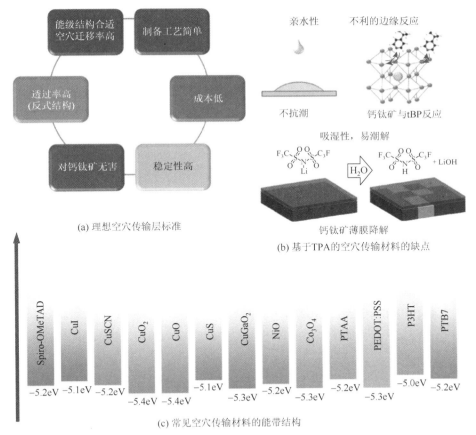

（a）理想空穴传输层标准

（b）基于TPA的空穴传输材料的缺点

（c）常见空穴传输材料的能带结构

图 4.21　无机钙钛矿空穴传输层

tBP 指 4-叔丁基吡啶（4-tert-butylpyridine）；P3HT 指聚(3-己烷基噻吩)[poly(3-hexylthiophene)]；PTB7 指聚[[4, 8-双[(2-乙基己基)氧基]-苯并[1, 2-B:4, 5-B']二噻吩-2, 6-二基][3-氟-2-[(2-乙基己基)羰基]噻吩[3, 4-B]并噻吩]（poly{4,8-bis[(2-ethylhexyl)oxy]benzo[1, 2-B:4, 5-B']dithiophene-2, 6-diyl-alt-3-fluoro-2-[(2-ethylhexyl)carbonyl]thieno[3, 4-B]thiophene-4, 6-diyl}）

4.5.1　有机空穴传输层

在无机钙钛矿太阳能电池体系中，常用的有机空穴传输材料包括 Spiro-OMeTAD、PTAA、P3HT 及其衍生物，以及常用于反式平面结构的 PEDOT:PSS。它们的空穴迁移率如表 4.6 所示。

表 4.6　常见有机空穴传输材料性能比较

材料	空穴迁移率/[cm²/(V·s)]
Spiro-OMeTAD[88]	2×10^{-4}
Li-TFSI 掺杂后的 Spiro-OMeTAD[88]	2×10^{-3}
PTAA[89]	7.47×10^{-5}
Li-TFSI/tBP 掺杂后的 PTAA[89]	4.28×10^{-4}
非晶 P3HT[90]	1×10^{-5}
自组装 P3HT 纳米纤维[90]	0.1
PEDOT:PSS[91]	5.55×10^{-5}

注：Li-TFSI 指双(三氟甲烷)磺酰胺锂盐[bis(trifluoromethane) sulfonamide lithium]。

1. Spiro-OMeTAD

Spiro-OMeTAD 依然是目前最常用的空穴传输材料，其带隙为 2.98eV，HOMO 能级约为–5.1eV。Spiro-OMeTAD 在氯苯、甲苯等有机溶剂中具有良好的溶解性，因此可以用在正式平面结构无机钙钛矿太阳能电池中，且不会对钙钛矿薄膜造成破坏。直觉上，Spiro-OMeTAD 是非晶状态，但其实它是以半结晶形式存在的 p 型半导体，玻璃化转变温度约为 125℃，熔点为 248℃。

基于 Spiro-OMeTAD 中 TPA 臂的螺旋桨结构和 sp³ 杂化原子排列，其具有较低的空穴迁移率[约 2×10^{-4}cm²/(V·s)]和随之而来的低电导率（10^{-8}S/cm）[87]。螺旋芴的正交结构阻碍了 π—π 堆叠的形成，螺旋桨状 TPA 臂则导致了较大的分子间距离。其中，Li-TFSI、钴（III）盐复合物和 tBP 是三种最常见的添加剂。

添加 Li-TFSI 是为了加速氧诱导的 Spiro-OMeTAD 的氧化。这个氧化过程包含两个氧化还原反应：

$$\text{Spiro - OMeTAD} \Longleftrightarrow \text{Spiro - OMeTAD}^+\text{O}_2^- \tag{4.18}$$

$$\text{Spiro - OMeTAD}^+\text{O}_2^- + \text{Li - TFSI} \Longleftrightarrow \text{Spiro - OMeTAD}^+\text{TFSI}^- + \text{Li}_x\text{O}_y \tag{4.19}$$

上述反应过程是比较缓慢的（从数小时到数天），且易受水、氧气和光的影响。在光和热激发状态下，Spiro-OMeTAD 会缓慢地与氧形成弱结合的供体-受体复合物。Snaith 和 Grätzel 提出钙钛矿太阳能电池体系中，光谱制约 Spiro-OMeTAD⁺ 的形成：在短波波段（380～450nm），Spiro-OMeTAD 的氧化遵循反应（4.18）和反应（4.19）；在长波波段（＞450nm），钙钛矿会参与氧化反应，诱导反应（4.18）进行。在没有 Li-TFSI 的情况下，反应（4.18）中的 Spiro-OMeTAD$^+$O$_2^-$ 比较难以形成。Li-TFSI 的加入会推进反应（4.18）的进行，形成弱结合的 Spiro-OMeTAD$^+$TFSI$^-$，并产生大量可移动的空穴来填充深能级缺陷，从而将 Spiro-OMeTAD 的空穴迁移率提高 1 个数量级[92]。同时，这些空穴会将 Spiro-OMeTAD 的费米能级推向 HOMO 能级。Schölin 等利用 X 射线光电子能谱（X-ray photoelectron spectroscopy，XPS）证实了掺入 Li-TFSI 后，Spiro-OMeTAD 费米能级朝着 HOMO 能级移动了 0.8eV[93]。Forward 等指出，潮湿环境会加速 Spiro-OMeTAD 的氧化过程[94]。但是，这种潮湿环境要求会带来一个悖论：水分和氧气会加速钙钛矿的降解。同时，Li-TFSI 具有吸湿性，可以从空气中吸收水分，并在 Spiro-OMeTAD 中聚集，影响空穴传输层的界面能级和形貌[95]。此外，Li 还可以在钙钛矿薄膜中移动并最终聚集于电子传输层中，对器件光电转换效率、迟滞效应和长期稳定性造成影响。因此，为了加速 Spiro-OMeTAD 的氧化过程，并消除氧化过程中水、氧对钙钛矿薄膜的损害，研究者发明了多种方法。Ma 等对 Spiro-OMeTAD 溶液进行预氧化处理，即在溶液中持续通氧 4min，实现了 Spiro-OMeTAD 空穴传输层性能的大幅提高[96]。这种方法有效地避免了空气中的水分与 CsPbI$_2$Br 薄膜的接触，同时优化了电荷的输送和复合。他们通过一系列对溶液和薄膜的表征，发现基于这种预氧化的 Spiro-OMeTAD 空穴传输层表现出与基于传统氧化的 Spiro-OMeTAD 空穴传输层薄膜相似的吸收特性、更好的疏水性和合适的功函数等特点，为获得高性能空穴传输层提供了一种新的思路。2021 年，纽约大学 Kong 等在 *Nature* 上报道了一种利用 CO$_2$ 在紫外光下预处理 Spiro-OMeTAD 溶液的方法[97]。该方法有效地加速了 p 型掺杂过程，将 Spiro-OMeTAD 的电导率提高了 100 倍以上。首先，CO$_2$ 通过获得电子的方式迅速氧化 Spiro-OMeTAD；然后，带负电荷的 CO$_2$ 与 Li-TFSI 中的 Li$^+$ 进行反应，形成碳酸盐沉淀，消除了易吸水的 Li 盐隐患，提高了电池的稳定性。

　　钴（Ⅲ）盐复合物的电子亲和势与 Spiro-OMeTAD 的电离能十分接近，其可以通过电荷转移诱导实现分子的 p 型掺杂并与 Spiro-OMeTAD 形成配合物。例如，三[2-(1H-吡唑-1-基)吡啶]钴（Ⅲ）三(六氟磷酸盐) [tris(1-(pyridin-2-yl)-1H-pyrazol)cobalt(Ⅲ) tris(hexafluorophosphate)，FK102]的氧化还原电势为 1.06eV，而 Spiro-OMeTAD 的第一氧化电势为 0.72eV。两者 0.34eV 的电位差足以将 Spiro-OMeTAD 中的单电子氧化，意味着 p 型掺杂的产生，从而提高了空穴浓度和电导率[88]。在 Spiro-OMeTAD、tBP、Li-TFSI 的混合溶液中加入 0.01mol 的 FK102，可以将电导率提高 1 个数量级。进一步提高 FK102 的量，电导率会继续提高[87]。

　　对于钙钛矿太阳能电池，tBP 的作用机理尚存争议，但可以肯定的是它对于提高 Spiro-OMeTAD 的性能具有多重作用。首先，tBP 可以在 Spiro-OMeTAD 与钙钛矿薄膜的界面处引入 p 型掺杂，导致能带弯曲，从而更有效地传输空穴。此外，tBP 极性高，可以提高 Li-TFSI 的分散性，避免其团聚，起到控制 Spiro-OMeTAD 形貌的作用。

2. PTAA

　　PTAA 是一种优秀的空穴传输材料，可以起到隔绝电子的作用，并表现优越的机械鲁棒性和防潮性。PTAA 是一类半导体聚合物的总称，相比于其他聚合物，其空穴迁移率可以高出 1～2 个数量级。同时，其空穴迁移率与摩尔质量有关。事实上，相比于摩尔质量较小的 PTAA，长链的 PTAA 薄膜（未掺杂）具有更低的空穴迁移率[98, 99]。Ko 等仔细研究了 PTAA 薄膜分子结构和空穴迁移率之间的关系[100]。他们发现，原始 PTAA 薄膜（摩尔质量为 10kDa 和 20kDa）比高摩尔质量 PTAA 薄膜（30kDa、40kDa 和 50kDa）具有更高的空穴迁移率；但是对于 PTAA 掺杂体系，高摩尔质量会明显提高 PTAA 薄膜的空穴迁移率。Nia 等也对具有不同摩尔质量且未掺杂的 PTAA 薄膜性能进行了研究[101]。他们发现，当 PTAA 摩尔质量从 10kDa 增加至 130kDa 时，电池性能随之提高。结果显示，钙钛矿太阳能电池性能的差异来源于不同摩尔质量的 PTAA 薄膜具有不同的载流子复合动力学过程。PTAA 还有一个独特的优点：可以在正式平面结构或者反式平面结构无机钙钛矿太阳能电池结构中作为空穴传输材料。例如，Bai 等在正式平面结构 $CsPbI_2Br$ 太阳能电池中采用 PTAA 作为空穴传输层，获得了 14.81%的光电转换效率[17]；Wang 等则在反式平面结构 $CsPbI_3$ 太阳能电池中使用 PTAA 作为空穴传输层，实现了 11.4%的光电转换效率[102]。

3. P3HT

由于具有高载流子迁移率、合适的能带匹配和低成本等特点，P3HT 也是一种极具潜力的空穴传输材料。但是，P3HT 的电导率较低，阻碍了电池光电转换效率的提升。此外，P3HT 需要长时间的氧化过程。未经氧化的 P3HT 薄膜由于存在电荷注入壁垒会引发 *J-V* 曲线异常。如果将器件在黑暗和大气环境中放置两天，可以实现 P3HT 的充分氧化和 HOMO 能级移动并提高功函数，从而消除 *J-V* 曲线异常，并有效提高填充因子和整体器件性能。Lau 等在 $CsPbI_2Br$ 太阳能电池中也发现了 P3HT 薄膜需要一周时间来氧化的现象[36]。他们使用聚异丁烯对器件进行封装，导致氧化时间延长，但氧化后的器件可以稳定工作三周左右。

4. PEDOT:PSS

PEDOT:PSS 是一种商业化的导电聚电解质复合物，它可以运用于热电发电机、静电涂料、有机电极、太阳能电池和 LED。它具有许多独特的性质，如与卷对卷工艺契合的良好成膜性能、可见光范围内优异的透过率、高导电性、高功函数以及良好的物理和化学稳定性。PEDOT:PSS 水分散液呈不透明的深蓝色。良好的成膜性能使得 PEDOT:PSS 可以在刚性或柔性衬底上通过各种溶液加工技术（包括旋涂、刮刀、狭缝模涂、喷涂沉积、喷墨印刷、丝网印刷等）连续成膜。在可见光范围内，PEDOT:PSS 薄膜几乎是透明的。例如，100nm 厚的 PEDOT:PSS 薄膜在 550nm 波长处具有大于 90%的透过率。同时，PEDOT:PSS 薄膜的电导率为 $10^{-21}～10^3S/cm$，并受合成条件、添加剂或后处理的影响。此外，PEDOT:PSS 薄膜的功函数高（5.0～5.2eV），可以实现电荷的快速转移，使其在催化和能源领域大放异彩。

在无机钙钛矿太阳能电池领域，PEDOT:PSS 通常用作反式平面结构中的空穴传输材料。2016 年，Beal 等在 $CsPbI_2Br$ 太阳能电池中使用 PEDOT:PSS 作为空穴传输层，在反向扫描下获得了 6.80%的光电转换效率[103]。除在电池中充当空穴传输层外，PEDOT:PSS 凭借其比较高的功函数和电导率，还可以在正式平面结构中取代金属电极，完成对空穴的抽取。2018 年，Chen 等在叠层电池的顶电池结构中采用 $CsPbBr_3$ 作为吸光层，用透明的 PEDOT:PSS 电极取代不透明的 Au 电极，完成从 Spiro-OMeTAD 中抽取空穴的工作，该子电池光电转换效率可达 5.98%[78]。

4.5.2　无机空穴传输层

有机空穴传输材料在稳定性和成本以及在大面积衬底上进行有效沉积等方面有比较大的缺陷，限制了基于该类材料的无机钙钛矿太阳能电池的商业化进程。因此，研究者逐渐将目光投向空穴迁移率更高、稳定性更优越、成本更低且易于加工的 p 型无机半导体空穴传输层。基于可见光透过率和能级匹配两个基本标准，研究者已经开发了一些氧化物半导体，如 NiO_x、MoO_3 和 Co_3O_4，在无机钙钛矿太阳能电池中充当空穴传输材料。

在上述无机空穴传输材料中，NiO_x 凭借其优异的光电性能，在 HOIPs 太阳能电池（特别是在反式平面结构钙钛矿太阳能电池）中取得了令人瞩目的成就。具体来说，NiO_x 的优点如下：①带隙宽（>3.4eV），在可见光范围内具有优异的透过率（550nm 处透过率大于 95%）；②VBM 合适（约 5.4eV），可以很好地与主流无机钙钛矿吸光层形成能级匹配；③不会与钙钛矿吸光层发生离子或原子交换，具有出色的化学稳定性；④制备方法简单且多样，如化学溶液法（溶胶凝胶法和目前主流的纳米粒子溶液法）和物理气相沉积法；⑤成本低廉，基于 NiO_x 空穴传输层的 $1m^2$ 钙钛矿模组造价约 800 美元，而基于有机空穴传输层的相同模组造价约 1800 美元[104]。基于以上优点，NiO_x 在制备大面积、柔性化、低成本的钙钛矿太阳能电池方面具有独特的吸引力。

理想（化学计量比平衡）情况下的 NiO 具有立方结构（空间群为 $Fm\overline{3}m$），晶格常数为 4.173Å，如图 4.22 所示。NiO 的熔点为 1995℃，密度约为 $6.7g/cm^3$。这种化学计量比平衡的 NiO 是一种非常优异的绝缘体材料，室温下的电导率为 $10^{-11}S/cm$，理论比电容为 2584 F /g，电阻率约为 $10^{13}\Omega\cdot cm$。同时，基于多重氧化态带来的氧化还原反应，其在超级电容器、电致变色器件、化学传感器、微型和普通储能电池、光催化和智能窗口方面有着广阔的应用前景。目前来看，制备 NiO 最常用的方法是基于氢氧化镍水解的溶胶凝胶法，以及热蒸发法和脉冲激光沉积法。

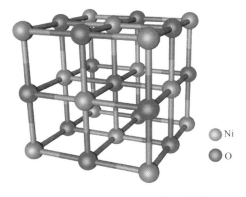

扫一扫　看彩图

图 4.22　NiO 的化学结构示意图

　　从热力学的角度来讲，NiO 中存在最多的缺陷是镍空位（V_{Ni}）[105]。这种缺陷特点导致 NiO 具有 p 型自掺杂的特性，同时会引发 NiO 中化学计量比的不平衡。含有 V_{Ni} 的 NiO 在钙钛矿太阳能电池领域通常表示为 NiO_x，其光电性能与薄膜氧化状态关系密切，可以通过制备方法加以控制[106]。NiO_x 的带隙为 3.4～4.0eV，相应的 VBM 为 −5.4～−5.0eV。

　　NiO_x 的电子结构已经得到了广泛而深入的研究[107]。在 X 射线光电子能谱中，NiO_x 薄膜中 Ni $2p_{3/2}$ 轨道的结合能在 852～860eV 之间分裂为两个峰。在化学计量比平衡的 NiO 中，低结合能峰与高结合能峰的比例为 4/346。在化学计量比不平衡的 NiO_x 薄膜中，Ni^{3+} 也会对 X 射线光电子能谱产生明显的贡献。一般来说，NiO_x 薄膜的 Ni $2p_{3/2}$ 轨道可以拟合为三个峰。其中，以 860.8eV 为中心的峰对应 NiO_x 结构中的重组过程[107]；以 853.6eV 为中心的峰来源于标准 NiO 八面体键合结构中的 Ni^{2+}；由于存在 V_{Ni}，以 855.5eV 为中心的峰对应 Ni^{3+} 或者 NiOOH 和 Ni_2O_3 两种副产物，如图 4.23（a）所示[108]。同样地，O 1s 轨道的 X 射线光电子能谱也包含两个峰：位于 529.2eV 的峰对应标准 NiO 八面体键合结构中的 O^{2-}；位于 531.0eV 的峰对应 $Ni(OH)_2$ 和含羟基的 Ni_2O_3，包括表面吸附羟基的缺陷 Ni_2O_3，如图 4.23（b）所示[108]。

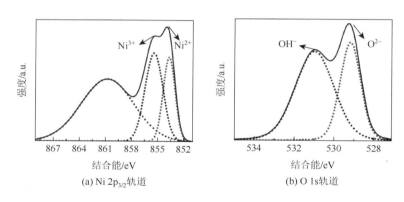

图 4.23　NiO_x 的 X 射线光电子能谱

　　NiO_x 作为空穴传输层的缺点也比较明显：①本征电导率只有约 10^{-4}S/cm，影响了电池的光生电流；②相比于无机钙钛矿薄膜，NiO_x 的 VBM 还需要进一步降低才能实现更好的能级匹配；③低温溶液法制备的 NiO_x 薄膜中存在大量缺陷，界面复合严重，制约了无机钙钛矿太阳能电池开路电压和填充因子的提升。因此，针对上述问题，研究者逐步开发了一些解决方案，旨在提高基于 NiO_x 空穴传输层的无机钙钛矿太阳能电池的性能。Liu 等在反式平面结构 $CsPbI_2Br$ 和 $CsPbIBr_2$ 太阳能电池中开发了基于溶液法制备的 NiO_x 空穴传输层，证实了 NiO_x 可以完成无机钙钛矿体系中传输空穴的工作[80, 109]。但是，这种溶液法制备的 NiO_x 薄膜需要极高的烧结温度（400℃），可能对氧化物透明电极的电导率造成影响。为了克服这个难题，Pan 等通过直流反应磁控溅射来实现 NiO_x 薄膜的低温制备，并成功应用于反式平面结构 $CsPbI_2Br$ 太阳能电池中[110]。他们通过精确控制 O_2 气体通量和 NiO_x 薄膜厚度，优化了 NiO_x 薄膜的透过率和电阻率。除了上述方法，利用 NiO_x

纳米粒分散液的方式在低温下制备 NiO_x 空穴传输层也能获得高光电转换效率的无机钙钛矿太阳能电池。Chen 等采用 OAm 对 NiO_x 纳米粒进行改性，获得的致密无孔洞 NiO_x 薄膜具有出色的电荷提取能力[111]。基于该 NiO_x 薄膜的 $CsPbI_2Br$ 获得了 15.14%的光电转换效率。九州工业大学 Yang 等为了实现 NiO_x 薄膜与 $CsPbIBr_2$ 吸光层之间的能带匹配[112]，在 NiO_x 中进行 Cs 掺杂。他们同时比较了四种 Cs 盐（CsI、CsBr、CsCl 和 CsAc）对于 NiO_x 能带结构的作用效果，五种 NiO_x 薄膜的紫外光电子能谱如图 4.24 所示。可以看出，在加入 Cs 盐以后，NiO_x 薄膜的能带结构发生了变化，其中，功函数从–5.00eV 提升至–4.31eV（CsI）、–4.32eV（CsBr）、–3.90eV（CsCl）、–4.00eV（CsAc）。CsI 掺杂后的 NiO_x 薄膜能带与钙钛矿更加匹配，因此获得了更高的光电转换效率。对 NiO_x 进行 Cu 掺杂，不仅能够提高 NiO_x 薄膜的电导率和薄膜结晶性，而且可以拉低 NiO_x 薄膜的 VBM，以实现能级匹配。Kim 等指出，Cu 掺杂前后的 NiO_x 薄膜电导率从 $2.2×10^{-6}$S/cm 提高至 $8.4×10^{-4}$S/cm[113]。同时，Cu^{2+} 还可以为钙钛矿吸光层提供形核位点，从而大幅改善钙钛矿薄膜的形貌和晶粒尺寸。

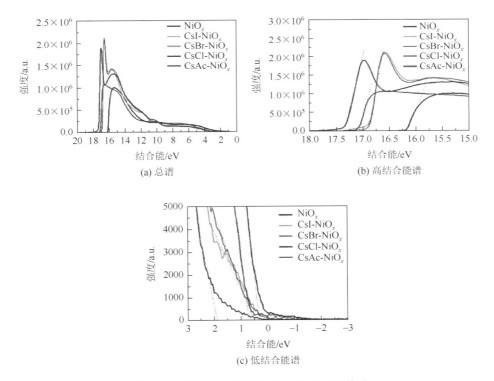

图 4.24　五种 NiO_x 薄膜的紫外光电子能谱图

除了 NiO_x，其他一些 p 型金属氧化物（如 MoO_3 和 Co_3O_4）也被开发出来作为无机钙钛矿太阳能电池的空穴传输层或者空穴传输层与金属电极之间的修饰层。Zhou 等在 Spiro-OMeTAD 和 Ag 电极之间插入厚度仅有 8nm 的 MoO_3 薄层，以加快空穴的传输并提取至 Ag 电极，在 $CsPbI_2Br$ 太阳能电池中获得了 14.05%的光电转换效率[114]。为了真正意义上实现无机钙钛矿太阳能电池，Zhou 等在正式平面结构 CsPbI$_2$Br 太阳能电池中利用 Co$_3$O$_4$ 充当空穴传输层，整体器件结构为 FTO/TiO$_2$/CsPbI$_2$Br/Co$_3$O$_4$/碳电极[115]。与碳电极的费米能级相比，Co$_3$O$_4$ 更深的 VBM 抑制了界面复合，从而提高了空穴提取效率和光电性能，获得了 11.21%的光电转换效率。

4.6 碳 电 极

高光电转换效率、长时间的稳定性和低成本是实现钙钛矿太阳能电池商业化的"金三角"定律（图 4.25）。目前来看，无机钙钛矿太阳能电池光电转换效率已经突破20%[116]，可以与商业化的 CdTe 薄膜太阳能电池光电转换效率相媲美；无机钙钛矿在热稳定性方面有得天独厚的优势，但是其湿度稳定性与 HOIPs 相差无几；在钙钛矿太阳能电池中，有机空穴传输层和金属电极的成本占总成本的 50%以上。因此，解决钙钛矿太阳能电池商业化的"金三角"问题，重点在于研究新的空穴传输材料和背电极材料。目前来看，无机钙钛矿薄膜与无机碳电极之间的结合是最有前途的解决方案。碳电极具有许多优点：①电导率高、功函数合适（5.0eV），保证无机钙钛矿太阳能电池即使没有昂贵的空穴传输层，也可以实现对空穴的提取；②碳电极厚度一般超过 10μm，可以显著阻挡水汽和氧气的渗透，避免钙钛矿降解以及普通金属电极中发生的卤化物腐蚀反应；③碳电极成本低廉，可以替代钙钛矿太阳能电池中最昂贵的空穴传输层和金属电极（尤其是 Au 电极）。钙钛矿太阳能电池中常见的碳材料包括无定形碳、石墨块、石墨烯、碳纳米管。

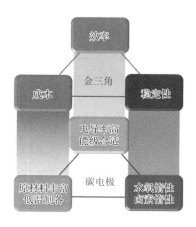

图 4.25　碳电极基无机钙钛矿太阳能电池在解决钙钛矿太阳能电池商业化过程中
"金三角"问题的优势

尽管碳电极在成本和稳定性方面性能优异，但钙钛矿吸光层和碳电极之间的巨大能级差异会减缓载流子在界面的传输，从而导致电子和空穴在界面的复合，造成能量损失。因此，研究能带对准方法是解决碳电极与钙钛矿界面载流子复合问题的重要手段。碳电极中的元素掺杂是增加碳电极功函数并成功形成级联能带结构的方法。Bu 等将聚苯胺（polyaniline，PANI）/石墨（graphite，G）复合材料掺入碳浆中，实现碳电极功函数的调节并改善空穴提取能力，从而将 CsPbBr$_3$ 太阳能电池的光电转换效率提高至 8.87%[117]，如图 4.26（a）和（b）所示。同样地，他们通过调控 N 掺杂量使 MoO$_2$/N 掺杂碳纳米球复合材料的功函数达到 5.10～5.39eV[118]。将这种功函数可调的碳纳米球复合材料用作 CsPbBr$_3$ 和碳电极之间的界面修饰层，可以实现能带对准，从而降低能量损失，如图 4.26（c）和（d）所示。

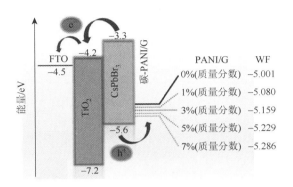

(a) PANI/G共掺杂碳浆能带变化示意图

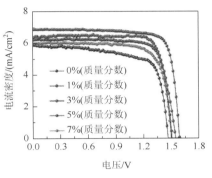

(b) PANI/G含量对器件J-V曲线的影响

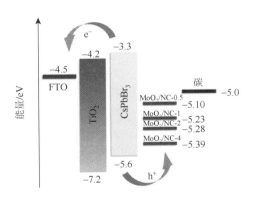

(c) MoO$_2$/N掺杂碳纳米球能带变化示意图

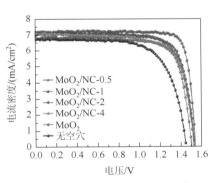

(d) N掺杂量对器件J-V曲线的影响

图 4.26　碳电极中的能带工程

WF 指功函数（work function）；NC-0.5 指 N 掺杂量为 0.5 的碳纳米球

减少碳与无机钙钛矿薄膜之间能级差的另一种有效方法是界面工程。Liao 等报道了一种基于碳电极的 CsPbBr$_3$ 太阳能电池，并在 CsPbBr$_3$ 薄膜和碳电极之间引入红磷量子点界面修饰层[119]。这种界面修饰层引入的中间能级加快了空穴的提取，并抑制了界面电荷的重组，实现了 8.20% 的光电转换效率。Wang 等探索了 CsPbBr$_3$ 与碳电极之间更有效的结合方法[120]。他们提出利用 P3HT 作为界面修饰层，抑制载流子复合，通过在 CsPbBr$_3$ 和碳电极之间形成级联能级排列来增强空穴提取能力。为了解决在 CsPbBr$_3$/

碳电极界面上严重的电荷重组问题，Ding 等插入了一层具有羧基的聚乙酸乙烯酯聚合物[121]。其功能如下：①作为界面钝化剂，减少钙钛矿表面缺陷态；②作为能级缓冲层，改善 CsPbBr$_3$ 与碳电极之间的能级排列。

4.7　商业化进程

4.7.1　迟滞效应

　　钙钛矿太阳能电池的迟滞效应是指在不同电压扫描方向（正向：短路至开路；反向：开路至短路）下器件的 J-V 曲线具有明显差异。目前 HOIPs 太阳能电池的迟滞效应已经得到了广泛的研究和应对。与之相反，无机钙钛矿太阳能电池的迟滞效应依旧十分严重。根据对 HOIPs 太阳能电池的研究，迟滞效应的可能来源于离子迁移[122]、界面载流子动力学[123]以及电荷俘获和去俘获过程[124]。理论研究表明，钙钛矿与电子/空穴传输层的界面可能是迟滞效应产生的关键场所[125]。受内建电场驱动的离子迁移发生在钙钛矿吸光层中，并在钙钛矿/电子传输层和钙钛矿/空穴传输层的界面处累积。同时，迁移和积累的带电离子导致内建电场的空间分布不均匀。因此，在不同的偏压方向上，载流子传输将受到重构的注入势垒、表面复合以及附加的表面欧姆损耗和电流泄漏的影响。此外，已有报道证实，富 I 的 CsPbI$_{(1+x)}$Br$_{(2-x)}$ 可能成簇聚集在晶界处，成为离子迁移的快速通道[21]。因此，研究者开发了大量方法应对无机钙钛矿太阳能电池中严重的迟滞效应。第一种方法是平衡器件中电子和空穴的传输速度，构建 TiO$_2$ 介孔层来增大电子传输层与钙钛矿吸光层的接触面积，从而增加界面处的电子迁移率[126]。第二种方法是改善无机钙钛矿薄膜质量，增大其晶粒尺寸，变相地降低晶界密度，并关闭离子迁移的通道[127]。第三种方法是掺杂具有较大半径的金属阳离子，增强对卤素离子的束缚能力，从而抑制卤素离子的迁移和钙钛矿薄膜的相分离[38]。此外，缺陷密度的降低也会缓解迟滞效应。Wang 等发现基于大剂量碘化二甲铵添加剂的 CsPbI$_3$ 器件具有更低的迟滞效应，这可以归因于结晶度的提高和晶粒尺寸的增大[14]。Liu 等通过降低缺陷密度，加速载流子传输，从而降低 CsPbI$_3$ 太阳能电池中的迟滞效应[128]。

4.7.2　大规模制备

　　无机钙钛矿太阳能电池走向商业化的最后一步是制造大面积组件，以便构建规模光伏系统。之前大多数研究留在实验室阶段，利用溶液旋涂法制备小面积（<1cm^2）器件来不断迫近其效率极限。最近，研究者在无机钙钛矿太阳能电池领域开发了越来越多的大规模薄膜沉积技术，如刮刀涂层、喷涂和丝网印刷。未来，除了研究模组化薄膜沉积技术，还应针对无机钙钛矿太阳能电池模组出台类似 Si 基模组的耐久性测试标准（如国际电工协会出台的 IEC 61625）。同时，针对商业化应用，无机钙钛矿太阳能电池模组应该能够处理热斑效应和解决局部遮挡带来的局部温升引发的问题。这里可以借鉴 Si 基模组先进的经验，即采用旁路二极管自动屏蔽受损的部分单元。

4.7.3　工作稳定性

在实际的工作条件（即湿气、温度、氧气、紫外光、局部阴影）下，要求太阳能电池能够在最大功率点上长时间正常工作。长期稳定性仍然是钙钛矿太阳能电池领域面临的严峻挑战。工作不稳定性的根源主要来自四个方面：①固有的钙钛矿薄膜和界面缺陷；②掺杂剂引起的 Spiro-OMeTAD 的不稳定性；③TiO_2 电子传输层在紫外光下的不稳定性；④金属电极迁移引起的钙钛矿降解。另外，光致相分离和离子迁移通常导致器件工作期间在钙钛矿薄膜和界面处产生 Pb 和 I 缺陷或空位。这些缺陷或空位将极大地降低钙钛矿太阳能电池的性能，即充当复合中心使器件光电转换效率下降和诱使钙钛矿降解，降低器件寿命。Tang 等通过掺杂过渡金属来降低缺陷密度，将器件在 80% 相对湿度环境中的稳定性延长到 760h[44]。Wang 等提出了一种表面处理 $CsPbI_3$ 薄膜缺陷的方法，在连续白光 LED 照明下，将器件稳定性提高至 500h[129]。Kim 等将 P3HT 作为 $CsPbI_2Br$ 太阳能电池的空穴传输层，在 85℃ 下连续工作 1000h 后仅检测到电池的光电转换效率下降 10%[126]。解决 TiO_2 在紫外光下不稳定性的简便方法是采用其他金属氧化物（ZnO、SnO_2）代替 TiO_2。2020 年，Wang 等报道了一种基于 SnO_2 的 $CsPbIBr_2$ 太阳能电池[24]。该电池具有出色的长期稳定性，在 25% 相对湿度的空气中储存 1250h 后仍保持 90% 以上的光电转换效率。无机钙钛矿太阳能电池工作稳定性的最后一个挑战是如何抑制金属离子从金属电极迁移而导致的钙钛矿降解。Wu 等在 PCBM 电子传输层和 Ag 电极之间插入一个薄而致密的半金属 Bi 中间层，起到隔绝水分、氧气，并保护 Ag 电极免受 I 腐蚀的作用[130]。在黑暗、空气条件下存储 6000h 后，器件的光电转换效率仍然保留 88% 以上。

参 考 文 献

[1]　National Renewable Energy Laboratory. NREL Efficiency Chart[EB/OL]. [2021-06-30]. https://www.nrel.gov/pv/cell-efficiency.html.

[2]　Kim M，Kim G H，Lee T K，et al. Methylammonium chloride induces intermediate phase stabilization for efficient perovskite solar cells[J]. Joule，2019，3（9）：2179-2192.

[3]　Yang W S，Noh J H，Jeon N J，et al. High-performance photovoltaic perovskite layers fabricated through intramolecular exchange[J]. Science，2015，348（6240）：1234-1237.

[4]　Jeon N J，Noh J H，Yang W S，et al. Compositional engineering of perovskite materials for high-performance solar cells[J]. Nature，2015，517（7535）：476-480.

[5]　Kojima A，Teshima K，Shirai Y，et al. Organometal halide perovskites as visible-light sensitizers for photovoltaic cells[J]. Journal of the American Chemical Society，2009，131（17）：6050-6051.

[6]　Conings B，Drijkoningen J，Gauquelin N，et al. Intrinsic thermal instability of methylammonium lead trihalide perovskite[J]. Advanced Energy Materials，2015，5（15）：1500477.

[7]　Kulbak M，Cahen D，Hodes G. How important is the organic part of lead halide perovskite photovoltaic cells? Efficient $CsPbBr_3$ cells[J]. Journal of Physical Chemistry Letters，2015，6（13）：2452-2456.

[8]　Wells H L. ART. XVI.--On the coesium-and the potassium-lead halides[J]. American Journal of Science，1893，45（266）：121.

[9]　Chen Z，Wang J J，Ren Y，et al. Schottky solar cells based on $CsSnI_3$ thin-films[J]. Applied Physics Letters，2012，101（9）：093901.

[10] Eperon G E，Paternò G M，Sutton R J，et al. Inorganic caesium lead iodide perovskite solar cells[J]. Journal of Materials Chemistry A，2015，3（39）：19688-19695.

[11] Swarnkar A，Marshall A R，Sanehira E M，et al. Quantum dot-induced phase stabilization of α-CsPbI$_3$ perovskite for high-efficiency photovoltaics[J]. Science，2016，354：92-95.

[12] Sanehira E M，Marshall A R，Christians J A，et al. Enhanced mobility CsPbI$_3$ quantum dot arrays for record-efficiency，high-voltage photovoltaic cells[J]. Science Advances，2017，3（10）：4204.

[13] Wang Y，Zhang T，Kan M，et al. Bifunctional stabilization of all-inorganic α-CsPbI$_3$ perovskite for 17% efficiency photovoltaics[J]. Journal of the American Chemical Society，2018，140（39）：12345-12348.

[14] Wang Y，Liu X，Zhang T，et al. The role of dimethylammonium iodide in CsPbI$_3$ perovskite fabrication：Additive or dopant？[J]. Angewandte Chemie，2019，58（46）：16691-16696.

[15] Sutton R J，Eperon G E，Miranda L，et al. Bandgap-tunable cesium lead halide perovskites with high thermal stability for efficient solar cells[J]. Advanced Energy Materials，2016，6（8）：1502458.

[16] Chen C Y，Lin H Y，Chiang K M，et al. All-vacuum-deposited stoichiometrically balanced inorganic cesium lead halide perovskite solar cells with stabilized efficiency exceeding 11%[J]. Advanced Materials，2017，29（12）：1605290.

[17] Bai D，Bian H，Jin Z，et al. Temperature-assisted crystallization for inorganic CsPbI$_2$Br perovskite solar cells to attain high stabilized efficiency 14.81%[J]. Nano Energy，2018，52：408-415.

[18] Zhang Y，Wu C，Wang D，et al. High Efficiency（16.37%）of cesium bromide—Passivated all-inorganic CsPbI$_2$Br perovskite solar cells[J]. Solar RRL，2019，3（11）：1900254.

[19] Han Y，Zhao H，Duan C，et al. Controlled n-doping in air-stable CsPbI$_2$Br perovskite solar cells with a record efficiency of 16.79%[J]. Advanced Functional Materials，2020，30（12）：1909972.

[20] Lau C F J，Deng X，Ma Q，et al. CsPbIBr$_2$ perovskite solar cell by spray-assisted deposition[J]. ACS Energy Letters，2016，1（3）：573-577.

[21] Li W，Rothmann M U，Liu A，et al. Phase segregation enhanced ion movement in efficient inorganic CsPbIBr$_2$ solar cells[J]. Advanced Energy Materials，2017，7（20）：1700946.

[22] Zhu W，Zhang Q，Chen D，et al. Intermolecular exchange boosts efficiency of air-stable，carbon-based all-inorganic planar CsPbIBr$_2$ perovskite solar cells to over 9%[J]. Advanced Energy Materials，2018，8（30）：1802080.

[23] Subhani W S，Wang K，Du M，et al. Interface-modification-induced gradient energy band for highly efficient CsPbIBr$_2$ perovskite solar cells[J]. Advanced Energy Materials，2019，9（21）：1803785.

[24] Wang H，Li H，Cao S，et al. Interface modulator of ultrathin magnesium oxide for low-temperature-processed inorganic CsPbIBr$_2$ perovskite solar cells with efficiency over 11%[J]. Solar RRL，2020，4（9）：2000226.

[25] Tong G，Chen T，Li H，et al. Phase transition induced recrystallization and low surface potential barrier leading to 10.91%-efficient CsPbBr$_3$ perovskite solar cells[J]. Nano Energy，2019，65：104015.

[26] Wang J，Zhang J，Zhou Y，et al. Highly efficient all-inorganic perovskite solar cells with suppressed non-radiative recombination by a Lewis base[J]. Nature Communications，2020，11（1）：177.

[27] Meng L，You J，Guo T F，et al. Recent advances in the inverted planar structure of perovskite solar cells[J]. Accounts of Chemical Research，2016，49（1）：155-165.

[28] Ke W，Kanatzidis M G. Prospects for low-toxicity lead-free perovskite solar cells[J]. Nature Communications，2019，10（1）：965.

[29] Liang J，Zhao P，Wang C，et al. CsPb$_{0.9}$Sn$_{0.1}$IBr$_2$ based all-inorganic perovskite solar cells with exceptional efficiency and stability[J]. Journal of the American Chemical Society，2017，139（40）：14009-14012.

[30] Liang J，Liu Z，Qiu L，et al. Enhancing optical，electronic，crystalline，and morphological properties of cesium lead halide by Mn substitution for high-stability all-inorganic perovskite solar cells with carbon electrodes[J]. Advanced Energy Materials，2018，8（20）：1800504.

[31] Duan J，Zhao Y，Yang X，et al. Lanthanide ions doped CsPbBr$_3$ halides for HTM-free 10.14%-efficiency inorganic perovskite

solar cell with an ultrahigh open-circuit voltage of 1.594V[J]. Advanced Energy Materials，2018，8（31）：1802346.

[32] Shi J，Li F，Yuan J，et al. Efficient and stable CsPbI₃ perovskite quantum dots enabled by in situ ytterbium doping for photovoltaic applications[J]. Journal of Materials Chemistry A，2019，7（36）：20936-20944.

[33] Xiang W，Wang Z，Kubicki D J，et al. Ba-induced phase segregation and band gap reduction in mixed-halide inorganic perovskite solar cells[J]. Nature Communications，2019，10（1）：4686.

[34] Yang F，Hirotani D，Kapil G，et al. All-inorganic CsPb$_{1-x}$Ge$_x$I₂Br perovskite with enhanced phase stability and photovoltaic performance[J]. Angewandte Chemie，2018，57（39）：12745-12749.

[35] Bai D，Zhang J，Jin Z，et al. Interstitial Mn²⁺-driven high-aspect-ratio grain growth for low-trap-density microcrystalline films for record efficiency CsPbI₂Br solar cells[J]. ACS Energy Letters，2018，3（4）：970-978.

[36] Lau C F J，Zhang M，Deng X，et al. Strontium-doped low-temperature-processed CsPbI₂Br perovskite solar cells[J]. ACS Energy Letters，2017，2（10）：2319-2325.

[37] Liu C，Li W，Li H，et al. Structurally reconstructed CsPbI₂Br perovskite for highly stable and square-centimeter all-inorganic perovskite solar cells[J]. Advanced Energy Materials，2019，9（7）：1803572.

[38] Subhani W S，Wang K，Du M，et al. Goldschmidt-rule-deviated perovskite CsPbIBr₂ by barium substitution for efficient solar cells[J]. Nano Energy，2019，61：165-172.

[39] Mali S S，Patil J V，Hong C K. Hot-air-assisted fully air-processed barium incorporated CsPbI₂Br perovskite thin films for highly efficient and stable all-inorganic perovskite solar cells[J]. Nano Letters，2019，19（9）：6213-6220.

[40] Lau C F J，Deng X，Zheng J，et al. Enhanced performance via partial lead replacement with calcium for a CsPbI₃ perovskite solar cell exceeding 13% power conversion efficiency[J]. Journal of Materials Chemistry A，2018，6（14）：5580-5586.

[41] Li Y，Duan J，Yuan H，et al. Lattice modulation of alkali metal cations doped Cs$_{1-x}$R$_x$PbBr₃ halides for inorganic perovskite solar cells[J]. Solar RRL，2018，2（10）：1800164.

[42] Xiang S，Li W，Wei Y，et al. The synergistic effect of non-stoichiometry and Sb-doping on air-stable α-CsPbI₃ for efficient carbon-based perovskite solar cells[J]. Nanoscale，2018，10（21）：9996-10004.

[43] Xiang S，Li W，Wei Y，et al. Natrium doping pushes the efficiency of carbon-based CsPbI₃ perovskite solar cells to 10.7%[J]. iScience，2019，15：156-164.

[44] Tang M，He B，Dou D，et al. Toward efficient and air-stable carbon-based all-inorganic perovskite solar cells through substituting CsPbBr₃ films with transition metal ions[J]. Chemical Engineering Journal，2019，375：121930.

[45] Chen L，Wan L，Li X，et al. Inverted all-inorganic CsPbI₂Br perovskite solar cells with promoted efficiency and stability by nickel incorporation[J]. Chemistry of Materials，2019，31（21）：9032-9039.

[46] Xi J，Piao C，Byeon J，et al. Rational core-shell design of open air low temperature in situ processable CsPbI₃ quasi-nanocrystals for stabilized p-i-n solar cells[J]. Advanced Energy Materials，2019，9（31）：1901787.

[47] Xiang W，Wang Z，Kubicki D J，et al. Europium-doped CsPbI₂Br for stable and highly efficient inorganic perovskite solar cells[J]. Joule，2019，3（1）：205-214.

[48] Wang Z，Baranwal A K，Kamarudin M A，et al. Xanthate-induced sulfur doped all-inorganic perovskite with superior phase stability and enhanced performance[J]. Nano Energy，2019，59：258-267.

[49] Hu Y，Bai F，Liu X，et al. Bismuth incorporation stabilized α-CsPbI₃ for fully inorganic perovskite solar cells[J]. ACS Energy Letters，2017，2（10）：2219-2227.

[50] Nam J K，Chai S U，Cha W，et al. Potassium incorporation for enhanced performance and stability of fully inorganic cesium lead halide perovskite solar cells[J]. Nano Letters，2017，17（3）：2028-2033.

[51] Wang Z，Baranwal A K，Kamarudin M A，et al. Structured crystallization for efficient all-inorganic perovskite solar cells with high phase stability[J]. Journal of Materials Chemistry A，2019，7（35）：20390-20397.

[52] Yuan J，Zhang L，Bi C，et al. Surface trap states passivation for high-performance inorganic perovskite solar cells[J]. Solar RRL，2018，2（10）：1800188.

[53] Zhang J，Jin Z，Liang L，et al. Iodine-optimized interface for inorganic CsPbI₂Br perovskite solar cell to attain high stabilized

efficiency exceeding 14%[J]. Advanced Science，2018，5（12）：1801123.

[54] Zhuang J，Wei Y，Luan Y，et al. Band engineering at the interface of all-inorganic CsPbI$_2$Br solar cells[J]. Nanoscale，2019，11（31）：14553-14560.

[55] Duan J，Wang Y，Yang X，et al. Alkyl-chain-regulated charge transfer in fluorescent inorganic CsPbBr$_3$ perovskite solar cells[J]. Angewandte Chemie，2020，59（11）：4391-4395.

[56] Xue D J，Hou Y，Liu S C，et al. Regulating strain in perovskite thin films through charge-transport layers[J]. Nature Communications，2020，11（1）：1514.

[57] Rolston N，Bush K A，Printz A D，et al. Engineering stress in perovskite solar cells to improve stability[J]. Advanced Energy Materials，2018，8（29）：1802139.

[58] Tsai H，Asadpour R，Blancon J C，et al. Light-induced lattice expansion leads to high-efficiency perovskite solar cells[J]. Science，2018，360：67-70.

[59] Li Y，Ullah S，Liu P，et al. Theoretical study on the electronic and optical properties of strain-tuned CsPb(I$_{1-x}$Br$_x$)$_3$ and CsSn(I$_{1-x}$Br$_x$)$_3$[J]. Chemical Physics Letters，2021，763：138219.

[60] Yuan G，Qin S，Wu X，et al. Pressure-induced phase transformation of CsPbI$_3$ by X-ray diffraction and Raman spectroscopy[J]. Phase Transitions，2018，91（1）：38-47.

[61] Mali S S，Patil J V，Hong C K. Simultaneous improved performance and thermal stability of planar metal ion incorporated CsPbI$_2$Br all-inorganic perovskite solar cells based on MgZnO nanocrystalline electron transporting layer[J]. Advanced Energy Materials，2020，10（3）：1902708.

[62] Guo Z，Teo S，Xu Z，et al. Achievable high V_{oc} of carbon based all-inorganic CsPbIBr$_2$ perovskite solar cells through interface engineering[J]. Journal of Materials Chemistry A，2019，7（3）：1227-1232.

[63] Deng F，Li X，Lv X，et al. Low-temperature processing all-inorganic carbon-based perovskite solar cells up to 11.78% efficiency via alkali hydroxides interfacial engineering[J]. ACS Applied Energy Materials，2020，3（1）：401-410.

[64] Liu X，Li B，Zhang N，et al. Multifunctional RbCl dopants for efficient inverted planar perovskite solar cell with ultra-high fill factor，negligible hysteresis and improved stability[J]. Nano Energy，2018，53：567-578.

[65] Zhao Y，Zhang H，Ren X，et al. Thick TiO$_2$-based top electron transport layer on perovskite for highly efficient and stable solar cells[J]. ACS Energy Letters，2018，3（12）：2891-2898.

[66] Zhu W，Zhang Z，Chai W，et al. Band alignment engineering towards high efficiency carbon-based inorganic planar CsPbIBr$_2$ perovskite solar cells[J]. ChemSusChem，2019，12（10）：2318-2325.

[67] Qian C X，Deng Z Y，Yang K，et al. Interface engineering of CsPbBr$_3$/TiO$_2$ heterostructure with enhanced optoelectronic properties for all-inorganic perovskite solar cells[J]. Applied Physics Letters，2018，112（9）：093901.

[68] Zhang S，Chen W，Wu S，et al. Hybrid inorganic electron-transporting layer coupled with a halogen-resistant electrode in CsPbI$_2$Br-based perovskite solar cells to achieve robust long-term stability[J]. ACS Applied Materials & Interfaces，2019，11（46）：43303-43311.

[69] Ye Q，Zhao Y，Mu S，et al. Cesium lead inorganic solar cell with efficiency beyond 18% via reduced charge recombination[J]. Advanced Materials，2019，31（49）：1905143.

[70] Tian J，Xue Q，Tang X，et al. Dual interfacial design for efficient CsPbI$_2$Br perovskite solar cells with improved photostability[J]. Advanced Materials，2019，31（23）：1901152.

[71] Zhao Y，Duan J，Yuan H，et al. Using SnO$_2$ QDs and CsMBr$_3$（M = Sn，Bi，Cu）QDs as charge-transporting materials for 10.6%-efficiency all-inorganic CsPbBr$_3$ perovskite solar cells with an ultrahigh open-circuit voltage of 1.610V[J]. Solar RRL，2019，3（3）：1800284.

[72] Yan L，Xue Q，Liu M，et al. Interface engineering for all-inorganic CsPbI$_2$Br perovskite solar cells with efficiency over 14%[J]. Advanced Materials，2018，30（33）：1802509.

[73] Zhou Q，Duan J，Wang Y，et al. Tri-functionalized TiO$_x$Cl$_{4-2x}$ accessory layer to boost efficiency of hole-free，all-inorganic perovskite solar cells[J]. Journal of Energy Chemistry，2020，50：1-8.

[74]　朴南圭，迈克尔·格兰泽尔，宫坂力. 有机无机卤化物钙钛矿太阳能电池：从基本原理到器件[M]. 毕世青，译. 北京：化学工业出版社，2021.

[75]　Yue M，Su J，Zhao P，et al. Optimizing the performance of CsPbI$_3$-Based perovskite solar cells via doping a ZnO electron transport layer coupled with interface engineering[J]. Nano-Micro Letters，2019，11（1）：91.

[76]　Shen E，Chen J，Tian Y，et al. Interfacial energy level tuning for efficient and thermostable CsPbI$_2$Br perovskite solar cells[J]. Advanced Science，2020，7（1）：1901952.

[77]　Wang H，Cao S，Yang B，et al. NH$_4$Cl-modified ZnO for high-performance CsPbIBr$_2$ perovskite solar cells via low-temperature process[J]. Solar RRL，2020，4（1）：1900363.

[78]　Chen W，Zhang J，Xu G，et al. A semitransparent inorganic perovskite film for overcoming ultraviolet light instability of organic solar cells and achieving 14.03% efficiency[J]. Advanced Materials，2018，30（21）：1800855.

[79]　Zhang B，Zhou Y，Xue Q，et al. The energy-alignment engineering in polytriphenylamines-based hole transport polymers realizes low energy loss and high efficiency for all-inorganic perovskite solar cells[J]. Solar RRL，2019，3（9）：1900265.

[80]　Liu C，Li W，Zhang C，et al. All-inorganic CsPbI$_2$Br perovskite solar cells with high efficiency exceeding 13%[J]. Journal of the American Chemical Society，2018，140（11）：3825-3828.

[81]　Li Z，Wang R，Xue J，et al. Core-shell ZnO@SnO$_2$ nanoparticles for efficient inorganic perovskite solar cells[J]. Journal of the American Chemical Society，2019，141（44）：17610-17616.

[82]　Yang X，Yang H，Hu X，et al. Low-temperature interfacial engineering for flexible CsPbI$_2$Br perovskite solar cells with high performance beyond 15%[J]. Journal of Materials Chemistry A，2020，8（10）：5308-5314.

[83]　Liu Y，Xu H，Qian Y. Double-source approach to In$_2$S$_3$ single crystallites and their electrochemical properties[J]. Crystal Growth & Design，2006，6（6）：1304-1307.

[84]　Hou Y，Chen X，Yang S，et al. Low-temperature processed In$_2$S$_3$ electron transport layer for efficient hybrid perovskite solar cells[J]. Nano Energy，2017，36：102-109.

[85]　Xu Z，Wu J，Yang Y，et al. High-efficiency planar hybrid perovskite solar cells using indium sulfide as electron transport layer[J]. ACS Applied Energy Materials，2018，1（8）：4050-4056.

[86]　Liu C，Yang Y，Zhang C，et al. Tailoring C$_{60}$ for efficient inorganic CsPbI$_2$Br perovskite solar cells and modules[J]. Advanced Materials，2020，32（8）：1907361.

[87]　Chen C，Wu C，Ding X，et al. Constructing binary electron transport layer with cascade energy level alignment for efficient CsPbI$_2$Br solar cells[J]. Nano Energy，2020，71：104604.

[88]　Hawash Z，Ono L K，Qi Y. Recent advances in Spiro-MeOTAD hole transport material and its applications in organic-inorganic halide perovskite solar cells[J]. Advanced Materials Interfaces，2018，5（1）：1700623.

[89]　Luo J，Xia J，Yang H，et al. Toward high-efficiency，hysteresis-less，stable perovskite solar cells：Unusual doping of a hole-transporting material using a fluorine-containing hydrophobic Lewis acid[J]. Energy & Environmental Science，2018，11（8）：2035-2045.

[90]　Jung E H，Jeon N J，Park E Y，et al. Efficient，stable and scalable perovskite solar cells using poly(3-hexylthiophene)[J]. Nature，2019，567（7749）：511-515.

[91]　Niu J，Yang D，Ren X，et al. Graphene-oxide doped PEDOT:PSS as a superior hole transport material for high-efficiency perovskite solar cell[J]. Organic Electronics，2017，48：165-171.

[92]　Snaith H J，Grätzel M. Enhanced charge mobility in a molecular hole transporter via addition of redox inactive ionic dopant：Implication to dye-sensitized solar cells[J]. Applied Physics Letters，2006，89（26）：262114.

[93]　Schölin R，Karlsson M H，Eriksson S K，et al. Energy level shifts in Spiro-OMeTAD molecular thin films when adding Li-TFSI[J]. Journal of Physical Chemistry C，2012，116（50）：26300-26305.

[94]　Forward R L，Chen K Y，Weekes D M，et al. Protocol for quantifying the doping of organic hole-transport materials[J]. ACS Energy Letters，2019，4（10）：2547-2551.

[95]　Hawash Z，Ono L K，Raga S R，et al. Air-exposure induced dopant redistribution and energy level shifts in spin-coated

Spiro-MeOTAD films[J]. Chemistry of Materials，2015，27（2）：562-569.

[96] Ma Z，Xiao Z，Liu Q，et al. Oxidization-free Spiro-OMeTAD hole-transporting layer for efficient CsPbI$_2$Br perovskite solar cells[J]. ACS Applied Materials & Interfaces，2020，12（47）：52779-52787.

[97] Kong J，Shin Y，Röhr J A，et al. CO$_2$ doping of organic interlayers for perovskite solar cells[J]. Nature，2021，594（7861）：51-56.

[98] Barard S. Time-of-flight charge transport studies on triarylamine and thiophene based polymers[D]. London：Queen Mary University of London，2009.

[99] Skotheim T A，Reynolds J. Conjugated Polymers：Theory，Synthesis，Properties，and Characterization[M]. Boca Raton：CRC Press，2006.

[100] Ko Y，Kim Y，Lee C，et al. Investigation of hole-transporting poly(triarylamine) on aggregation and charge transport for hysteresisless scalable planar perovskite solar cells[J]. ACS Applied Materials & Interfaces，2018，10（14）：11633-11641.

[101] Nia N Y，Méndez M，Paci B，et al. Analysis of the efficiency losses in hybrid perovskite/PTAA solar cells with different molecular weights：Morphology versus kinetics[J]. ACS Applied Energy Materials，2020，3（7）：6853-6859.

[102] Wang Q，Zheng X，Deng Y，et al. Stabilizing the α-phase of CsPbI$_3$ perovskite by sulfobetaine zwitterions in one-step spin-coating films[J]. Joule，2017，1（2）：371-382.

[103] Beal R E，Slotcavage D J，Leijtens T，et al. Cesium lead halide perovskites with improved stability for tandem solar cells[J]. Journal of Physical Chemistry Letters，2016，7（5）：746-751.

[104] Sajid S，Elseman A M，Huang H，et al. Breakthroughs in NiO$_x$-HTMs towards stable，low-cost and efficient perovskite solar cells[J]. Nano Energy，2018，51：408-424.

[105] Jang W L，Lu Y M，Hwang W S，et al. Point defects in sputtered NiO films[J]. Applied Physics Letters，2009，94（6）：62103.

[106] Cizman A，Idczak K，Krupinski M，et al. Comprehensive studies of activity of Ni in inorganic sodium borosilicate glasses doped with nickel oxide[J]. Applied Surface Science，2021，558：149891.

[107] Yin X，Guo Y，Xie H，et al. Nickel oxide as efficient hole transport materials for perovskite solar cells[J]. Solar RRL，2019，3（5）：1900001.

[108] Manders J R，Tsang S W，Hartel M J，et al. Solution-processed nickel oxide hole transport layers in high efficiency polymer photovoltaic cells[J]. Advanced Functional Materials，2013，23（23）：2993-3001.

[109] Liu C，Li W，Chen J，et al. Ultra-thin MoO$_x$ as cathode buffer layer for the improvement of all-inorganic CsPbIBr$_2$ perovskite solar cells[J]. Nano Energy，2017，41：75-83.

[110] Pan L，Liu C，Zhu H，et al. Fine modification of reactively sputtered NiO$_x$ hole transport layer for application in all-inorganic CsPbI$_2$Br perovskite solar cells[J]. Solar Energy，2020，196：521-529.

[111] Chen W，Zhang S，Liu Z，et al. A tailored nickel oxide hole-transporting layer to improve the long-term thermal stability of inorganic perovskite solar cells[J]. Solar RRL，2019，3（11）：1900346.

[112] Yang S，Wang L，Gao L，et al. Excellent moisture stability and efficiency of inverted all-inorganic CsPbIBr$_2$ perovskite solar cells through molecule interface engineering[J]. ACS Applied Materials & Interfaces，2020，12（12）：13931-13940.

[113] Kim J H，Liang P W，Williams S T，et al. High-performance and environmentally stable planar heterojunction perovskite solar cells based on a solution-processed copper-doped nickel oxide hole-transporting layer[J]. Advanced Materials，2015，27（4）：695-701.

[114] Zhou L，Guo X，Lin Z，et al. Interface engineering of low temperature processed all-inorganic CsPbI$_2$Br perovskite solar cells toward PCE exceeding 14%[J]. Nano Energy，2019，60：583-590.

[115] Zhou Y，Zhang X，Lu X，et al. Promoting the hole extraction with Co$_3$O$_4$ nanomaterials for efficient carbon-based CsPbI$_2$Br perovskite solar cells[J]. Solar RRL，2019，3（4）：1800315.

[116] Zhang Z，Ji R，Kroll M，et al. Efficient thermally evaporated γ-CsPbI$_3$ perovskite solar cells[J]. Advanced Energy Materials，2021，11（29）：2100299.

[117]　Bu F，He B，Ding Y，et al. Enhanced energy level alignment and hole extraction of carbon electrode for air-stable hole-transporting material-free CsPbBr$_3$ perovskite solar cells[J]. Solar Energy Materials and Solar Cells，2020，205：110267.

[118]　Zong Z，He B，Zhu J，et al. Boosted hole extraction in all-inorganic CsPbBr$_3$ perovskite solar cells by interface engineering using MoO$_2$/N-doped carbon nanospheres composite[J]. Solar Energy Materials and Solar Cells，2020，209：110460.

[119]　Liao G，Duan J，Zhao Y，et al. Toward fast charge extraction in all-inorganic CsPbBr$_3$ perovskite solar cells by setting intermediate energy levels[J]. Solar Energy，2018，171：279-285.

[120]　Wang G，Dong W，Gurung A，et al. Improving photovoltaic performance of carbon-based CsPbBr$_3$ perovskite solar cells by interfacial engineering using P3HT interlayer[J]. Journal of Power Sources，2019，432：48-54.

[121]　Ding Y，He B，Zhu J，et al. Advanced modification of perovskite surfaces for defect passivation and efficient charge extraction in air-stable CsPbBr$_3$ perovskite solar cells[J]. ACS Sustainable Chemistry and Engineering，2019，7（23）：19286-19294.

[122]　Petrus M L，Johannes S，Cheng L，et al. Capturing the sun：A review of the challenges and perspectives of perovskite solar cells[J]. Advanced Energy Materials，2017，7（16）：1700264.

[123]　Heo J H，Han H J，Kim D，et al. Hysteresis-less inverted CH$_3$NH$_3$PbI$_3$ planar perovskite hybrid solar cells with 18.1% power conversion efficiency[J]. Energy and Environmental Science，2015，8（5）：1602-1608.

[124]　Shao Y，Xiao Z，Bi C，et al. Origin and elimination of photocurrent hysteresis by fullerene passivation in CH$_3$NH$_3$PbI$_3$ planar heterojunction solar cells[J]. Nature Communications，2014，5（1）：5784.

[125]　Sha W E I，Zhang H，Wang Z S，et al. Quantifying efficiency loss of perovskite solar cells by a modified detailed balance model[J]. Advanced Energy Materials，2018，8（8）：1701586.

[126]　Kim D H，Heo J H，Im S H. Hysteresis-less CsPbI$_2$Br mesoscopic perovskite solar cells with a high open-circuit voltage exceeding 1.3V and 14.86% of power conversion efficiency[J]. ACS Applied Materials & Interfaces，2019，11（21）：19123-19131.

[127]　Chen W，Chen H，Xu G，et al. Precise control of crystal growth for highly efficient CsPbI$_2$Br perovskite solar cells[J]. Joule，2019，3（1）：191-204.

[128]　Liu C，Yang Y，Xia X，et al. Soft Template-controlled growth of high-quality CsPbI$_3$ films for efficient and stable solar cells[J]. Advanced Energy Materials，2020，10（9）：1903751.

[129]　Wang Y，Chen G，Ouyang D，et al. High phase stability in CsPbI$_3$ enabled by Pb-I octahedra anchors for efficient inorganic perovskite photovoltaics[J]. Advanced Materials，2020，32（24）：2000186.

[130]　Wu S，Chen R，Zhang S，et al. A chemically inert bismuth interlayer enhances long-term stability of inverted perovskite solar cells[J]. Nature Communications，2019，10（1）：1-11.

第5章 无机钙钛矿光电探测器

5.1 概　　述

金属卤化物钙钛矿因其出色的光电性能、低成本和可溶液加工的特点，在太阳能电池和 LED 等领域引起了广泛的关注[1-8]。尽管 HOIPs 呈现相对较低的沉积温度，但其有机部分在加热下易分解，极大程度地限制了其应用[9, 10]。据相关报道，即使在 80℃下，基于 MA 的钙钛矿也会分解并释放 MA[10]。与 HOIPs 相比，无机钙钛矿则表现较强的稳定性，在实际应用中具有巨大优势。对杂化钙钛矿而言，即使在其中掺入少量的 Cs^+，其热稳定性也可以得到显著提高[11, 12]，表明无机阳离子对钙钛矿稳定性具有决定性作用。作为吸光层或者发光层，无机钙钛矿已经在太阳能电池和 LED 等光电器件领域展示了优异的性能[13, 14]。光电探测器也是常见的光电器件，目前商用的光电探测器材料是以 GaN、Si 和 InGaAs 为代表的无机半导体，但是由于它们的沉积工艺复杂且成本高，并且通常为刚性，不易机械变形，限制了其在低成本和可穿戴光电子产品中的应用。为了解决这个问题，研究者提出利用溶液法制备有机半导体来作为器件的吸光层，但是有机半导体的载流子迁移率较低，阻碍器件探测性能的发挥。相比之下，无机钙钛矿不仅具有高的载流子迁移率和强的光吸收能力，而且可以在低温下结晶，以提高材料的结晶度，因此其机械柔韧性强，有望更好地用于光电探测器。Yang 等使用 $CsPbBr_3$ 微晶作为光吸收材料，制备了响应度高和响应快速的近红外光光电探测器[15]。Li 等则利用 ZnO 纳米粒修饰 $CsPbBr_3$ 薄膜，制备了自驱动的可见光光电探测器[16]。此外，无机钙钛矿也用于高能辐射光电探测器中。Liu 等报道了基于柔性 $CsPbBr_3$ 量子点的 X 射线光电探测器，在 $0.0172mGy_{air}/s$ 的辐射剂量率和仅 0.1V 的偏压下，显示出 $1450\mu C/(Gy_{air}\cdot cm^2)$ 的高灵敏度[17]。首先，本章根据其两端光电导和光电二极管以及三端光电晶体管的器件架构，总结光电探测器的工作机制以及表征器件参数的方法。然后，根据无机钙钛矿光电探测器的探测波长分别讨论并总结基于无机钙钛矿的可见光光电探测器、紫外光光电探测器、近红外光光电探测器和高能射线光电探测器。最后，概述当前无机钙钛矿光电探测器所面临的阻碍其商业化的一系列挑战，并提供解决这些问题的相应方法。

5.2　器件结构及性能参数

5.2.1　器件结构

为了满足各种应用需求，光电探测器相应地具备不同的器件结构。一般而言，无论用于普通的光电探测还是高能辐射探测，光电探测器都有两种类型的器件结构，即纵向结构和横向结构。如图 5.1 所示，纵向结构光电探测器包括光电二极管型光电探测器、光电导型光电探测器和光电晶体管型光电探测器；横向结构光电探测器包括光电导型光电探测器和光电晶体管型光电探测器。光电二极管型光电探测器和光电导型光电探测器都带有阳极和阴极两个端口，光电晶体管型光电探测器是带有栅极、源极和漏极的三端器件。此外，光电晶体管型光电探测器中还需要介电质。光电二极管型光电探测器的电极间距小（通常＜500nm），在较低的外部偏压下便可以提供快速响应，并且具有低暗电流、高探测率和较大的线性动态范围。但是光电二极管型光电探测器容易出现低光电流和低响应度等现象。相反地，光电晶体管型光电探测器和光电导型光电探测器的电极间距大（通常＞5μm），光电流和响应度较高，但是响应速度相对较慢，同时需要较高的外部偏压。这些具体的探测参数在光电探测器中是非常重要的。

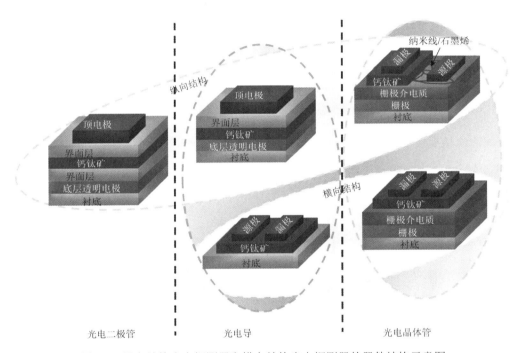

图 5.1 纵向结构光电探测器和横向结构光电探测器的器件结构示意图

5.2.2 工作机理

1. 紫外光到近红外光探测

从器件的功能上来看，光电探测器是将光子能量转换为电荷载流子能量的器件，其工作原理基于两种机制。首先，外场引起光生载流子的传输，这也增加了漂移速度和预捕获载流子的去俘获概率。其次，光生载流子的注入和外部电场将导致注入势垒减小，并且在活性层和电极界面处的光生载流子积累将导致电荷注入放大。在外部偏压下，与纵向结构光电探测器相比，横向结构光电探测器的界面较少，器件退化的可能性较小。对于自供电的光电探测器，由于电荷传输距离短，最好使用纵向结构光电探测器。光电导型光电探测器的工作原理是基于光电导效应。在光电导型光电探测器中通常需要外部电场将光生载流子分离，并且单个吸收的光子可以产生大量电子，因此，与其他类型的光电探测器相比，光电导型光电探测器显示了独特的光电导增益。此外，在外部偏压下，光电导型光电探测器的电极可以注入电荷，从而得到超过100%的EQE。对于纵向结构光电导型光电探测器，通常选用钙钛矿薄膜在低驱动电压下实现大的光响应性；对于横向结构光电导型光电探测器，优先选择低维钙钛矿，并且由于传输距离长，通常需要大的外部偏压。对于光电二极管型光电探测器，由于内部存在 p-n 或 p-i-n 结，它们均可以吸收入射光，并在内建电场和外部电压的驱动下传递光生载流子，最终产生电信号。此外，光电二极管型光电探测器不仅可以用于紫外光到近红外光探测，而且可以用于 X 射线和γ射线探测。除了前面提到的两种常见结构，光电晶体管基于固有的放大功能，其内部光电流增益高，也可用于光电探测器中。与光电二极管和光电导相比，光电晶体管中可以实现几个数量级甚至更高的光响应。光电晶体管的漏极电流（drain current，I_{DS}）由栅极和漏极偏压调制。与光电导类似，光电晶体管光生载流子的产生机理也基于光电导效应。这意味着在光照下，有源层中会产生载流子，从而导致电导率的变化，即入射光有时可以用作调节器件性能的附加栅极源。

2. 高能辐射探测

根据探测原理，高能辐射光电探测器有两种主要类型，即直接高能辐射光电探测器和间接高能辐射光电探测器。以 X 射线为例，表 5.1 总结了直接 X 射线光电探测器和间接 X 射线光电探测器的优点。

表 5.1　直接 X 射线光电探测器和间接 X 射线光电探测器的优点

直接 X 射线光电探测器	间接 X 射线光电探测器
制备简单	制备成本低
无工作阈值	无须外加偏压
分辨率高	局部分辨率高
工作简单	工作稳定性好

直接 X 射线光电探测器的工作原理是基于入射的 X 射线光子与探测材料（半导体）的直接相互作用，从而产生电信号。当探测软 X 射线光子时，传感行为取决于光电吸收；当探测硬 X 射线光子时，传感行为取决于光电吸收后光电子的相互作用。探测材料对高能辐射的吸收会产生电子-空穴对，该电子-空穴对被施加的外部电场收集。为了使光电探测器具有良好的性能，通常需要高能光子与探测材料之间存在强的相互作用。间接 X 射线光电探测器一般采用闪烁体将能量较高的高能光子转换为能量较低的紫外光或可见光，再利用商业化的电荷耦合器件（charge-coupled device，CCD）或互补金属氧化物半

导体（complementary metal oxide semiconductor，CMOS）探测所得到的紫外光或者可见光。尽管间接 X 射线光电探测器具有更复杂的器件结构，但由于其闪烁体拥有将高能光子转换为低能紫外光或可见光的能力，可以有效地适用于医学成像和工业无损探测等特殊领域。高能光子与闪烁体之间的相互作用包含三个主要过程，即光电吸收、康普顿散射和电子-空穴对形成。首先，当闪烁体受到 X 射线的照射或激发时，光子能量会由于光电效应被键合的电子完全吸收，被释放到真空中并电离产生基体原子。在较高的能量下，弱束缚电子与高能光子之间的非弹性相互作用可能导致康普顿散射。根据不同的散射角，部分光子能量可能转移到电子上，散射电子可以被激发到更高的能量状态，产生松散结合的空穴-电子对，并可能传输到闪烁体的缺陷态或活化态位置，最终重组并产生紫外光或可见光供光电探测器收集。无论是哪种类型的 X 射线光电探测器，由于钙钛矿吸光层对 X 射线的吸收系数较低，一般选择较厚的钙钛矿膜或单晶作为吸光层。

5.2.3　光电探测器的关键性能参数

1. 紫外光到近红外光探测参数

卤化物钙钛矿的吸收光谱可以通过改变其卤化物组分（I、Br、Cl）来调节。通过简单地改变钙钛矿的成分和尺寸，可以很容易地将其吸收光谱从紫外光波段调整到近红外光波段。当使用光电探测器探测紫外光到近红外光时，一般使用以下关键参数来评估其性能：响应度（responsivity，R）、EQE、响应速度、信噪比（signal-to-noise ratio，SNR）、探测率（detectivity，D^*）、噪声等效功率（noise equivalent power，NEP）和线性动态范围（linear dynamic range，LDR）。

（1）响应度表征器件的光电转换能力，为在光电探测器有效区域内光生电流（I_{ph}）或光生电压（V_{ph}）与输入光功率（P_{in}）之比，可以表示为

$$R = \frac{I_{ph} \ 或 V_{ph}}{P_{in}} \tag{5.1}$$

（2）EQE 为单位时间内输出电子-空穴对数与入射光子数之比，可以表示为

$$EQE = \frac{\dfrac{I_{ph}}{e}}{\dfrac{P_{in}}{h\nu}} = R\frac{hc}{e\lambda} \tag{5.2}$$

式中，e 为基本电荷；h 为普朗克常量；ν 为入射光频率；c 为光速；λ 为入射光波长。

（3）响应速度表征入射光处于打开或关闭状态时输出电流的增加或减少速度。响应时间可以用电流的上升和下降时间（τ_r 和 τ_d）表示，τ_r（τ_d）定义为电流从最大值的 10%（90%）变为 90%（10%）的时间。响应速度是响应时间的倒数。在医学成像等应用领域，通常需要光电探测器具备高的响应速度。

（4）信噪比为信号功率与噪声功率之比。由于信号功率一般大于噪声功率，信噪比一般大于 1。

（5）探测率是光电探测器的一个关键参数，由光电探测器的响应度和噪声共同确定。通常探测率可以表示为

$$D^* = \frac{(A\Delta f)^{\frac{1}{2}}R}{i_n} \tag{5.3}$$

式中，A 为光照有效面积；Δf 为电学带宽；i_n 为噪声电流。当暗电流由散射噪声控制时，探测率也可以表示为

$$D^* = \frac{R}{(2eJ_d)^{\frac{1}{2}}} \tag{5.4}$$

式中，J_d 为暗电流密度。从式（5.4）中可以看出，获得高探测率的一条重要途径是抑制噪声电流或暗电流，这可以通过引入缓冲层来实现。

（6）NEP 为信噪比为 1 且带宽为 1Hz 时可以探测到的最低光信号。NEP 越小，探测率越高。NEP 可以表示为

$$\text{NEP} = \frac{(A\Delta f)^{\frac{1}{2}}}{D^*} = \frac{i_n}{R} \tag{5.5}$$

（7）线性动态范围为光生电流与入射光强度线性相关的范围。超出此范围，则无法精确探测和计算光强度。线性动态范围可以表示为

$$\text{LDR} = 20\lg\frac{I_{ph}}{I_d} \tag{5.6}$$

式中，I_d 为暗电流。

在实际应用时，要求光电探测器具有大的线性动态范围，以使其实现弱光和强光探测。

2. X 射线探测参数

当选择用于直接 X 射线光电探测器的半导体材料时，考虑其要求工作噪声低和漏电流低，半导体材料应具有高电阻率。同时，半导体材料应具有合适的带隙，以赋予低的电子-空穴电离能以及产生大量的光生电子-空穴对，最终实现较大的信噪比。此外，为了有效地进行辐射光子-原子相互作用，并对此进行有效探测，半导体材料应具有较大的原子序数（Z）。载流子迁移率（μ）与载流子寿命（τ）的乘积对于具有高灵敏度的 X 射线光电探测器也非常重要。因此，设计优良性能的 X 射线光电探测器需要考虑灵敏度（sensitivity，S）、暗电流（I_d）、探测极限和响应时间等参数。

（1）灵敏度 S 是指探测器对特定辐射剂量作出响应的能力，它与特定辐射剂量下所收集的电荷 Q、X 射线的辐射剂量 X 和辐射面积 A 的能量有关，可以表示为

$$S = \frac{Q}{XA} \tag{5.7}$$

对于工作中的光电探测器，式（5.7）也可以写为

$$S = \frac{1}{A}\frac{\partial(I_{X\text{-ray}} - I_d)}{\partial\text{DR}} \tag{5.8}$$

式中，I_d 为暗电流；$I_{X\text{-ray}}$ 为受辐照的电流；DR 为辐射剂量率。

为了减少噪声，暗电流越小越好。光电探测器本体中热载流子的产生以及电极界面处载流子的注入可能导致缺陷态，从而导致暗电流的增加。为了解决这个问题，可以使用具有比多晶缺陷更少的单晶或较厚的薄膜，从而减少电荷的热产生。另外，也可以通过在钙钛矿/电极界面处形成势垒（即形成肖特基接触）来减少暗电流。

（2）探测极限是指光电探测器可以探测到的最小信号，受信号幅度（即灵敏度）和系统噪声（即暗电流和其他噪声）的影响。这表明暗电流的精确控制可以潜在地提高光电探测器的探测极限。

（3）响应时间用于评价光电探测器的探测速度，可以确定光电探测器在给定探测范围内的适用性。对于医学成像等应用，要求光电探测器的响应速度尽量快，这样可以使患者的 X 射线暴露时间尽量短。对于剂量学和环境监测等应用，光电探测器的响应速度就显得不太重要。上升（下降）时间是指信号从最大值的 10%（90%）上升（下降）到 90%（10%）所需的时间。暗电流（I_d）是指在没有辐射的光电探测器中的电流。

本章详细介绍具有代表性的无机钙钛矿光电探测器，用于探测可见光、紫外光、近红外光和高能辐射，表 5.2 列出了其结构及性能参数。

表 5.2　已报道的无机钙钛矿光电探测器的结构及性能参数

吸光层	探测光范围/nm	响应度/(A/W)@V_{bias} 光及强度	探测率/Jones	EQE/%	响应时间（上升沿/下降沿）/ms	参考文献
$CsPbCl_3$	紫外光	2.27@−2V，365nm	1.4×10^{13}	797.1%	0.046/0.046	[18]
$CsPbCl_3$ 单晶	280～435	0.268@360nm	1.59×10^{10}	NA	28.4/2.7	[19]
$CsPbCl_3$ 微米线	325～650	0.0143@405nm，0.7mW	NA	NA	3.212//2.511	[20]
$CsPbCl_3$/石墨烯	可见光/日盲紫外光	$>10^6$@0.5V（V_D），400nm	2×10^{13}	NA	300/350	[21]
$CsPbCl_3$/Cs_4PbCl_6	310～420	0.0618@0V，405nm	1.35×10^{12}	约 19%	0.0021/0.0053	[22]
TAPC/Nd^{3+}:Cs_2SnCl_6	280～380	2103.8@372nm	6.3×10^{15}	7.01×10^5%	0.0025/0.0018	[23]
$Cs_3Sb_2Cl_9$ 纳米线	NA	3616@410nm，70μm	1.25×10^6	10959%	130/230	[24]
$CsPbBr_3$ 纳米片	300～530	0.64@10V，517nm	NA	54%	0.019/0.024	[25]
$CsPbBr_3$ 纳米粒	NA	34@1.5V，442nm，0.2mW/cm^2	7.5×10^{12}	约 10^4%	0.6/0.9	[26]
$CsPbBr_3$:ZnO 纳米粒	NA	0.0115@0V，405nm，10mW	NA	NA	409/17.92	[16]
$CsPbBr_3$ 量子点:ZnO 纳米棒	NA	0.14@450nm	7×10^{11}	NA	12/38	[27]
$CsPbBr_3$ 单晶	NA	2@5V，535nm，0.31mW/cm^2；0.0014@5V，800nm，106mW	NA	460%	0.111/0.575	[28]
$CsPbBr_3$	NA	55@0.03mW	9×10^{12}	16700%	0.43/0.318	[29]

吸光层	探测光范围/nm	响应度/(A/W)@V_{bias} 光及强度	探测率/Jones	EQE/%	响应时间（上升沿/下降沿）/ms	参考文献
$CsPbBr_3$	300～550	2.7@9V，532nm，1mW/cm²	NA	658%	0.35/1.26	[30]
$CsPbBr_3$ 纳米线	NA	4400@3V，405nm，0.2mW/cm²	NA	约14000	0.252/0.3	[31]
$CsPbBr_3$ 纳米晶	300～550	0.176@10V	$6.1×10^{10}$	约40%	1.8/1.0	[32]
Au 纳米晶/$CsPbBr_3$ 纳米晶	300～540	0.01@532nm	$1.68×10^9$	8%	0.2/1.2	[33]
ZnO/$CsPbBr_3$	370～530	4.25@10V，450nm	NA	NA	0.21/0.24	[34]
$CsPbBr_3$/$CsPb_2Br_5$	NA	0.375@-5V，365nm	10^{11}	NA	0.28/0.64	[35]
$CsPbBr_3$ 纳米线	NA	NA	NA	NA	100/100	[36]
$CsPbBr_3$ 单晶	NA	2.1@520nm，1μW	NA	NA	300/5000	[37]
$CsPbBr_3$ 纳米带/PCBM	NA	18.4@10V，504nm，10mW/cm²	$6.1×10^{12}$	NA	8.7/3.5	[38]
$CsPbBr_3$ 微晶	NA	0.172@0V，473nm，100mW	$4.8×10^{12}$	NA	0.14/0.12	[39]
ZnO/$CsPbBr_3$	紫外光	0.23	$2.4×10^{13}$	NA	281/104	[40]
$CsPbBr_3$ 微晶	400～575	2.1@9V，442nm	NA	485%	0.25/0.45	[41]
MoS_2/$CsPbBr_3$ 纳米片	350～550	4.4@10V，442nm，0.02mW/cm²	$2.5×10^{10}$	302%	0.72/1.01	[42]
$CsPbBr_3$ 微米盘	NA	0.11@532nm，10mW/cm²	$4.5×10^{13}$	260%	120/180	[43]
ITO 纳米线:IGZO/$CsPbBr_3$	NA	$4.9×10^6$@457nm，0.4μW/cm²	$7.6×10^{13}$	57%	450/550	[44]
ZnO/PbS/$CsPbBr_3$ 量子点	NA	35@980nm，1.6mW/cm²	$8.3×10^{12}$	NA	NA	[45]
$Cs_2AgBiBr_6$	300～600	7.01@0.0143mW	$5.66×10^{11}$	2146%	0.956/0.995	[46]
$CsPbBr_3$ 微米棒	NA	0.025@405nm	$3.67×10^{12}$	7.68%	170/160	[47]
$CsPbI_3$ 纳米棒	250～600	2920@2V，405nm，10.69mW/cm²	$5.17×10^{13}$	$9×10^5$%	0.05/0.15	[48]
$CsPbI_3$ 纳米晶	400～700	0.035@0.5V，640nm	$1.8×10^{12}$	7%	NA	[49]
$CsPbI_3$ 纳米线	300～700	0.0067@1.5mW/cm²	$1.57×10^8$	约17%	292/234	[50]
$CsPbX_3$ 量子点/Si 纳米线	200～400	0.054@0V，200nm，0.85μW/cm² 0.032@270nm	NA	22%	0.48/1.03	[51]
石墨烯/$CsPbBr_{3-x}I_x$ 纳米晶	400～700	$8.2×10^8$@1V(V_D)&-60V(V_G)，405nm，0.07μW/cm²	$2.4×10^{16}$	NA	0.81/3.65	[52]

续表

吸光层	探测光范围/nm	响应度/(A/W)@V_{bias} 光及强度	探测率/Jones	EQE/%	响应时间（上升沿/下降沿）/ms	参考文献
CsPbIBr$_2$	400~580	0.28@0V，450nm	9.7×10^{12}	57.1%	2×10^{-5}	[53]
CsPbI$_2$Br/IGZO	450~635	26.48@1V（V_{DS}），635nm，1mW/cm^2	8.42×10^{14}	51%	610/790	[54]
CsPbI$_{3-x}$Br$_x$量子点/MoS$_2$	NA	7.7×10^4@1V（V_D），532nm，约0.25nW/cm^2	5.6×10^{11}	>10^7%	590/320	[55]

注：V_{bias} 指外部偏压；Jones 指 cm Hz$^{1/2}$/W；IGZO 指铟镓锌氧化物（indium gallium zinc oxide）；TAPC 指 4, 4′-(环己烷-1, 1-二基)双(N, N-二对甲苯) [4, 4′-(cyclohexane-1, 1-diyl)bis(N, N-di-p-tolylaniline)]；V_{DS} 指源漏电压（drain-source voltage）；V_D 指漏极电压（drain voltage）；V_G 指栅极电压（gate voltage）。

5.3　可见光光电探测器

5.3.1　无机钙钛矿纳米晶可见光光电探测器

无机钙钛矿具有优异的光吸收性能，非常适合作为光吸收和光转换材料。通过简单的组分或者尺寸调控，无机钙钛矿可以在整个可见光区域吸收光子能量。其中，具有纳米结构的无机钙钛矿由于具有激子结合能高、光吸收性能好以及能带可调等优势，在光电探测器领域表现出了优异的综合性能。

Sim 等制备了直径为 9nm 的 α-CsPbI$_3$ 纳米晶，并在纳米晶成膜之后利用无水乙酸甲酯对其进行处理，以去除量子点的表面配体，从而达到改善薄膜电输运性质的目的[49]。他们制备的光电探测器的器件结构为 ITO/ZnO/CsPbI$_3$ 纳米晶/P3HT/MoO$_3$/Ag，其中，ZnO 和 P3HT 分别作为器件的电子传输层和空穴传输层，如图 5.2（a）所示。沉积在 α-CsPbI$_3$ 纳米晶薄膜上的 P3HT 也可以有效地对 α-CsPbI$_3$ 界面缺陷进行钝化，从而产生较低的二极管理想因子（1.5）以及较低的 NEP（1.6×10^{-13}W/Hz$^{0.5}$）。如图 5.2（b）所示，优化后光电探测器的线性动态范围为 85.6dB，响应度为 0.035A/W，探测率为 1.8×10^{12}Jones，增益带宽（-3dB）为 10^4Hz，迟滞几乎为零，稳定性也很出色。Yang 等报道了一种基于 CsPbI$_3$ 纳米棒的可见光光电探测器。他们使用溶液法制备 CsPbI$_3$ 纳米棒，其直径约为 150nm，长度约为 2μm[48]。CsPbI$_3$ 纳米棒的光学带隙约为 2.7eV，因此可以吸收蓝光，成为可见光光电探测器的吸收材料。CsPbI$_3$ 纳米棒转移到表面有 SiO$_2$ 层的 Si 片表面，再在 CsPbI$_3$ 纳米棒两端沉积 Au 作为器件的电极。如图 5.2（c）所示，基于 CsPbI$_3$ 纳米棒的光电探测器具有优异的探测性能，响应度为 2.92×10^3A/W，响应时间为 0.05ms，探测率高达 5.17×10^{13}Jones。与 HOIPs 相比，无机钙钛矿具有更高的稳定性，基于 CsPbI$_3$ 纳米棒的光电探测器在常温条件下照射一周后仍然保持高稳定性，如图 5.2（d）所示。

除 CsPbI$_3$ 以外，具有微结构的 CsPbCl$_3$ 也可以作为可见光光电探测器的活性层材料。Li 等采用一步气相沉积法，在云母衬底上制备了 CsPbCl$_3$ 微米线网络[20]。他们在双温区管式炉中分别放置了 CsPbCl$_3$ 的前驱体 CsCl/PbCl$_2$ 和云母衬底。前驱体在双温区管式炉的高

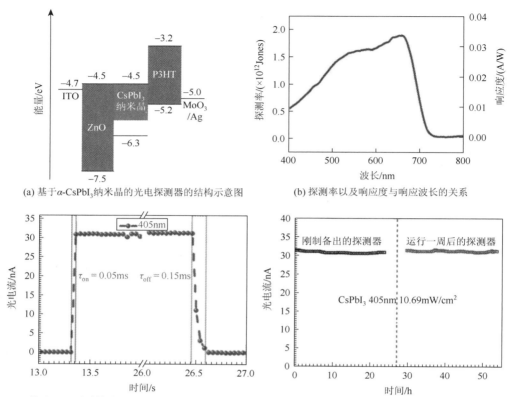

(a) 基于 α-CsPbI$_3$ 纳米晶的光电探测器的结构示意图　　(b) 探测率以及响应度与响应波长的关系

(c) 基于 CsPbI$_3$ 纳米棒的光电探测器的光电流-时间曲线　(d) 刚制备出的器件的光电流与运行一周后器件的光电流的比较

图 5.2　CsPbI$_3$ 光电探测器

温区加热，温度为 520～600℃；衬底放置在双温区管式炉的低温区（360℃）。采用超高纯度 Ar 气作为载气，反应压力维持在 180Torr（1Torr≈133Pa）。随着前驱体蒸发温度的升高，CsPbCl$_3$ 直径变大，逐渐形成网络结构，直至形成衬底上的全覆盖膜。在 CsPbCl$_3$ 微米线上热蒸发沉积 Ag 作为电极，两个 Ag 电极之间的宽度为 135μm。基于 CsPbCl$_3$ 微米线网络的光电探测器具有电流开关比高（2.0×10^3）、响应度高（14.3mA/W）和响应速度快（3.212ms/2.511ms，分别是上升沿响应时间和下降沿响应时间）等一系列优点。更重要的是，在没有封装的情况下，基于 CsPbCl$_3$ 微米线网络的光电探测器在 373K 进行 9h 的连续测试后仍然保持较好的探测能力，显示了其对氧、水以及高温的稳定性。高温下 CsPbCl$_3$ 器件性能的下降可以归因于热效应引起的结构缺陷增加，从而导致光生载流子被迅速捕获。当 CsPbCl$_3$ 器件从高温冷却到低温后，热效应消除，因此器件的光电流恢复到初始值。这说明温度对 CsPbCl$_3$ 器件性能的影响是可逆的，利用这一特点可以制作温敏传感器。

　　与 CsPbI$_3$ 相比，CsPbBr$_3$ 具有更好的稳定性，也应用于无机钙钛矿光电探测器中。Pang 等通过控制热注入时配体 OA 和 OAm 的比例合成了 CsPbBr$_3$ 量子点、纳米立方体和纳米带三种纳米结构[38]。将这三种 CsPbBr$_3$ 纳米材料分别旋涂在石英衬底上形成薄膜，制备好的薄膜分别快速浸入乙酸甲酯溶液和饱和的乙酸铅溶液中。此过程重复 4 次，便可制备出厚度为 400nm 的 $CsPbBr_3$ 薄膜。最后，通过掩膜版将 80nm 厚的叉指 Au 电极热蒸发到薄膜上，使通道宽度和长度分别为 2000μm 和 5μm。制备好的器件在 10V 外部偏压下吸收功率密度为 $10mW/cm^2$ 且发光波长为 504nm 的光后，光电流分别为 $2×10^{-6}A$（量子点）、$4×10^{-6}A$（纳米立方体）和 $10^{-5}A$（纳米带）。经过比较，基于 $CsPbBr_3$ 纳米带的光电探测器的性能优于另外两种纳米结构的器件，其光响应时间为 13.3ms/7.1ms，电流开关比为 8616，响应度为 12.5A/W，探测率为 $5.5×10^{12}$Jones。他们认为，$CsPbBr_3$ 纳米带比 $CsPbBr_3$ 量子点和 $CsPbBr_3$ 纳米立方体的器件性能更好的原因在于前者具有较低的表面缺陷密度，获得了更高的载流子迁移率。为了进一步钝化 $CsPbBr_3$ 纳米带表面的缺陷，他们将 PCBM/氯苯溶液以 5000r/min 的转速旋涂在 $CsPbBr_3$ 层上，形成钝化层，同时形成了 $CsPbBr_3$/PCBM 异质结，极大地提升了器件的性能。优化后光电探测器的响应度提升至 18.4A/W，光响应时间缩短至 8.7ms/3.5ms，如图 5.3（a）所示。

　　Li 等采用常温法制备了直径为 10～20nm 的 $CsPbBr_3$ 纳米晶[32]，将 Si/SiO₂、玻璃和聚对苯二甲酸乙二醇酯（poly-ethylene terephthalate，PET）等衬底分别浸泡于 $CsPbBr_3$ 纳米晶溶液中，3min 后取出加热，以去除多余的溶剂。他们发现，大量间隙和孔洞不仅会影响薄膜的质量，而且会阻碍薄膜中纳米晶之间的电荷传递。为了解决这一问题，他们提出在 $CsPbBr_3$ 纳米晶薄膜的表面利用其固有结构进行重溶解和重结晶，从而实现局部微自愈。经过甲苯/乙醇处理后的 $CsPbBr_3$ 纳米晶薄膜的荧光强度明显增强，荧光寿命增大，薄膜表面的孔洞和裂纹明显减小。优化后薄膜制备的可见光光电探测器的响应度（0.176A/W）和 EQE（约 40%）得到了大幅提升，光响应时间为 1.8ms/1.0ms，同时，器件的光电流在 2 个月后没有出现明显衰减，显示了优异的器件稳定性。随后，Song 等通过在热注入法中使用十二烷胺代替 OAm 作为配体，成功制备了 $CsPbBr_3$ 纳米片[25]。将 $CsPbBr_3$ 纳米片提纯处理后分散在有机溶剂中，随后旋涂在 ITO/PET 衬底上，电极间距为 20μm，电极长度为 1cm。通过该制备方法所得到的可见光光电探测器呈平面结构，活性层是厚度约为 3.3nm、边缘长度为 1μm 的 $CsPbBr_3$ 纳米片所组成的薄膜，如图 5.3（b）所示。由于 $CsPbBr_3$ 纳米片具有较强的光吸收能力和较好的载流子传输能力，该可见光光电探测器显示了较好的探测性能。其中，其光电流的电流开关比为 10^3，在 10V 驱动电压下响应度为 0.64A/W，EQE 为 54%，响应时间为 19μs/24μs。由于采用 PET 作为衬底，这种柔性器件可以在一定弯折度下进行柔性测试。在固定电压 5V 下进行测试，在弯折过程中器件光电流几乎没有出现变化，说明光电探测器不受外部弯折应力的影响。采用 1Hz 的频率对器件进行循环弯折测量，弯折时间和恢复时间均为 0.5s 左右，弯折角度约为 80°。如图 5.3（c）所示，在 3h（＞10^4 次）的循环弯折测试后，光电探测器仍显示高开关比特性，器件的光电流从 2.37μA 降低至 2.31μA，稳定性保持在 97% 以上，$CsPbBr_3$ 纳米片显示了较高的柔性。除热注入法之外，Liu 等还采用常温法制备了 $CsPbBr_3$ 纳米片并用于可见光探测[26]。首先，将 CsBr 和 $PbBr_2$ 作为前驱体溶解于 DMSO 中，并在其中加入十八胺和乙酸作为配体。当前驱体完全溶解后，将前驱体加入反溶剂甲苯中搅拌 5min，再采用离心纯化方式去除其中的残余配体和未反应前驱体。在可见光光电探测器制备的过程中，他们利用表面有 SiO_2 层的重掺 p 型 Si 作为衬底，并且预先沉积 Cr/Au 电极，电极沟道之间的距离为 5μm。$CsPbBr_3$ 纳米片的直径为 10μm，可以在两个电极之间形成导电通道，如图 5.3（d）所示。相比热注入法合成的纳米片，采用常温法所得到的纳米片的尺寸更大，形成的薄膜晶界密度更低，其光电探测器在 2.5V 驱动电压下的响应度提升至 34A/W，EQE 高达 10^4%，探测率为 $7.5×10^{12}$ Jones，响应时间为 0.6ms/0.9ms。

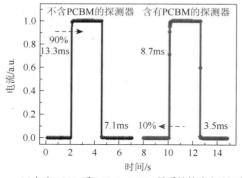

(a) 加入PCBM后CsPbBr₃/PCBM异质结的响应时间变化

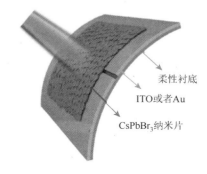

(b) 基于CsPbBr₃纳米片的柔性光电探测器的器件结构示意图

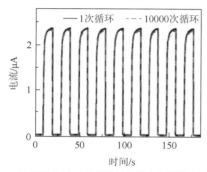

(c) 基于CsPbBr₃纳米片的柔性光电探测器弯折
循环10^4次后光电流的变化情况

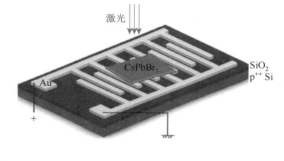

(d) 基于叉指电极的CsPbBr₃纳米片光电探测器结构示意图

图 5.3　基于 CsPbBr₃ 纳米片光电探测器的结构及性能

Shoaib 等定向生长了超长 CsPbBr₃ 纳米线[31]。首先将物质的量之比为 2∶1 的 CsBr 和 PbBr₂ 混合粉末作为前驱体放置在石英管加热区中心。在生长之前，将退火后表面有 V 形纳米槽的 M 型平面蓝宝石薄片放置在下游作为衬底。同时，将高纯度的 N₂ 气以 60sccm① 的流量通入石英管中。在生长过程中，石英管迅速加热到 600℃，并保持 10min，石英管内的压力保持在 760Torr。然后，石英管自然冷却到室温，即可在蓝宝石表面获得大量的定向超长 CsPbBr₃ 纳米线，其截面直径为 200～800nm，长度可以达到数毫米。微结构表征表明，这种纳米线具有较高的结晶度，并且具有较强的带边发射能力，其 PL 寿命可达 25ns，可以实现高质量的光波导。基于单个 CsPbBr₃ 纳米线实现了高性能的光电探测器，在 3V 驱动电压下，器件对 405nm 的光响应度为 4400A/W，增益为 10^4，响应时间为 252μs/300μs，远远高于以往报道的单一卤化物钙钛矿纳/微米结构光电探测器，如图 5.4（a）所示。Chen 等采用气相外延法，将物质的量之比为 1∶1 的 CsX 和 PbX₂ 粉末混合物

---

① sccm 指标况毫升每分（standard cubic centimeter per minute）。

作为前驱体置于管式炉中部加热区，加热温度为 300～350℃（取决于不同卤化物钙钛矿）[36]。蒸发的前驱体被流动的 Ar 气带到管式炉下游区，沉积在提前放置的新解离的金云母或白云母外延衬底上。通过改变气相外延生长的时间，相继得到单个纳米线、具有分支的纳米线、相互连接的六边形纳米线团簇，以及几乎覆盖整个外延衬底的高密度网络。其中，$CsPbBr_3$ 纳米线沿着[001]方向生长，并且其外延面为（001）晶面。随后，他们在 $CsPbBr_3$ 纳米线网络上热蒸发 Au 作为电极，形成平面结构可见光光电探测器。该探测器在 2.5V 驱动电压下实现了 10^3 的高电流开关比和 0.1s 的响应时间，如图 5.4（b）所示。除两端光电二极管结构之外，可见光光电探测器通常也可以通过三端光电晶体管结构来实现。Zou 等利用 $CsPbBr_3$ 微孔板作为沟道制备了双极型光电晶体管型光电探测器[43]。器件的空穴迁移率显示出明显的光强度依赖性，其在无光条件下为 0.02cm²/(V·s)，在 50mW/cm² 的 LED 光强度下的空穴迁移率则为 0.34cm²/(V·s)[图 5.4（c）]。当电子成为多数载流子时，其中存在阈值电压（threshold voltage，V_{TH}）为 14V 的偏移。空穴迁移率对光强度表现的这种线性依赖性表明器件存在光电导效应[图 5.4（c）]；V_{TH} 与电子传输范围内的光强度呈对数相关性[图 5.4（d）]，表明光伏效应在器件的工作机理中占主导地位。

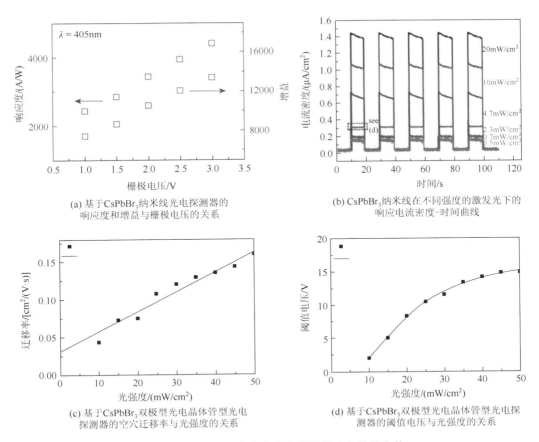

(a) 基于 $CsPbBr_3$ 纳米线光电探测器的响应度和增益与栅极电压的关系

(b) $CsPbBr_3$ 纳米线在不同强度的激发光下的响应电流密度-时间曲线

(c) 基于 $CsPbBr_3$ 双极型光电晶体管型光电探测器的空穴迁移率与光强度的关系

(d) 基于 $CsPbBr_3$ 双极型光电晶体管型光电探测器的阈值电压与光强度的关系

图 5.4　$CsPbBr_3$ 纳米线光电探测器的光电性能参数

除单一纳米结构的钙钛矿之外，纳米结构的钙钛矿也可以与其他材料复合，以形成可见光光电探测器的活性层。首先，纳米结构的钙钛矿可以与一些无机纳米材料和无机材料阵列组装成复合光电转换层，从而使其在光电探测器中发挥作用。2017 年，Li 等报道了基于 ZnO 纳米粒修饰的 CsPbBr$_3$ 薄膜的自驱动光电探测器[16]。他们将 ZnO 纳米粒引入 CsPbBr$_3$ 的前驱体溶液中，形成了具有较强均匀性和紧密分布的晶粒薄膜，如图 5.5（a）～（d）所示。ZnO 纳米粒还可以促进光生载流子从 CsPbBr$_3$ 吸光层的中心向侧面电极传输。测试结果表明，与没有 ZnO 纳米粒加入的器件相比，加入 ZnO 纳米粒的可见光光电探测器在光响应度和电流开关比等方面的性能得到了显著改善[图 5.5（e）～（h）]。最重要的是，在带有不对称电极的光电探测器中会产生一个内建电场，该电场可以在无外部偏压的情况下驱动光电探测器运行。最终得到的器件响应度为 11.5mA/W，电流开关比为 12.86，响应时间为 17.92ms/409ms。

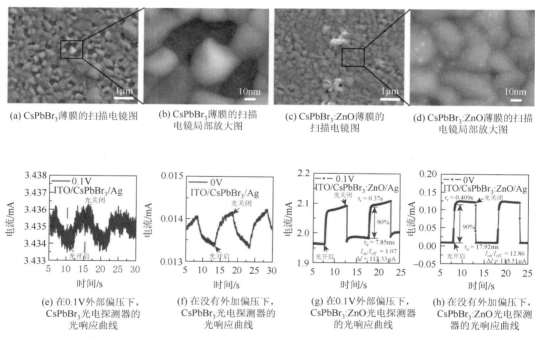

(a) CsPbBr$_3$薄膜的扫描电镜图　(b) CsPbBr$_3$薄膜的扫描电镜局部放大图　(c) CsPbBr$_3$:ZnO薄膜的扫描电镜图　(d) CsPbBr$_3$:ZnO薄膜的扫描电镜局部放大图

(e) 在0.1V外部偏压下，CsPbBr$_3$光电探测器的光响应曲线　(f) 在没有外加偏压下，CsPbBr$_3$光电探测器的光响应曲线　(g) 在0.1V外部偏压下，CsPbBr$_3$:ZnO光电探测器的光响应曲线　(h) 在没有外加偏压下，CsPbBr$_3$:ZnO光电探测器的光响应曲线

图 5.5　ZnO 纳米粒修饰的 CsPbBr$_3$ 薄膜的自驱动光电探测器

2020 年，Wang 等报道了基于 ZnO 纳米棒阵列作为电子传输层的 CsPbBr$_3$ 量子点光电探测器[27]。与 ZnO 薄膜相比，ZnO 纳米棒具有更大的比表面积，可以在其附近吸附更多的 CsPbBr$_3$ 量子点。同样地，垂直生长的 ZnO 纳米棒也可以为光生电子的传输提供快速的定向传输通道。两种机制共同作用的结果是使这一结构在增强对可见光吸收的同时，增大光生电子的传递效率和传输速率。与未吸附于 ZnO 纳米棒上的 CsPbBr$_3$ 量子点相比，吸附于 ZnO 纳米棒上的 CsPbBr$_3$ 量子点的荧光强度和荧光寿命都出现了一定程度的降低，说明电子在钙钛矿和 ZnO 之间确实出现了传递，如图 5.6（a）和（b）所示。在此基础上，他们构建了结构为 ITO/ZnO/ZnO 纳米棒阵列/Spiro-OMeTAD/Ag 的可见光光电探测器，其响应度为 0.14A/W，响

应时间为 12ms/38ms，探测率为 $7×10^{11}$Jones，电流开关比为 3000；相应地，使用 ZnO 薄膜的光电探测器只显示了 800ms 的长响应时间，而且电流开关比仅为 1[图 5.6（c）～（f）]。

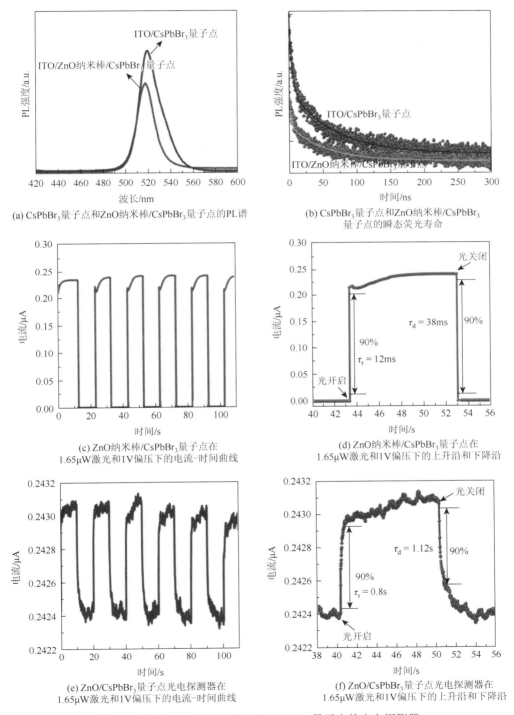

(a) CsPbBr$_3$量子点和 ZnO 纳米棒/CsPbBr$_3$量子点的 PL 谱

(b) CsPbBr$_3$量子点和 ZnO 纳米棒/CsPbBr$_3$
量子点的瞬态荧光寿命

(c) ZnO 纳米棒/CsPbBr$_3$量子点在
1.65μW 激光和 1V 偏压下的电流-时间曲线

(d) ZnO 纳米棒/CsPbBr$_3$量子点在
1.65μW 激光和 1V 偏压下的上升沿和下降沿

(e) ZnO/CsPbBr$_3$量子点光电探测器在
1.65μW 激光和 1V 偏压下的电流-时间曲线

(f) ZnO/CsPbBr$_3$量子点光电探测器在
1.65μW 激光和 1V 偏压下的上升沿和下降沿

图 5.6　基于 ZnO 纳米棒阵列和 CsPbBr$_3$量子点的光电探测器

　　Waleed 等报道了一种采用阳极 Al_2O_3 为模板来生长高密度 $CsPbI_3$ 纳米阵列的方法[50]。将 CsI 粉末放置在双温区加热炉的一个加热区，温度设置为 650℃，将带有 Pb 的阳极 Al_2O_3 的模板放置在下游另一个加热区，温度设置为 150℃，总的反应时间为 10h，CsI 粉末和衬底之间的距离为 20cm。用 Ar 气作为载气，将 CsI 蒸气输送到另一端。在纳米线制备成功后，利用磁控溅射法沉积一层 250nm 厚的 ITO 作为电极，形成一个以 $CsPbI_3$ 纳米阵列为吸光层的光电探测器，如图 5.7（a）所示。在这个器件中，主要发挥作用的是 $Al/CsPbI_3$ 纳米阵列/ITO 异质结。X 射线衍射和透射电镜结果表明，纳米线为立方相单晶。由于阳极 Al_2O_3 模板具有优异的钝化性和稳定性，纳米线具有良好的抗潮湿性，$CsPbI_3$ 纳米阵列的相位显示一定的稳定性。进一步测试发现，在以异丙醇为代表的有机极性溶剂中处理 30d 后，器件的性能仍然保持稳定。

　　基于无机钙钛矿和二维材料（如二维金属硫族化合物和石墨烯）的光电晶体管也能够探测可见光。较薄的原子层导致这种二维材料存在光吸收弱的问题，与钙钛矿（特别是钙钛矿量子点）的杂化则可以有效地解决该问题。Song 等报道了基于 $CsPbBr_3$ 纳米片和 MoS_2 的可见光光电探测器[42]。将常温法制备的 $CsPbBr_3$ 量子点滴涂在 Si/SiO_2 衬底的 MoS_2 上，形成了复合材料光电探测器。复合材料的吸收能力明显提高，并且 $CsPbBr_3$ 量子点的荧光强度和荧光寿命降低，表明在二者之间出现载流子的传递。当受到光照射后，钙钛矿中会产生光生载流子，载流子会由于钙钛矿和 MoS_2 之间存在能级差而从钙钛矿传递至 MoS_2 中，再通过 MoS_2 传递至电极。器件对 350～800nm 的光可以产生光响应，其响应度为 4.4A/W，EQE 为 302%，响应时间为 0.72ms/1.01ms，如图 5.7（b）和（c）所示。Wu 等报道了基于 $CsPbI_{3-x}Br_x$ 量子点/MoS_2 零维-二维范德瓦耳斯异质结的超灵敏光电探测器[55]。他们证明了在该零维-二维光电晶体管中作为二维材料的 MoS_2 层具有良好的能带排列和有效的载流子提取能力，这有利于提高光电载流子的产生效率和光门效应 [图 5.7（d）]。该器件具有 $7.7×10^4$A/W 的高光响应度、约 $5.6×10^{11}$Jones 的探测率和超过 10^7% 的 EQE，如图 5.7（e）所示。

　　另外，研究者发现通过掺入无机钙钛矿形成混合场效应晶体管（field-effect transistor，FET）可用于光电探测。Gong 等提出了由 $CsPbCl_3$ 纳米晶和石墨烯复合制备的杂化光电探测器[21]。$CsPbCl_3$ 纳米晶的表面配体在一定程度上影响量子点的稳定性和成膜，因此他们采用 3-巯基丙酸对纳米晶进行配体交换，充当表面配体，比传统的 OA 配体更有效地钝化表面，以减少电荷捕获，从而获得更快的光响应速度和更高的光响应度。此外，纳米晶表面缺陷和强配体相互作用可以有效避免量子点出现的降解等不稳定问题，链长较短的巯基配体也可以提供高效的从纳米晶到石墨烯的载体转移途径，如图 5.8（a）所示。他们将石墨烯转移到 Si/SiO_2 衬底上，然后在其上通过印刷方式沉积 $CsPbCl_3$ 纳米晶薄膜，最后热蒸发沉积 Au/Ti 作为器件的电极，器件结构如图 5.8（b）所示。基于 3-巯基丙酸处理的钙钛矿纳米晶/石墨烯杂化光电探测器具有优异的综合性能，包括 10^6A/W 的高响应度、$2×10^{13}$Jones 的高探测率、300ms/350ms 的响应时间，以及超过 240h 的环境稳定性，这是迄今为止钙钛矿/石墨烯杂化光电探测器所取得的最好性能。如图 5.8（c）所示，这种量子点/石墨烯杂化光电探测器可以在柔性衬底上进行制备，并且在 25 次弯折循环中保持初始的光电性能，显示了量子点表面优化对器件性能的重要作用。

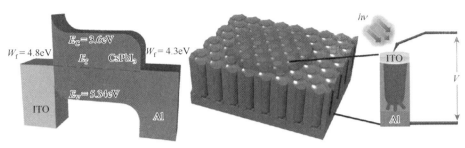

(a) CsPbI$_3$纳米阵列光电探测器结构示意图

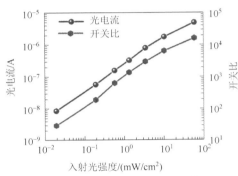

(b) CsPbBr$_3$量子点/MoS$_2$光电探测器的
光电流和电流开关比与入射光强度的关系

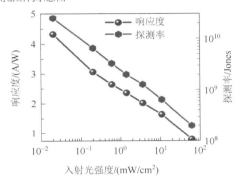

(c) CsPbBr$_3$量子点/MoS$_2$光电探测器的
响应度和探测率与入射光强度的关系

(d) CsPbI$_{3-x}$Br$_x$量子点/MoS$_2$异质结
光电探测器的结构示意图

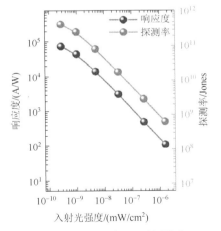

(e) CsPbI$_{3-x}$Br$_x$量子点/MoS$_2$异质结光
电探测器的响应度和探测率与入射光强度的关系

图 5.7 基于钙钛矿纳米材料的复合结构的光电探测器

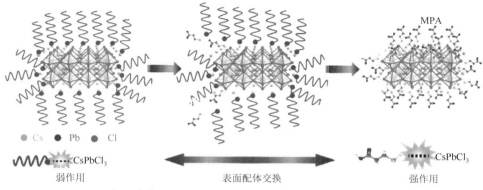

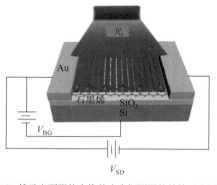

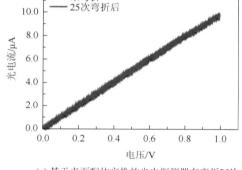

(a) 通过配体交换方法利用3-巯基丙酸代替CsPbCl₃纳米晶表面OA配体的过程示意图

(b) 基于表面配体交换的光电探测器的结构示意图

(c) 基于表面配体交换的光电探测器在弯折25次后的光电流-电压曲线

图 5.8　基于表面改性的钙钛矿纳米晶的杂化光电探测器

除氧化物半导体和二维材料之外，有机半导体也可以与无机钙钛矿混合制备光电晶体管。由于钙钛矿具有高的载流子迁移率，混合结构有助于避免在基于有机半导体的光电探测器中出现低载流子迁移率的问题。2017 年，Chen 等报道了基于二萘酚[2, 3-B: 2′, 3′F]并[3, 2-B]噻吩（[2,3-B:2′,3′-F]thieno[3,2-B]thiophen，DNTT）/CsPbBr₃ 量子点的光电晶体管[56]。CsPbBr₃ 量子点的光滑表面确保了 DNTT 层的有序堆积，明显改善了光激发电荷的传输性能，从而实现高探测性能，包括 1.7×10^{4} A/W 的光响应度、2×10^{14} Jones 的探测率、67000% 的 EQE 和 8.1×10^{4} 的 I_{ph}/I_{d}。即使没有封装，该器件也显示了超过 100d 的良好的空气稳定性。

5.3.2　无机钙钛矿薄膜可见光光电探测器

钙钛矿纳米材料的成膜过程影响了器件性能，特别是器件的漏电流。为了得到均匀致密的薄膜，除钙钛矿纳米材料本身成膜之外，钙钛矿纳米材料也可以与其他材料进行复合，以提高成膜质量。在此基础上，研究者采用钙钛矿前驱体直接成膜，并且在成膜的过程中通过退火等方式提高薄膜形貌和质量，从而极大地提高基于无机钙钛矿的可见光光电探测器的性能。

Zhou 等在 ITO/SnO$_2$ 薄膜上采用反溶剂结晶法制备了 CsPbBr$_3$ 微晶薄膜[39]。他们先将 0.1mmol/mL 的 CsBr 和 0.2mmol/mL 的 PbBr$_2$ 溶解于 10μL 的 DMSO 溶液中，随后加入相同体积的反溶剂甲苯，并将带有 SnO$_2$ 的衬底浸入上述溶液中搅拌，同时在搅拌过程中将溶液加热到 120℃，以增加溶液内的形核位点。5min 后，在溶液中滴加 5μL 甲苯，便可在衬底上获得大量 CsPbBr$_3$ 微晶。20min 后，将衬底在 140℃下退火 30min，在蒸发溶剂的同时可以获得更好的晶体质量，这样得到的 CsPbBr$_3$ 微晶薄膜厚度约为 11μm。分别旋涂 Spiro-OMeTAD 和热蒸发沉积 Au 层作为载流子传输层和电极，就可以得到垂直结构的光电探测器。在零偏压下，器件可以实现对 473nm 可见光的自驱动光响应，其响应度为 0.172A/W，探测率高达 4.8×10^{12}Jones，电流开关比达到 1.3×10^5，线性动态范围为 113dB。该器件的性能明显优于基于钙钛矿多晶薄膜的光电探测器，与钙钛矿单晶薄膜光电探测器的性能相当。通过溶液法制备的微晶薄膜兼顾了制备工艺和器件性能两方面因素，可以在降低成膜工艺复杂性的同时提高薄膜质量，从而提高器件性能。

Bao 等将前驱体溶解在 DMSO 中，随后通过旋涂的方式形成高质量的 CsPbIBr$_2$ 薄膜，如图 5.9（a）所示[53]。整个器件的结构为 ITO/PTAA/PEIE/CsPbIBr$_2$ 薄膜/PCBM/浴铜灵（bathocuproine，BCP）/Ag，垂直结构中 CsPbIBr$_2$ 薄膜的厚度为 300nm，PTAA 和 PCBM 分别充当空穴传输层和电子传输层。在 400～580nm 波长，基于 CsPbIBr$_2$ 薄膜的器件响应度为 0.21～0.28A/W，与 MAPbI$_3$ 器件在相同波长范围内的响应度相当。这说明 CsPbIBr$_2$ 薄膜具有很好的吸光性能，而且成膜质量可以与目前成熟的钙钛矿太阳能电池材料 MAPbI$_3$ 相媲美。此外，基于 CsPbIBr$_2$ 薄膜的可见光光电探测器具有 9.7×10^{12}Jones 的探测率，器件响应时间为 20ns，EQE 为 57.1%，并且置于空气中 2000h 后，其响应度仅衰减 5%左右，表现了良好的器件稳定性，如图 5.9（b）和（c）所示。他们进一步将这种钙钛矿光电探测器集成到可见光通信系统中作为光信号接收器。通过驱动程序将来自计算机的数据流转换为高、低电压电平，电压电平用于驱动 LED 产生可被光电探测器接收的调制光，并产生高电平和低电平的光电流。随后用低噪声电流将光电流放大到电压前置放大器，然后输入驱动器，由驱动器将电压信号转换为数据，由计算机采集，如图 5.9（d）所示。图 5.9（e）为该光电探测器接收不同比特率的调制光的电流信号，表明系统能够以 500kbit/s 的比特率传输数据，显示了其在光通信方面极大的应用潜力。

(a) CsPbIBr$_2$ 薄膜光电探测器的器件结构示意图

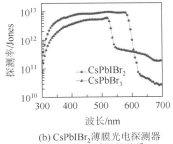

(b) CsPbIBr$_2$ 薄膜光电探测器探测率和波长的关系

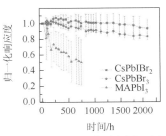

(c) CsPbIBr$_2$ 薄膜光电探测器在空气中不同时间后响应度的变化

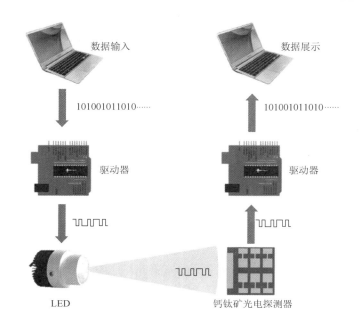

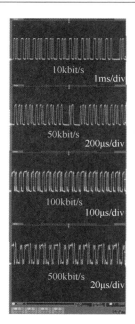

(d) CsPbIBr$_2$薄膜光电探测器作为光信号接收器的集成系统示意图

(e) CsPbIBr$_2$薄膜光电探测器
作为光信号接收器
在不同比特率下的数据传输谱

图 5.9　CsPbIBr$_2$ 薄膜光电探测器的结构与性能

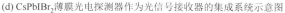

　　Cao 等提出了一种性能良好且稳定性高的柔性可见光光电探测器[41]。他们将采用溶液法合成的高结晶度 CsPbBr$_3$ 薄膜作为活性层，使用铅笔中的石墨作为商业纸基板上的电极。在 9V 的驱动电压下，器件的 EQE 和响应度分别高达 485% 和 2.1A/W，响应时间为 0.25ms/0.45ms，并且在弯折条件下能很好地保持其初始性能，如图 5.10（a）所示。除此之外，由于这种光电探测器材料的组分均具有化学稳定性，整个器件也表现了优异的环境稳定性。由于工艺简单，可以制备探测器阵列，进而获得光经过掩膜之后的清晰成像。该工作为未来柔性、可穿戴光电器件的设计提供了新的参考。Na 等报道了一种基于异质结的光电晶体管型可见光光电探测器，该光电晶体管使用 Si/SiO$_2$/IGZO/CsPbI$_x$Br$_{3-x}$薄膜/Ti/Al/Ti 结构，其中，IGZO 作为电荷传输层，CsPbI$_x$Br$_{3-x}$ 作为吸光层[54]。图 5.10（b）显示了光照下、$V_G > V_{TH}$ 时异质结光电晶体管的能带图。该器件在 635nm 光照下的响应度为 26.48A/W，探测率为 8.42×10^{14}Jones，EQE 为 51%。与传统的 IGZO 光电晶体管相比，异质结光电晶体管的响应速度明显更快，这是因为 IGZO 光电晶体管在光照下会持续出现光电导现象。如图 5.10（c）所示，该器件在日常环境下还表现了超过 1 个月的高稳定性，这主要是由于在 CsPbI$_3$ 中添加了 CsBr/PbBr$_2$，增加了 I 和 Br 之间钙钛矿结构的结合能，于是使 CsPbI$_x$Br$_{3-x}$吸光层长时间保持在 α 相，保证了器件的稳定性。Liu 等在此基础上直接旋涂形成 ZnO 薄膜，随后利用热蒸发法蒸镀电极，最后旋涂 CsPbBr$_3$ 薄膜构成吸光层和光电转换层[34]。CsPbBr$_3$ 与 ZnO 构成的异质结可以加快界面处的电荷分离效率和速度，因此该器件的响应度高达 4.25A/W，电流开关比高于 10^4，响应时间为210μs/240μs。除在刚性衬底上进行器件的制备之外，他们还将柔性的聚对苯二甲酸乙酯

作为衬底，采取同样的工艺参数制备了 **CsPbBr₃/ZnO** 异质结光电探测器。柔性器件在不同弯折度下进行弯折测试后，其光电流基本保持不变，如图 5.10（d）所示。经过 10^4 次弯折循环后，器件的光电流没有出现衰减，说明器件具有很高的柔性和优异的稳定性。

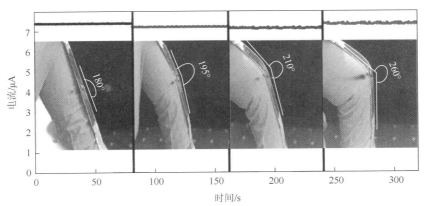

(a) CsPbBr₃薄膜柔性光电探测器在不同弯折度下的光电流变化

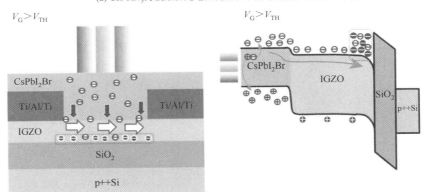

(b) 基于IGZO/CsPbI$_x$Br$_{3-x}$薄膜异质结的光电探测器在$V_G>V_{TH}$时的能带图

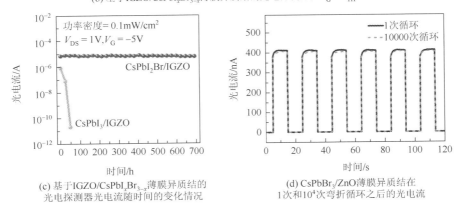

(c) 基于IGZO/CsPbI$_x$Br$_{3-x}$薄膜异质结的
光电探测器光电流随时间的变化情况

(d) CsPbBr₃/ZnO薄膜异质结在
1次和10^4次弯折循环之后的光电流

图 5.10　基于钙钛矿薄膜的柔性光电探测器的结构与性能

Hou 等采用类似的结构构建了基于 **CsPbBr₃** 薄膜的可见光光电探测器[44]。他们首先采用化学气相沉积法合成了 ITO 纳米线，具体而言，将 In_2O_3、SnO_2 和石墨（质量比为 10：1：2）的粉末混合物放入石英管中。覆盖 Au 催化剂的 Si 衬底放置在下游靠近蒸发源的位置。在生长时，蒸发源在 200sccm 的气体流（Ar 与 O_2 体积流量之比为 100：1）下，在 30min 内加热到 1100℃。石英管达到 1100℃后，生长 30min。石英管自然冷却至室温，在 Si 衬底表面就可以获得大量的 ITO 纳米线。随后将乙酸锌、硝酸铟和硝酸镓按物质的量之比 3：3：1 溶解在 2-甲氧基乙醇中，得到 0.03mmol/mL 的 IGZO 溶胶凝胶前驱体。预合成的 ITO 纳米线以不同的质量比加到 IGZO 前驱体中并超声处理 20s，以实现 IGZO 和 ITO 纳米线复合前驱体的均匀分散，将复合前驱体旋涂在衬底上，得到 IGZO-ITO 纳米线复合薄膜。最后，采用两步光刻技术制备 IGZO-ITO 纳米线场效应晶体管。晶体管的通道长度为 15μm，通道宽度为 70μm。将得到的 $CsPbBr_3$ 溶液在 IGZO 薄膜上以 3000r/min 转速旋涂 1min，并在 100℃下加热 15min，即可得到相应的器件，器件结构如图 5.11（a）所示。顶部的 $CsPbBr_3$ 薄膜由于具备优异的光吸收能力，可以保证较大的光吸收和光响应；IGZO-ITO 纳米线复合薄膜则充当电子传输的有效通道[图 5.11（b）]。这种光电探测器综合了钙钛矿 PLQY 高、IGZO-ITO 纳米线薄膜载流子迁移率高以及薄膜覆盖率高等优势，得到了 $4.9×10^6$A/W 的高响应度、$7.6×10^{13}$Jones 的高探测率、大的电流开关比（$3.4×10^4$）和较短的响应时间（0.45s/0.55s），如图 5.11（c）所示。即使暴露于空气中 200h 或经过 200 次弯折循环后，这种器件的光电性能仍然非常稳定[图 5.11（d）]。该器件的整体性能比之前报道的其他基于钙钛矿薄膜的光电探测器更优越。

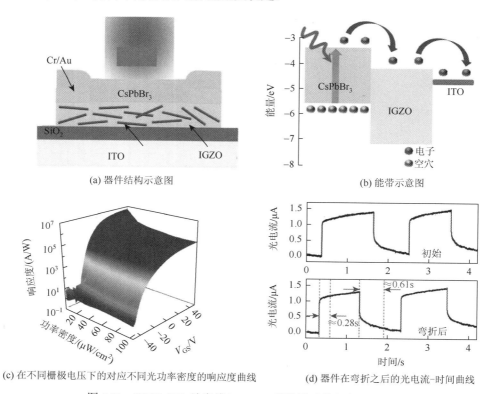

(a) 器件结构示意图　　　　　　　　　　(b) 能带示意图

(c) 在不同栅极电压下的对应不同光功率密度的响应度曲线　　(d) 器件在弯折之后的光电流-时间曲线

图 5.11　IGZO-ITO 纳米线/$CsPbBr_3$ 薄膜异质结光电探测器

5.3.3　无机钙钛矿单晶可见光光电探测器

与无机钙钛矿纳米材料和薄膜相比，无机钙钛矿单晶由于具有缺陷较少和稳定性较高等优点，成为光电探测器吸光层的明星材料。Cheng 等采用反溶剂法制备 $CsPbBr_3$ 单晶微米棒[47]。将等量的 CsBr 和 $PbBr_2$ 溶解在 DMSO 中，获得前驱体溶液。将无色透明的前驱体溶液密封在多孔膜中，然后将密封好的溶液置于 60℃ 含有反溶剂甲醇的密闭空间中。甲醇分子通过多孔膜缓慢蒸发扩散到前驱体溶液中，降低了 $CsPbBr_3$ 在 DMSO 中的溶解度。甲醇的扩散速度起决定性作用，因为它控制着结晶形核、晶体分布和长度，如图 5.12（a）所示。为了得到超长的 $CsPbBr_3$ 单晶微米棒，他们采用多次加入甲醇的方法，具体的生长过程如图 5.12（b）所示。在 $CsPbBr_3$ 单晶微米棒上溅射沉积 Au 电极，就可以得到平面结构光电探测器。如图 5.12（c）所示，该器件在光照下的光电流是暗电流的 2000 倍，探测率为 $3.67×10^{12}$Jones，电流开关比为 998，具有很强的光电响应。

Cha 等通过反溶剂法制备高质量、大尺寸 $CsPbBr_3$ 和 Cs_4PbBr_6 单晶，并在单晶上沉积 Au 作为电极，构造平面结构光电探测器[37]。其中，$CsPbBr_3$ 单晶为三维钙钛矿结构，具有

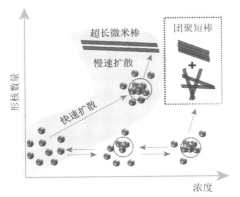

(a) $CsPbBr_3$ 生长过程中浓度和形核数量对最后产物形貌和尺寸的影响

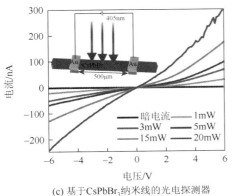

(c) 基于 $CsPbBr_3$ 纳米线的光电探测器
在不同光照强度下的电流-电压曲线

(b) 利用反溶剂法制备 $CsPbBr_3$ 纳米线的示意图

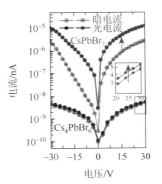

(d) 基于 $CsPbBr_3$ 和 Cs_4PbBr_6 单晶的
光电探测器的电流-电压曲线

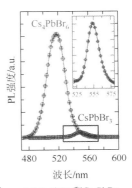

(e) $CsPbBr_3$ 和 Cs_4PbBr_6
单晶的PL谱

图 5.12　无机钙钛矿单晶光电探测器

扫一扫　看彩图

高度敏感的光响应；相比之下，具有零维钙钛矿结构的 Cs_4PbBr_6 单晶的 PL 强度比 $CsPbBr_3$ 单晶高 1 个数量级，在光照下产生了超低的光响应，如图 5.12（d）和（e）所示。它们不同的光电特性归因于 $[PbBr_6]^{4-}$ 八面体的几何配位诱导的不同激子结合能，也说明 $[PbBr_6]^{4-}$ 八面体的维数强烈影响了两种钙钛矿晶体结构中激子的离解和重组。

5.4　紫外光光电探测器

具有高响应度和响应速度的紫外光光电探测器在火焰探测、远程安全监控和环境监控等领域至关重要。无机钙钛矿具有优异的光电性能和较好的稳定性，可用于紫外光光电探测器。2017 年，Zhang 等首次报道了基于 $CsPbCl_3$ 纳米晶的透明紫外光光电探测器[57]。由于 $CsPbCl_3$ 纳米晶具有出色的紫外光吸收能力，该器件的可见光透过率约为 90%，显示了 1.89A/W 的光响应度、高达 10^3 的电流开关比以及小于 41ms/43ms 的响应时间，这表明 $CsPbCl_3$ 纳米晶在紫外光光电探测器中具有巨大潜力。Lu 等首先利用热注入法制备 $CsPbX_3$ 量子点，随后采用等离子体增强化学气相沉积（plasma enhanced chemical vapor deposition，PECVD）法生长 Si 纳米线阵列[51]。具体而言，首先，在衬底上预先蒸发一层 Sn，并在 200℃ 下用氢等离子体处理 Sn 层，将 Sn 层转化为离散的 Sn 液滴；其次，在 PECVD 系统中引入硅烷和掺杂剂（B_2H_6）气体的混合物，通过蒸气-液相-固相模式生长 p 型 Si 纳米线，长度约为 1μm，中间平均直径为 30～40nm；再次，将本征的和 n 型掺杂的非晶硅于 150℃ 沉积在 Si 纳米线阵列上；最后，在其顶部用磁控溅射法沉积透明的 ITO 作为电极。分散在溶剂中的钙钛矿量子点随后旋涂在 Si 纳米线阵列上，就形成了 $CsPbX_3$ 量子点/Si 纳米线阵列可见光光电探测器，如图 5.13（a）所示。与钙钛矿量子点/平面 Si 异质结可见光光电探测器相比，$CsPbX_3$ 量子点/Si 纳米线阵列可见光光电探测器的 EQE 更高，原因在于三维 Si 纳米线阵列可以实现更有效的光吸收，同时纳米线阵列起到减反的作用，明显降低了入射光的损失，提高了器件对光的探测率和光电流密度。$CsPbX_3$ 量子点/Si 纳米线阵列可见光光电探测器对 200～400nm 的光具有较高的响应，其响应度为 54mA/W，响应时间为 0.48ms/1.03ms，显示了较好的日盲探测性能，如图 5.13（b）所示。这种高性能器件的成功制备为大面积制造可扩展且低成本的高性能 Si 基钙钛矿紫外光光电探测器奠定了基础。

由于溶液法制备 $CsPbCl_3$ 薄膜的前驱体在溶剂中溶解度较差，其发展受到了一定程度的限制。在这个前提下，Yang 等采用热沉积法制备了以 $CsPbCl_3$ 薄膜为吸光层和光电转换层的紫外光光电探测器[18]。首先应用热蒸发法在结晶的 ITO 衬底上沉积一层 Ca/C_{60}，其次在其上用 CsCl 和 $PbCl_2$ 作为蒸发源进行沉积，沉积速度分别为 0.9Å/s 和 0.8Å/s，再次将样品置于 N_2 气手套箱中 120℃ 退火处理 5min，最后继续蒸发 TAPC、MoO_3 和 Ag 分别作为电子传输层、电极修饰层和电极。整个光电探测器呈垂直结构，包括 $CsPbCl_3$ 薄膜在内的每一层厚度均匀、界面清晰，在 2V 驱动电压下可以对 365nm 的紫外光产生较大的光响应，响应度为 2.27A/W，EQE 为 797.1%，线性动态范围为 136dB，探测率为 $1.4×10^{13}$Jones，响应时间为 46μs/46μs，电流开关比为 1600，如图 5.13（c）所示。器件在空气中运行 30d 之后，其 EQE 仍能保持初始值的 90% 以上，表现了良好的稳定性[图 5.13（d）]。

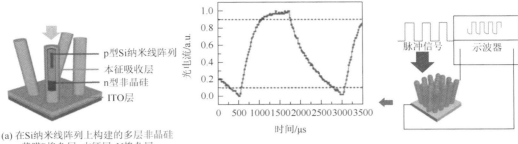

(a) 在Si纳米线阵列上构建的多层非晶硅
薄膜P掺杂层-本征层-N掺杂层
（P-doping-intrinsic-N-doping，PIN）
径向结的结构示意图

(b) 器件在400Hz脉冲光照明下的时间响应特性（一个周期）和测试示意图

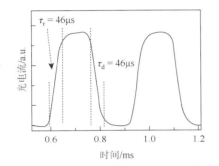

(c) 基于CsPbCl₃薄膜的紫外光光电探测器的光电流-时间曲线

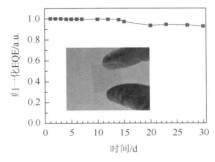

(d) 30d器件的EQE随时间的变化关系

图 5.13 基于无机钙钛矿材料的紫外光光电探测器

Song 等将 CsPbBr$_3$ 薄膜与 ZnO 空心微球相结合，并在其上用 GaN 进行覆盖，其中，p-GaN 作为空穴注入层。与 ZnO/GaN 异质结相比，ZnO/CsPbBr$_3$/GaN 异质结在光响应和 EL 方面都有很大改善[40]。在光响应方面，器件表现了良好的紫外光响应，响应度为 0.23A/W，电流开关比高达 16527，探测率高达 2.4×10^{13}Jones，响应时间为 0.281s/0.104s。由于 CsPbBr$_3$ 具有 PL 效应，器件在较低的 V_{TH} 下还显示蓝光发射。Rao 等采用加热法在溶解了 CsCl 和 PbCl$_2$ 的 DMSO 溶液中蒸发结晶了直径约为 500μm 的 CsPbCl$_3$ 块状单晶[19]。他们采用 In/Au 作为电极，制备了基于 CsPbCl$_3$ 单晶的平面结构紫外光光电探测器。器件对紫外光（360nm）的响应度达到了 0.268A/W，探测率为 1.59×10^{10}Jones，响应时间为 28.4ms/2.7ms，表明单晶在光探测方面具有广阔的应用前景。

5.5 近红外光光电探测器

近年来，红外成像、生物探测和信息交流等技术的发展突飞猛进，开发近红外光光电探测器也就显得非常重要。使用钙钛矿实现近红外光探测的关键在于延长其吸收波长至红外光波段，以充当良好的光吸收材料。Ding 等报道了基于 MAPbI$_3$ 单晶的红外探测[58, 59]。然而，由于无机钙钛矿的带隙较大，在使用无机钙钛矿制备光电探测器实现近红外光探测方面仍然存在不小的挑战。

Grant 等认为，在这一波段内不需材料固有的带隙而实现近红外光探测的一种可能方法是利用 MAPbBr$_3$ 单晶中的双光子吸收[60]。Chen 等则报道了在超大 CsPbBr$_3$ 单晶中存在高的双光子吸收[61]。此类单晶不仅显示大的可见光吸收系数，而且具有大的非线性红外吸收系数和出色的载流子传输特性，包括大于 10μm 的大扩散长度和 2000cm^2/(V·s)的高载流子迁移率。如图 5.14（a）所示，这种光电探测器不仅表现高的可见光探测性能，而且可以用于近红外光探测。另外，可以通过上转换材料修饰 CsPbX$_3$ 来实现近红外光探测。Zhang 等使用 NaYF$_4$:Yb,Er 量子点修饰的 α-CsPbI$_3$ 量子点制备了光电探测器[62]。该光电探测器显示了从紫外光到近红外光区域[260～1100nm，如图 5.14（b）所示]的宽带探测，具有 1.5A/W 的响应度、高达 10^6 的电流开关比和小于 5ms/5ms 的响应时间。Saleem 等报道了使用 ITO/ZnO/PbS/CsPbBr$_3$/Au 和 ITO/ZnO/CsPbBr$_3$/PbS/Au 三层结构的紫外光-红外光宽带光电探测器[图 5.14（c）][45]。与不含 CsPbBr$_3$ 的器件相比，两种器件均显示降低的暗电流和增强的光电流，但 ITO/ZnO/PbS/CsPbBr$_3$/Au 结构的器件的性能更佳，在 1.6mW/cm^2@980nm 光照下，器件的探测率为 8.3×10^{12}Jones，响应度为 35A/W，如图 5.14（d）所示。这是由于 CsPbBr$_3$ 量子点作为器件中的载流子提取层，钝化了 PbS 量子点薄膜上的表面缺陷，并减少了电荷载流子的复合，从而增加了载流子的扩散长度。

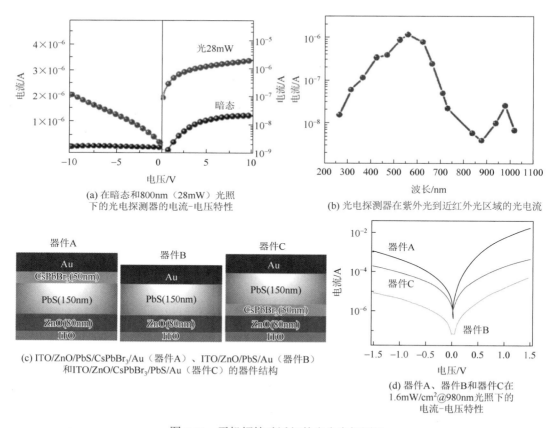

(a) 在暗态和 800nm（28mW）光照
下的光电探测器的电流-电压特性

(b) 光电探测器在紫外光到近红外光区域的光电流

(c) ITO/ZnO/PbS/CsPbBr$_3$/Au（器件A）、ITO/ZnO/PbS/Au（器件B）
和 ITO/ZnO/CsPbBr$_3$/PbS/Au（器件C）的器件结构

(d) 器件A、器件B和器件C在
1.6mW/cm^2@980nm 光照下的
电流-电压特性

图 5.14　无机钙钛矿近红外光光电探测器

5.6　X 射线光电探测器

除从紫外光到近红外光的普通光探测之外，无机钙钛矿还可以用于探测 X 射线，在医学诊断、临床治疗和无损探测等领域具有潜在应用[63]。为了实现高灵敏度，用于 X 射线探测的半导体需要大的平均原子序数（Z）、大的载流子迁移率与电荷载流子寿命乘积（$\mu\tau$）以及高电阻率。其中，Z 决定 X 射线吸收系数，$\mu\tau$ 决定在给定电场下的电荷收集效率，而高电阻率可实现低暗电流，从而降低噪声电流并提高信噪比[64-66]。尽管已报道的基于 MAPbBr$_3$ 单晶和 MAPbI$_3$ 膜的 X 射线光电探测器具有高探测率，但是有机成分的不稳定性会极大地限制它们的应用[67,68]。因此，具有高稳定性的无机钙钛矿更适合高探测率的 X 射线探测。

2019 年，Pan 等利用热注入法制备了 CsPbBr$_3$ 准单晶薄膜[图 5.15（a）]。CsPbBr$_3$ 准单晶薄膜的厚度为数百微米，可以作为良好的 X 射线吸收材料[69]。CsPbBr$_3$ 准单晶薄膜的表面形貌良好，没有出现大的孔洞，说明其晶粒尺寸较大且取向较好，载流子迁移率高、载流子寿命长。基于 CsPbBr$_3$ 准单晶薄膜的 X 射线光电探测器在 5V/mm 电场强度下显示高达 55684μC/(Gy$_{air}$·cm^2)的灵敏度，这在直接或者间接 X 射线光电探测器上都是最高的[5,70,71]。Liu 等利用 CsPbBr$_3$ 量子点制备了刚性和柔性的 X 射线光电探测器，如图 5.15（b）所示[72]。通过减少表面缺陷和调控材料的结晶，X 射线光电探测器在 0.1V 的外部偏压和 0.0172mGy$_{air}$/s 的辐射剂量率下显示了高达 1450μC/(Gy$_{air}$·cm^2)的灵敏度，比商用的非晶硒探测器高出 70 倍以上。

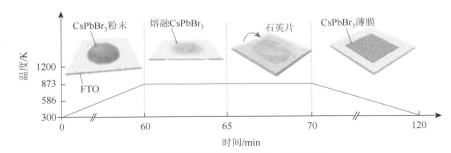

(a) 使用四步热压法制备CsPbBr$_3$薄膜的方案

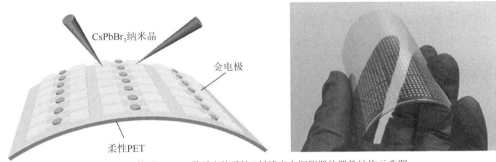

(b) 基于CsPbBr$_3$量子点的柔性X射线光电探测器的器件结构示意图

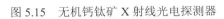

图 5.15　无机钙钛矿 X 射线光电探测器

扫一扫　看彩图

除用于直接 X 射线探测之外，无机钙钛矿还可以用作间接 X 射线探测的闪烁体。Chen 等采用热注入法制备了一系列 $CsPbX_3$ 纳米晶（X = Cl，Br，I），并展示了它们在超灵敏 X 射线传感和低剂量数字 X 射线技术中的应用，如图 5.16（a）所示[73]。在 X 射线束的激发下，$CsPbX_3$ 量子点显示狭窄且颜色可调的发射光，这使其可以实现多色和高效的 X 射线探测。该原型设备还用于对电子电路和 iPhone 内部结构的成像[图 5.16（b）]，显示 $15\mu Gy$ 的低 X 射线剂量。器件的快速响应（44.6ns）使其非常适合动态实时 X 射线成像。Heo 等、Li 等也报道了基于 $CsPbBr_3$ 纳米晶的 X 射线闪烁体[74, 75]，展示了无机钙钛矿在下一代工业电子设备和医疗诊断方面的应用前景。

胶体量子点或纳米晶很难直接形成 X 射线闪烁体应用所需厚度的致密固体膜。为了解决这个问题，2019 年，Zhang 等报道了基于 $CsPbBr_3$ 纳米片的闪烁体，可用于高分辨率（<0.21mm）的 X 射线成像，如图 5.16（c）所示[76]。基于 $CsPbBr_3$ 纳米片的 X 射线光电探测器显示了极好的闪烁性能，这可能由堆叠的纳米片内部的能量转移过程所致[图 5.16（d）]，从而证明了其在低成本射线辐射成像应用中的巨大潜力。

(a) 用于对生物样品进行实时X射线诊断成像的实验装置示意图以及样品的明场和X射线图像

(b) 网络接口卡的数码照片和相应的X射线图像，以及iPhone的X射线图像

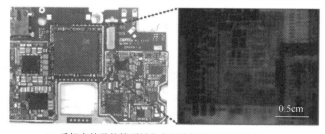

(c) 手机中的晶体管面板和自制放射线照相设置下面板内部结构的照片和钙钛矿自组装后形成薄膜的照片

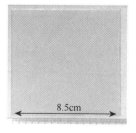

(d) $CsPbBr_3$纳米片成膜照片

图 5.16　无机钙钛矿闪烁体

5.7　γ 射线光电探测器

除 X 射线探测外，γ 射线探测在各种技术和科学领域也至关重要[77]。使用改进的 CsPbBr₃ 单晶熔体生长方法，He 等报道了在室温下具有高光谱分辨率的 γ 射线光电探测器[78]。这种器件采用 Ga/CsPbBr₃/Au 不对称结构，在反向偏压下形成高肖特基势垒电位，从而显著减小了大电场下的漏电流。沉积后的厘米级晶体具有极低的杂质含量，所制造的探测器对于 122keV ^{57}Co γ 射线的能量分辨率为 3.9%，对于 662keV ^{137}Cs γ 射线的能量分辨率为 3.8%[图 5.17（a）和（b）]。这些值可与商业 CdZnTe 平面探测器的性能参数相媲美，表明 CsPbBr₃ 是下一代室温辐射探测的极佳候选者。

2020 年，Pan 等报道了基于 CsPbBr₃ 单晶的 γ 射线光电探测器，它可以从 ^{137}Cs、^{57}Co 和 ^{241}Am 源产生能量谱，其半高宽在 662keV 时为 5.5%，在 122keV 时为 13.1%，在 59.5keV 时为 28.3%。他们还通过比较金属触点的形貌质量及其光谱性能，研究了 CsPbBr₃ 单晶 γ

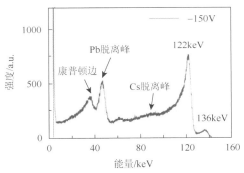

(a) ^{57}Co γ射线源的能量分辨谱，特征能量为122keV，调制时间为2μs，CsPbBr₃单晶探测器的尺寸为3mm×3mm×0.90mm

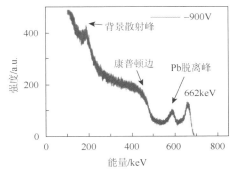

(b) ^{137}Cs γ射线源的能量分辨谱，特征能量为662keV，调制时间为0.5s，CsPbBr₃单晶探测器的尺寸为4mm×2mm×1.24mm

沉积后的Zr

沉积后具有优良形貌的Zr

一周之后出现裂纹的Zr

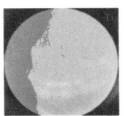

沉积后的Ti

沉积后具有少许裂纹的Ti

一周之后出现裂纹的Ti

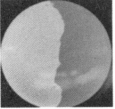

沉积后的Au

沉积后的Bi电极

一周之后的Au　　　　　　沉积后较低剂量后的Ti　　　　较低剂量处理两个月后的Ti

(c) CsPbBr₃与各种金属的接触

图 5.17　钙钛矿单晶 γ 射线光电探测器

射线光电探测器中 Zr、Bi、Ti 和 Ga 金属触点的影响[79]。尽管 Ga 可以很好地制造 CsPbBr₃ 单晶 γ 射线光电探测器，但它主要局限于实验室测试环境；CsPbBr₃ 的稳定性测试表明，Bi 和 Ti 更适合实际应用[图 5.17（c）]。

5.8　商业化前景和路线

5.8.1　离子迁移效应

作为双离子-电子半导体，钙钛矿中存在离子移动，这是实现高器件性能的主要障碍。如许多以前的工作中所报道的，钙钛矿光电探测器显示不可忽略的迟滞现象，并且研究者认为这种迟滞现象主要源于缺陷离子的迁移。无机钙钛矿中的缺陷可能由带负电的 A 位和 B 位空位以及带正电的卤化物空位所致，这些空位通常由于溶液形成能低而出现在固溶钙钛矿薄膜中。此外，可以基于热能和局部极化通过不同的通道激活离子迁移，从而产生缓慢和快速的响应。虽然可以通过晶界的钝化来抑制快速的离子迁移，如 I⁻迁移，但相对较难避免缓慢的组分行为。离子迁移会产生与内置电场相反的电场，从而导致光生载流子的收集减少。Domanski 等认为，与施加的电场相比，光生电荷会产生相反的电场，导致离子从界面扩散，电流缓慢增加[80]。因此，即使在小的反向偏压下，大量离子也可以从界面扩散开。关闭激发源后，界面处相对较低的离子密度会导致较低的屏蔽，并会延长触点的电流注入时间，结果是出现大电流注入，导致光电探测器的光响应性和探测率降低。在大的反向偏压下，这种效果甚至会更加明显，因为电场在很大程度上不受屏蔽，并且在这种情况下注入更有效。然而，离子迁移对钙钛矿光电探测器的确切影响仍不清楚，还需要更多相关研究来进一步分析和解释。在钙钛矿场效应晶体管中，研究者试图在低温下测量器件，从而使离子迁移减少。尽管该方法也可以应用于钙钛矿光电探测器，特别是光电晶体管，但是这种实验室测试条件并不适用于商业化。除此之外，使用单晶钙钛矿或低维钙钛矿也是减少离子迁移的一种方法，由于晶界较少，这些类型钙钛矿中存在的缺陷较少。此外，晶界的减少以及离子迁移的减少也可以通过界面工程来完成，还可以通过钝化缺陷以增大钙钛矿的晶粒尺寸来完成。

5.8.2　长期稳定性

尽管无机钙钛矿具有比杂化钙钛矿更高的稳定性，但是它们仍然受长期稳定性不高的影响（特别是在高湿度条件下），这阻碍了钙钛矿器件商业化的进程。在改善钙钛矿太阳能电池的稳定性而又不牺牲其优异的光电性能方面，研究者已开展了各种工作，例如，使用电子传输材料和空穴传输材料作为缓冲层，控制钙钛矿结晶形态以及使用封装材料的界面工程[81-85]。类似的方法可以应用于无机钙钛矿光电探测器中，以提高其稳定性。考虑三维无机钙钛矿通常显示较差的稳定性，高性能低维无机钙钛矿光电探测器的开发也是制备高稳定性器件的一种选择。

与太阳能电池不同，光电探测器在工作时需要将外部电场外加于探测器以优化电荷积累和产生，但是这一过程严重降低了其长期稳定性并阻碍了其商业化。因此，自驱动光电探测器成为解决此类问题的一种选择。然而，横向结构光电探测器实现自驱动是相对困难的。稳定性的下降可能由界面处的陷阱密度所致，当施加外部电场时会捕获载流子。为了减少这种影响，很有必要钝化界面处的缺陷，这可以通过插入缓冲层和改善钙钛矿的结晶来实现。

5.8.3　适应性

与在 Si 等刚性基板上制造的传统光电探测器相比，柔性光电探测器在可穿戴和便携式设备中具有更广泛的应用。钙钛矿可以通过溶液法合成，因此，可以组装成轻巧的柔性光电探测器。Song 等在 ITO 基板上使用 ITO/CsPbBr$_3$ 纳米片/ITO 结构制备了可印刷和柔性光电探测器，即使弯折 10^4 次后，该装置仍保持良好的稳定性[25]。Liu 等在 PET 基板上制备了基于 CsPbBr$_3$ 量子点的柔性光电探测器，在 1600 次弯折循环后显示了良好的稳定性和柔性[72]。然而，当在大面积上沉积时，通过旋涂法制备的膜会面临均匀性差的问题，从而限制其商业化。Hu 等通过大规模的卷对卷微凹版印刷和刮刀技术在 PET 基板上制备超长 MAPbI$_3$ 纳米线阵列薄膜[86]。另外，Chen 等用冲压法沉积钙钛矿太阳能电池，所得到的器件在 $36.1cm^2$ 的面积上显示了 12.1% 的光电转换效率[87]。因此，参考上述狭缝模头涂覆和叶片涂覆等方法是实现大面积柔性无机钙钛矿光电探测器的必由之路。

5.8.4　无滤波器/自滤波器窄带探测

窄带光电探测器可以用于探测小光谱范围的光，同时抑制包括背景和环境辐射在内的其余部分。尽管可以通过将宽带光电探测器与带通滤波器组合在一起来实现这种窄带探测[88, 89]，但是滤波器的高成本以及光学系统设计和集成的复杂性限制了其应用。钙钛矿具有可调节的带隙和探测紫外光到近红外光的能力，是可调响应范围宽的无滤波器窄带光电探测器的材料。Zhou 等通过引入强表面电荷重组来抑制诱导电荷收集。他们制备的 Cs$_2$SnCl$_{6-x}$Br$_x$ 单晶窄带光电探测器显示了约 2.71×10^{10}Jones 的高探测率，并具有窄带光电探测（半高宽约为 45nm），还可以根据单晶带隙的变化将响应光谱从近紫色调至橙色[90]。性能优异的窄带光电探测器在所需的响应窗口内需要较高的 EQE，但是基于表面电荷复合的无滤波器窄带钙钛矿光电探测器通常显示较低的 EQE[90, 91]。引入无滤波器的光电倍增型窄带光电探测器是解决此类问题的一种潜在方法。光电倍增型光电探测器的 EQE 可以达到 100%以上，并基于界面陷阱辅助的电荷隧穿注入和电荷注入变窄概念的组合来工作。基于这种机理，Miao 等证明了无滤波器的光电倍增型有机光电探测器在 60V 的偏压下，对于 340nm 和 650nm 的光照，EQE 分别为 7160%和 8180%；在−60V 的偏压下，对于 665nm 的光照，EQE 为 1640%[92]。因此，光电倍增效应和电荷注入窄化概念的结合为解决当前窄带钙钛矿光电探测器的低 EQE 问题提供了一条新途径。同样地，这种光电探测器具有简单的器件结构，易于集成且响应光谱可调，有望成为无滤波器窄带光电探测器的候选者。

具有易于加工、带隙可调、吸收系数大和扩散距离长等优点的无机钙钛矿是光探测领域应用的首选材料。本章就器件的结构和运行机制以及在探测中的应用等方面对钙钛矿光电探测器的进展进行概述和讨论。除此之外，本章还讨论了一些未解决的挑战，包括离子迁移效应、长期稳定性、适应性和无滤波器/自滤波器窄带探测，并提供了一些解决这些问题的潜在途径。

参 考 文 献

[1] Jena A K，Kulkarni A，Miyasaka T. Halide perovskite photovoltaics：Background，status，and future prospects[J]. Chemical Reviews，2019，119（5）：3036-3103.

[2] Xiang W，Tress W. Review on recent progress of all-inorganic metal halide perovskites and solar cells[J]. Advanced Materials，2019，31（44）：1902851.

[3] Jung E H，Jeon N J，Park E Y，et al. Efficient，stable and scalable perovskite solar cells using poly(3-hexylthiophene)[J]. Nature，2019，567：511-515.

[4] Saliba M，Matsui T，Domanski K，et al. Incorporation of rubidium cations into perovskite solar cells improves photovoltaic performance[J]. Science，2016，354：206-209.

[5] Burschka J，Pellet N，Moon S J，et al. Sequential deposition as a route to high-performance perovskite-sensitized solar cells[J]. Nature，2013，499：316-319.

[6] Zou W，Li R，Zhang S，et al. Minimising efficiency roll-off in high-brightness perovskite light-emitting diodes[J]. Nature Communications，2018，9（1）：1-7.

[7] Cho H，Kim Y H，Wolf C，et al. Improving the stability of metal halide perovskite materials and light-emitting diodes[J]. Advcanced Materials，2018，30（42）：1704587.

[8] Jiang Q，Zhao Y，Zhang X，et al. Surface passivation of perovskite film for efficient solar cells[J]. Nature Photonics，2019，13（7）：460-466.

[9] Conings B，Drijkoningen J，Gauquelin N，et al. Intrinsic thermal instability of methylammonium lead trihalide perovskite[J]. Advanced Energy Materials，2015，5（15）：1500477.

[10] Juarez-Perez E J，Ono L K，Maeda M，et al. Photodecomposition and thermal decomposition in methylammonium halide lead perovskites and inferred design principles to increase photovoltaic device stability[J]. Journal of Materials Chemistry A，2018，6（20）：9604-9612.

[11] Hu Y，Aygüler M F，Petrus M L，et al. Impact of rubidium and cesium cations on the moisture stability of multiple-cation mixed-halide perovskites[J]. ACS Energy Letters，2017，2（10）：2212-2218.

[12] Saliba M，Matsui T，Seo J Y，et al. Cesium-containing triple cation perovskite solar cells：Improved stability，reproducibility and high efficiency[J]. Energy Environment Science，2016，9（6）：1989-1997.

[13] Yoon S M，Min H，Kim J B，et al. Surface engineering of ambient-air-processed cesium lead triiodide layers for efficient solar cells[J]. Joule，2021，5（1）：183-196.

[14] Chen J，Wang J，Xu X，et al. Efficient and bright white light-emitting diodes based on single-layer heterophase halide perovskites[J]. Nature Photonics，2020，15（3）：238-244.

[15] Yang B，Zhang F，Chen J，et al. Ultrasensitive and fast all-inorganic perovskite-based photodetector via fast carrier diffusion[J]. Advanced Materials，2017，29（40）：1703758.

[16] Li C，Han C，Zhang Y，et al. Enhanced photoresponse of self-powered perovskite photodetector based on ZnO nanoparticles decorated CsPbBr$_3$ films[J]. Solar Energy Materials and Solar Cells，2017，172：341-346.

[17] Liu J，Shabbir B，Wang C，et al. Flexible，printable soft-X-ray detectors based on all-inorganic perovskite quantum dots[J]. Advanced Materials，2019，31（30）：1901644.

[18] Yang L，Tsai W L，Li C S，et al. High-quality conformal homogeneous all-vacuum deposited CsPbCl$_3$ thin films and their UV photodiode applications[J]. ACS Applied Materials & Interfaces，2019，11（50）：47054-47062.

[19] Rao Z，Liang W，Huang H，et al. High sensitivity and rapid response ultraviolet photodetector of a tetragonal CsPbCl$_3$ perovskite single crystal[J]. Optical Materials Express，2020，10（6）：1374-1382.

[20] Li Y，Shi Z，Lei L，et al. Controllable vapor-phase growth of inorganic perovskite microwire networks for high-efficiency and temperature-stable photodetectors[J]. ACS Photonics，2018，5（6）：2524-2532.

[21] Gong M，Sakidja R，Goul R，et al. High-Performance all-inorganic CsPbCl$_3$ perovskite nanocrystal photodetectors with superior stability[J]. ACS Nano，2019，13（2）：1772-1783.

[22] Zhu W，Deng M，Chen D，et al. Dual-phase CsPbCl$_3$-Cs$_4$PbCl$_6$ perovskite films for self-powered，visible-blind UV photodetectors with fast response[J]. ACS Applied Materials & Interfaces，2020，12（29）：32961-32969.

[23] Shao D，Zhu W，Liu X，et al. Ultrasensitive UV photodetector based on interfacial charge-controlled inorganic perovskite-polymer hybrid structure[J]. ACS Applied Materials & Interfaces，2020，12（38）：43106-43114.

[24] Pradhan B，Kumar G S，Sain S，et al. Size tunable cesium antimony chloride perovskite nanowires and nanorods[J]. Chemistry of Materials，2018，30（6）：2135-2142.

[25] Song J，Xu L，Li J，et al. Monolayer and few-layer all-inorganic perovskites as a new family of two-dimensional semiconductors for printable optoelectronic devices[J]. Advanced Materials，2016，28（24）：4861-4869.

[26] Liu X，Yu D，Cao F，et al. Low-voltage photodetectors with high responsivity based on solution-processed micrometer-scale all-inorganic perovskite nanoplatelets[J]. Small，2017，13（25）：1700364.

[27] Wang H，Zhang P，Zang Z. High performance CsPbBr$_3$ quantum dots photodetectors by using zinc oxide nanorods arrays as an electron-transport layer[J]. Applied Physics Letters，2020，116：162103.

[28] Mali S S，Patil J V，Hong C K. Hot-air-assisted fully air-processed barium incorporated CsPbI$_2$Br perovskite thin films for highly efficient and stable all-inorganic perovskite solar cells[J]. Nano Letters，2019，19（9）：6213-6220.

[29] Li Y，Shi Z F，Li S，et al. High-performance perovskite photodetectors based on solution-processed all-inorganic CsPbBr$_3$ thin films[J]. Journal of Materials Chemistry C，2017，5（33）：8355-8360.

[30] Xue J，Gu Y，Shan Q，et al. Constructing mie-scattering porous interface-fused perovskite films to synergistically boost light harvesting and carrier transport[J]. Angewandte Chemie，2017，56（19）：5232-5236.

[31] Shoaib M，Zhang X，Wang X，et al. Directional growth of ultralong CsPbBr$_3$ perovskite nanowires for high-performance photodetectors[J]. Journal of the American Chemical Society，2017，139（44）：15592-15595.

[32] Li X，Yu D，Cao F，et al. Healing all-inorganic perovskite films via recyclable dissolution-recyrstallization for compact and smooth carrier channels of optoelectronic devices with high stability[J]. Advanced Functional Materials，2016，26（32）：5903-5912.

[33] Dong Y，Gu Y，Zou Y，et al. Improving all-inorganic perovskite photodetectors by preferred orientation and plasmonic

effect[J]. Small，2016，12（40）：5622-5632.

[34]　Liu H，Zhang X，Zhang L，et al. A high-performance photodetector based on an inorganic perovskite-ZnO heterostructure[J]. Journal of Materials Chemistry C，2017，5（25）：6115-6122.

[35]　Tong G，Li H，Li D，et al. Dual-phase CsPbBr$_3$-CsPb$_2$Br$_5$ perovskite thin films via vapor deposition for high-performance rigid and flexible photodetectors[J]. Small，2018，14（7）：1702523.

[36]　Chen J，Fu Y，Samad L，et al. Vapor-phase epitaxial growth of aligned nanowire networks of cesium lead halide perovskites （CsPbX$_3$，X = Cl，Br，I）[J]. Nano Letters，2017，17（1）：460-466.

[37]　Cha J H，Han J H，Yin W，et al. Photoresponse of CsPbBr$_3$ and Cs$_4$PbBr$_6$ perovskite single crystals[J]. Journal of Physical Chemistry Letters，2017，8（3）：565-570.

[38]　Pang L，Yao Y，Wang Q，et al. Shape-and trap-controlled nanocrystals for giant-performance improvement of all-inorganic perovskite photodetectors[J]. Particle & Particle Systems Characterization，2018，35（3）：1700363.

[39]　Zhou H，Zeng J，Song Z，et al. Self-powered all-inorganic perovskite microcrystal photodetectors with high detectivity[J]. Journal of Physical Chemistry Letters，2018，9（8）：2043-2048.

[40]　Song Z，Zhou H，Gui P，et al. All-inorganic perovskite CsPbBr$_3$-based self-powered light-emitting photodetectors with ZnO hollow balls as an ultraviolet response center[J]. Journal of Materials Chemistry C，2018，6（19）：5113-5121.

[41]　Cao F，Yu D，Li X，et al. Highly stable and flexible photodetector arrays based on low dimensional CsPbBr$_3$ microcrystals and on-paper pencil-drawn electrodes[J]. Journal of Materials Chemistry C，2017，5（30）：7441-7445.

[42]　Song X，Liu X，Yu D，et al. Boosting two-dimensional MoS$_2$/CsPbBr$_3$ photodetectors via enhanced light absorbance and interfacial carrier separation[J]. ACS Applied Materials & Interfaces，2018，10（3）：2801-2809.

[43]　Zou Y，Li F，Zhao C，et al. Anomalous ambipolar phototransistors based on all-inorganic CsPbBr$_3$ perovskite at room temperature[J]. Advanced Optical Materials，2019，7（21）：1900676.

[44]　Hou Y，Wang L，Zou X，et al. Substantially improving device performance of all-inorganic perovskite-based phototransistors via indium tin oxide nanowire incorporation[J]. Small，2020，16（5）：e1905609.

[45]　Saleem M I，Yang S，Batool A，et al. CsPbI$_3$ nanorods as the interfacial layer for high-performance，all-solution-processed self-powered photodetectors[J]. Journal of Materials Science & Technology，2021，75：196-204.

[46]　Lei L Z，Shi Z F，Li Y，et al. High-efficiency and air-stable photodetectors based on lead-free double perovskite Cs$_2$AgBiBr$_6$ thin films[J]. Journal of Materials Chemistry C，2018，6（30）：7982-7988.

[47]　Cheng X，Yuan Y，Jing L，et al. Nucleation-controlled growth of superior long oriented CsPbBr$_3$ microrod single crystals for high detectivity photodetectors[J]. Journal of Materials Chemistry C，2019，7（45）：14188-14197.

[48]　Yang T，Zheng Y，Du Z，et al. Superior photodetectors based on all-inorganic perovskite CsPbI$_3$ nanorods with ultrafast response and high stability[J]. ACS Nano，2018，12（2）：1611-1617.

[49]　Sim K M，Swarnkar A，Nag A，et al. Phase stabilized α-CsPbI$_3$ perovskite nanocrystals for photodiode applications[J]. Laser & Photonics Reviews，2018，12（1）：1700209.

[50]　Waleed A，Tavakoli M M，Gu L，et al. All inorganic cesium lead iodide perovskite nanowires with stabilized cubic phase at room temperature and nanowire array-based photodetectors[J]. Nano Letters，2017，17（8）：4951-4957.

[51]　Lu J，Sheng X，Tong G，et al. Ultrafast solar-blind ultraviolet detection by inorganic perovskite CsPbX$_3$ quantum dots radial junction architecture[J]. Advanced Materials，2017，29（23）：1700400.

[52]　Kwak D H，Lim D H，Ra H S，et al. High performance hybrid graphene-CsPbBr$_{3-x}$I$_x$ perovskite nanocrystal photodetector[J]. RSC Advances，2016，6（69）：65252-65256.

[53]　Bao C，Yang J，Bai S，et al. High performance and stable all-inorganic metal halide perovskite-based photodetectors for optical communication applications[J]. Advanced Materials，2018，30（38）：1803422.

[54]　Na H J，Cho N K，Park J，et al. A visible light detector based on a heterojunction phototransistor with a highly stable inorganic CsPbI$_x$Br$_{3-x}$ perovskite and In-Ga-Zn-O semiconductor double-layer[J]. Journal of Materials Chemistry C，2019，7（45）：14223-14231.

[55]　Wu H，Si H，Zhang Z，et al. All-inorganic perovskite quantum dot-monolayer MoS_2 mixed-dimensional van der waals heterostructure for ultrasensitive photodetector[J]. Advanced Science，2018，5（12）：1801219.

[56]　Chen Y，Chu Y，Wu X，et al. High-performance inorganic perovskite quantum dot-organic semiconductor hybrid phototransistors[J]. Advanced Materials，2017，29（44）：1704062.

[57]　Zhang J，Wang Q，Zhang X，et al. High-performance transparent ultraviolet photodetectors based on inorganic perovskite $CsPbCl_3$ nanocrystals[J]. RSC Advances，2017，7（58）：36722-36727.

[58]　Ding J，Du S，Zhao Y，et al. High-quality inorganic-organic perovskite $CH_3NH_3PbI_3$ single crystals for photo-detector applications[J]. Journal of Materials Science，2016，52（1）：276-284.

[59]　Ding J，Fang H，Lian Z，et al. A self-powered photodetector based on a $CH_3NH_3PbI_3$ single crystal with asymmetric electrodes[J]. CrystEngComm，2016，18（23）：4405-4411.

[60]　Grant W，Brandon R S，Sjoerd H，et al. Two-photon absorption in organometallic bromide perovskites[J]. ACS Nano，2015，9（9）：9340-9346.

[61]　Chen X，Wang Y，Song J，et al. Temperature dependent reflectance and ellipsometry studies on a $CsPbBr_3$ single crystal[J]. Journal of Physical Chemistry C，2019，123（16）：10564-10570.

[62]　Zhang X，Wang Q，Jin Z，et al. Stable ultra-fast broad-bandwidth photodetectors based on alpha-$CsPbI_3$ perovskite and $NaYF_4$：Yb，Er quantum dots[J]. Nanoscale，2017，9（19）：6278-6285.

[63]　Wolfgang H，Brabec C. Perovskites target X-ray detection[J]. Nature Photonics，2016，10（5）：288-289.

[64]　Zhang G，Chen X K，Xiao J，et al. Delocalization of exciton and electron wavefunction in non-fullerene acceptor molecules enables efficient organic solar cells[J]. Nature Communications，2020，11（1）：1-10.

[65]　Liu Y，Ye H，Zhang Y，et al. Surface-tension-controlled crystallization for high-quality 2D perovskite single crystals for ultrahigh photodetection[J]. Matter，2019，1（2）：465-480.

[66]　Liu Y，Zhang Y，Yang Z，et al. Multi-inch single-crystalline perovskite membrane for high-detectivity flexible photosensors[J]. Nature Communications，2018，9（1）：1-11.

[67]　Wei H，Fang Y，Mulligan P，et al. Sensitive X-ray detectors made of methylammonium lead tribromide perovskite single crystals[J]. Nature Photonics，2016，10（5）：333-339.

[68]　Shrestha S，Fischer R，Matt G J，et al. High-performance direct conversion X-ray detectors based on sintered hybrid lead triiodide perovskite wafers[J]. Nature Photonics，2017，11（7）：436-440.

[69]　Pan W，Yang B，Niu G，et al. Hot-pressed $CsPbBr_3$ quasi-monocrystalline film for sensitive direct X-ray detection[J]. Advanced Materials，2019，31（44）：1904405.

[70]　Thirimanne H M，Jayawardena K，Parnell A J，et al. High sensitivity organic inorganic hybrid X-ray detectors with direct transduction and broadband response[J]. Nature Communications，2018，9（1）：1-10.

[71]　Wei W，Zhang Y，Xu Q，et al. Monolithic integration of hybrid perovskite single crystals with heterogenous substrate for highly sensitive X-ray imaging[J]. Nature Photonics，2017，11（5）：315-321.

[72]　Liu J，Shabbir B，Wang C，et al. Flexible，printable soft-X-ray detectors based on all-inorganic perovskite quantum dots[J]. Advanced Materials，2019，31：1901644.

[73]　Chen Q，Wu J，Ou X，et al. All-inorganic perovskite nanocrystal scintillators[J]. Nature，2018，561（7721）：88-93.

[74]　Heo J H，Shin D H，Park J K，et al. High-performance next-generation perovskite nanocrystal scintillator for nondestructive X-Ray imaging[J]. Advanced Materials，2018：1801743.

[75]　Li X，Meng C，Huang B，et al. All-perovskite integrated X-ray detector with ultrahigh sensitivity[J]. Advanced Optical Materials，2020，8（12）：2000273.

[76]　Zhang Y，Sun R，Ou X，et al. Metal halide perovskite nanosheet for X-ray high-resolution scintillation imaging screens[J]. ACS Nano，2019，13（2）：2520-2525.

[77]　Yu J，Liu G，Chen C，et al. Perovskite $CsPbBr_3$ crystals：Growth and applications[J]. Journal of Materials Chemistry C，2020，8（19）：6326-6341.

[78] He Y，Matei L，Jung H J，et al. High spectral resolution of gamma-rays at room temperature by perovskite CsPbBr₃ single crystals[J]. Nature Communications，2018，9（1）：1-8.

[79] Pan L，Feng Y，Kandlakunta P，et al. Performance of perovskite CsPbBr₃ single crystal detector for gamma-ray detection[J]. IEEE Transactions on Nuclear Science，2020，67（2）：443-449.

[80] Domanski K，Tress W，Moehl T，et al. Working principles of perovskite photodetectors：Analyzing the interplay between photoconductivity and voltage-driven energy-level alignment[J]. Advanced Functional Materials，2015，25（44）：6936-6947.

[81] Wang H，Cao S，Yang B，et al. NH₄Cl-modified ZnO for high-performance CsPbIBr₂ perovskite solar cells via low-temperature process[J]. Solar RRL，2019，4（1）：1900363.

[82] Wang M，Wang H，Li W，et al. Defect passivation using ultrathin PTAA layers for efficient and stable perovskite solar cells with a high fill factor and eliminated hysteresis[J]. Journal of Materials Chemistry A，2019，7（46）：26421-26428.

[83] Wang H，Li H，Cao S，et al. Interface modulator of ultrathin magnesium oxide for low-temperature-processed inorganic CsPbIBr₂ perovskite solar cells with efficiency over 11%[J]. Solar RRL，2020，4（9）：2000226.

[84] Hwang I，Jeong I，Lee J，et al. Enhancing stability of perovskite solar cells to moisture by the facile hydrophobic passivation[J]. ACS Applied Materials & Interfaces，2015，7（31）：17330-17336.

[85] Niu T，Lu J，Munir R，et al. Stable high-performance perovskite solar cells via grain boundary passivation[J]. Advanced Materials，2018，30（16）：1706576.

[86] Hu Q，Wu H，Sun J，et al. Large-area perovskite nanowire arrays fabricated by large-scale roll-to-roll micro-gravure printing and doctor blading[J]. Nanoscale，2016，8（9）：5350-5357.

[87] Chen H，Ye F，Tang W，et al. A solvent-and vacuum-free route to large-area perovskite films for efficient solar modules[J]. Nature，2017，550（7674）：92-95.

[88] Xu T，Wu Y K，Luo X，et al. Plasmonic nanoresonators for high-resolution colour filtering and spectral imaging[J]. Nature Communications，2010，1（1）：1-5.

[89] Nishiwaki S，Nakamura T，Hiramoto M，et al. Efficient colour splitters for high-pixel-density image sensors[J]. Nature Photonics，2013，7（3）：240-246.

[90] Zhou J，Luo J，Rong X，et al. Lead-free perovskite derivative Cs₂SnCl₆₋ₓBrₓ single crystals for narrowband photodetectors[J]. Advanced Optical Materials，2019，7（10）：1900139.

[91] Fang Y，Dong Q，Shao Y，et al. Highly narrowband perovskite single-crystal photodetectors enabled by surface-charge recombination[J]. Nature Photonics，2015，9（10）：679-686.

[92] Miao J，Zhang F，Du M，et al. Photomultiplication type narrowband organic photodetectors working at forward and reverse bias[J]. Physical Chemistry Chemical Physics，2017，19（22）：14424-14430.

第6章 无机钙钛矿电子器件

6.1 概　　述

近年来，无机钙钛矿因其优异的光电性能在太阳能电池、激光器和光电探测器等领域获得了广泛应用。另外，无机钙钛矿还具有制备工艺简单、带隙合适、易于大面积加工制造和集成到经典电子器件中等优势，在电子器件（如存储器、晶体管、传感器）领域也展现了相当大的潜力。相较于传统 Si 基材料，无机钙钛矿可制备于柔性衬底上，因而可应用于柔性及可穿戴电子设备。同时，相较于现阶段常用的有机物半导体和氧化物半导体，无机钙钛矿具有更高的迁移率，可以有效提升器件的性能。与基于 HOIPs 的电子器件相比，无机钙钛矿电子器件由于其高重复性和稳定性而更具竞争力。本章将主要阐述无机钙钛矿在传统电子器件中的应用。

6.2　无机钙钛矿存储器

存储器是用来存储程序和各种数据信息的记忆部件，是除电阻、电容、电感外的第四种基本电路。根据存储材料的性能及使用方法，存储器有多种分类：①根据存储介质，可分为半导体器件存储器（使用半导体器件制作的存储器）和磁表面存储器（使用磁性材料制作的存储器）；②根据存储方式，可分为随机存储器（任何存储单元的内容都能被随机存取，且存取时间与存储单元的物理位置无关）和顺序存储器（只能按某种位置来存取，且存取时间与存储单元的物理位置有关）；③根据存储器的读写功能，可分为只读存储器（read-only memory，ROM）和随机存储器（random access memory，RAM），ROM 中存储的内容是固定不变的，是一种只能读出而不能写入的半导体存储器，RAM 是一种既能读出也能写入的半导体存储器；④根据信息的可保存性，又可分为非永久性记忆存储器（存储的信息在断电后立即消失）和永久性记忆存储器（断电后仍能保存信息）。

以图 6.1（a）所示的三明治结构存储器为例，在不同的外加电场下，根据不同的工作原理，存储器的储存模式可以表现为突变式变化或平缓式变化[1]。如图 6.1（b）所示，基于突变式变化的存储器[如阻变存储器（resistive random access memory，RRAM）]由于可以存在多个电阻状态，可作为数字存储器用于实现信息存储、逻辑运算等功能；如图 6.1（c）所示，基于平缓式变化的存储器由于其电阻变化的缓慢性，可作为模拟存储器用于生物突触模拟。基于这一分类，本节将介绍无机钙钛矿在 RRAM、闪存器及突触器件等存储器中的应用。

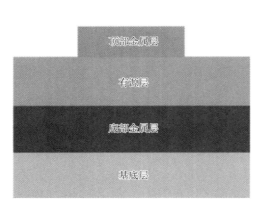

(a) 三明治结构的存储器示意图

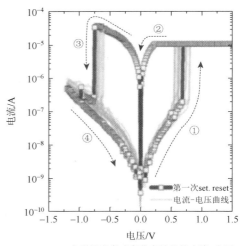

(b) 典型的突变式变化存储器的电流-电压
特性曲线（set、reset分别指设置、重置）

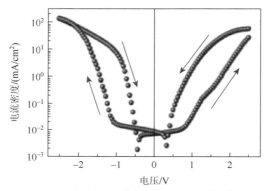

(c) 典型的平缓式变化存储器的J-V特性曲线

图 6.1　存储器的基本结构和特性曲线

6.2.1　无机钙钛矿 RRAM

RRAM 是以电阻转变效应为工作原理，在高阻态（high resistance state，HRS）、低阻态（low resistance state，LRS）或多种电阻态（在多值存储器或忆阻器中）之间实现可逆转换为基础的非易失性存储器。相较于传统浮栅闪存器，RRAM 在器件结构、速度、可微缩性、三维集成潜力等方面具有明显优势，可应用于信息存储及逻辑运算，是一种重要的新型存储器。

在 RRAM 中，从高阻态向低阻态的转变过程称为 set 过程，而从低阻态向高阻态的转变过程则称为 reset 过程。新制备的 RRAM 由于内部缺陷较小，通常表现为具有很高电阻的初始阻态（initial resistance state，IRS），需要对其施加一个大于其设置电压的正向偏压去驱动其接下来的电阻转变行为。这个过程称为电成型（electroforming）或成型（forming）。当电压增大到 forming 电压时，器件将转变为低阻态。在此过程中，有源层里产生了缺陷（金属阳离子或氧阴离子），导电缺陷连通形成了导电细丝，进而获得可重复的阻变效应。随后通过对器件进行负向扫描，当电压增大至 reset 电压时，阻变层中导电细丝断裂，器件从低阻态转变为高阻态，即发生 reset 转变，如图 6.1（b）过程②和③所示。通过再次对器件进行正向扫描，可使器件从高阻态转变为低阻态，导电细丝连通，发生 set 转变，如图 6.1（b）过程①和④所示。在这一循环扫描过程中，set 过程又可以称为编程操作，而 reset 过程又可以称为擦除操作，其中，set 电压通常低于 forming 电压。耐受性好的器件可以重复连续执行 set 和 reset 转变。

在 RRAM 中，电阻转变行为通常可分为两种。一是单极性开关，即开关方向取决于外加电压大小而非外加电场方向，因此，其中的 set 和 reset 过程发生于同一极性下。单极性 RRAM 中，set 电压通常大于 reset 电压。二是双极性开关，即开关方向取决于外加电场方向，因此，其中的 set 和 reset 过程发生于不同极性的施加偏压下。此外，少部分 RRAM 也表现了无极性电阻转变，即 set 和 reset 过程在任何极性下都可以发生。对于电阻转变行为，为了避免电流过大造成器件失效，需要在测试时通过半导体参数分析仪设置限流（compliance current，CC），或者在内存单元中植入一个晶体管或二极管或一系列电阻来实现限流。为了从内存单元中读取数据，需要施加一个较小的读取电压，该读取电压不能影响内存单元对高阻态或低阻态的识别。

除 set、reset 电压以外，RRAM 的性能表征还应考虑如下参数。

（1）电流开关比。器件处于高阻态与低阻态时的电流比值。RRAM 由于需要限流以避免击穿的发生，其在低阻态存在电流限值。在实际器件中，应使电流开关比尽可能大，从而减轻外围放大器负担，实现放大电路的简化。

（2）器件寿命。器件能够维持正常工作状态的周期数。正常工作状态往往要求器件能保持原始状态 70%以上的电流开关比。

（3）保持时间。器件长久保存数据信息的时间，也可称为长时稳定性。由于钙钛矿具有较不稳定的特性，基于钙钛矿的 RRAM 的稳定性相较于传统基于氧化物等的 RRAM 往往更低。借鉴卤化物钙钛矿太阳能电池稳定性提升的方法，可以通过优化界面，以实现钙钛矿材料自身结构稳定性的提升，或通过在器件顶部添加覆盖层，隔绝空气中的水分、氧气，以实现基于钙钛矿的 RRAM 稳定性的提升。

此前已有使用 $Pr_xCa_{1-x}MnO_3$（PCMO）[2]、$SrTiO_3$（STO）[3]、$BaTiO_3$[4]等氧化物钙钛矿作为 RRAM 功能层的报道，但此类薄膜制备较为复杂，且基于该类材料的 RRAM 运行所需温度通常较高，限制了其实际应用。由于具有热稳定性较好、制备温度较低等优势，卤化物钙钛矿在 RRAM 中的应用近年来受到广泛关注。表 6.1 总结了近年来无机钙钛矿 RRAM 的电学性能。

表 6.1　无机钙钛矿 RRAM 的电学性能总结

钙钛矿材料	set 电压/V	reset 电压/V	电流开关比	器件寿命/次	保持时间/s	参考文献
$CsPbBr_3$	−0.95	0.71	10^5	100	10^4	[5]
$CsPbBr_3$	−0.6	1.7	约 10^2	50	NA	[6]
$CsPbBr_3$	1.5	−1.5	5	300	NA	[7]

钙钛矿材料	set 电压/V	reset 电压/V	电流开关比	器件寿命/次	保持时间/s	参考文献
CsPbBr$_3$	1.5	−1.2	10^3	100	10^3	[8]
CsPbBr$_3$	0.7	−0.9	10^5	1000	10^4	[9]
CsPbBr$_3$	0.7	−0.8	10^2	50	10^4	[10]
CsPbBr$_3$	−0.98	0.7	10^3	50	10^5	[11]
CsPbBr$_3$	−0.43	1.13	10^4	200	$5×10^3$	[12]
CsPbBr$_3$	0.36	−1.19	10^3	NA	NA	
CsPbBr$_3$ 量子点	2.3（无光） 1.1（365nm， 0.153mW/cm^2）	−2.7（无光） −1.7（365nm， 0.153mW/cm^2）	10^5	5000	$4×10^5$	[13]
Cs$_4$PbBr$_6$	0.5～2.0	−0.6	60	100	10^4	[14]
CsPbI$_3$	0.18	−0.1	$1.26×10^7$	300	NA	[15]
CsPbI$_3$	−0.1	0.8	10^6	100	10^3	[16]
CsPbI$_3$	0.42	−0.39	10^2	500	10^3	[17]
CsPbCl$_3$ 量子点	−0.3	2.6	$2×10^4$	100	10^4	[18]
CsSnI$_3$	0.13	−0.08	$>10^3$	600	$7×10^3$	[19]
Cs$_3$Bi$_2$I$_9$	0.3	−0.5	10^3	1000	10^4	[20]
Cs$_3$Bi$_2$I$_9$	0.1	−0.63	$9.73×10^8$	400	10^3	[21]
CsBi$_3$I$_{10}$	−1.7	0.9	10^3	150	10^4	[22]
Cs$_3$Sb$_2$Br$_9$	2.1	−4.5	10^6	NA	$2×10^4$	[23]
Cs$_2$AgBiBr$_6$	1.53	−3.54	10^3	1000	10^5	[24]
CsPb$_{1-x}$Bi$_x$I$_3$	−5.0	4.0	20	500	10^4	[25]
Rb$_3$Bi$_2$I$_9$	0.09	−0.48	$1.45×10^7$	200	10^3	[21]

2016～2017 年，Wu 等报道了首个无机金属卤化物钙钛矿非易失性存储器——基于 CsPbBr$_3$ 的 RRAM[5]。为了提升器件的稳定性，他们使用磁控溅射法在 CsPbBr$_3$ 薄膜和 Ni 电极间制备了一层非晶 ZnO 薄膜，如图 6.2（a）所示。与传统存储器数百纳米的有源层厚度不同，该器件中 CsPbBr$_3$ 薄膜的厚度约为 1μm[图 6.2（b）]，这是为了避免由缺乏有效的薄膜制备手段导致的 CsPbBr$_3$ 薄膜在低厚度下的较差稳定性及短路现象。与仅采用 CsPbBr$_3$ 或 ZnO 的 RRAM 相比，采用 CsPbBr$_3$/ZnO 结构的 RRAM 具有更好的工作性能。这是由于在负向偏压下，电子受肖特基发射的影响注入 ZnO 中，并在 CsPbBr$_3$/ZnO 界面形成势垒。在低偏压区域，由于电场太小，电子无法越过这一势垒，从而形成缺陷中心，使器件保持在高阻态。随着负向偏压的上升，现有的缺陷中心被注入的载流子逐渐占据，过量电子在 CsPbBr$_3$/ZnO 界面堆积，形成空间电荷，增加系统能量。随着负向偏压的进一步上升，器件中逐渐形成一个内建电场，避免了电子的进一步注入，使器件

的电流-电压曲线符合查尔德法则（Child's law）。当施加一个大于钙钛矿 CBM 与 Ni 功函数之差的负向电场时，这些过量的电子得到足够的能量并越过势垒，器件迅速变为低阻态。基于 CsPbBr$_3$ 薄膜的电荷捕获能力，即使这一电场被移除，低阻态仍然存在。但当施加正向偏压时，这些电荷可被提取，器件重新回到高阻态。如图 6.2（c）所示，该器件电流开关比达到 10^5，即使在 100 次的电流-电压测试后，仍能在 set 与 reset 之间实现瞬态变化，且曲线无明显衰减，证明了此器件良好的续航性。同时，该器件即使在空气中存放 20d，电流开关比的变化仍较小，如图 6.2（d）所示，证明了该器件具有良好的稳定性。他们认为这一微小变化主要由空气中的水分子导致，且对性能衰退后的器件进行 100℃、30min 退火处理可以使其性能迅速恢复至衰退前[图 6.2（d）]。实现柔性可穿戴电子设备的前提是实现其内部所有部件在柔性衬底上的高性能工作。考虑到常用柔性衬底（如 PEN、PET、PI 等[①]）多为有机材质，器件的整体制备温度不得过高（对于 PEN，不得高于 200℃；对于 PET，不得高于 120℃）。通过替换使用柔性 PET 衬底及不高于 75℃ 的制备温度，2017 年，Liu 等报道了基于 Al/CsPbBr$_3$/PEDOT:PSS/ITO/PET 结构的柔性忆阻器[6]，实现了较低的 set 电压（约 0.6V），且在 3V 或−2V 的脉冲下电流开关比约为 10^2。如图 6.3 所示，此忆阻器性能随弯折变化较小，证明了其具有较好的稳定性、重复性及可依赖性。此外，他们还通过拟合 lg$I$ 与 lg$V$ 间的关系分析了器件中的载流子运输情况，从而进一步研究了该忆阻器的导电机制，如图 6.3（c）和（d）所示。在低阻态区域，器件的导电机制主要表现为欧姆行为，表明在 CsPbBr$_3$ 薄膜中形成导电细丝。在高阻态区域，器件的导电机制主要表现为 SCLC。由图 6.3 可知，在高阻态的低电压区间，拟合曲线表现了线性依赖性，具有约为 1 的斜率，证明了欧姆传导。在高阻态的高电压区间，电流随偏压的增加而迅速增加，符合查尔德平方法则（Child's square law），即 $I \propto V^2$。同时，他们提出了两种潜在的导电细丝形成原因：①O^{2-}在施加偏压作用下的迁移和漂移运动；②Br$^-$的迁移和漂移运动。基用这一器件结构，Lin 等在 2018 年报道了 CsPbBr$_3$ 瞬态 RRAM，在 60s 内实现了在去离子水中的完全溶解，且其光学性能与电学性能消失[7]。这为理解和设计无机卤化物钙钛矿瞬态器件奠定了基础，并为安全存储设备、一次性电子器件和零浪费的电子设备的研究提供了新的思路。

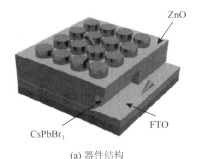

(a) 器件结构　　　　　　　　　　　　(b) 器件横截面扫描电镜图

---

① PEN 指聚萘二甲酸乙二醇酯（polyethylene naphthalate）；PI 指聚酰亚胺（polyimide）。

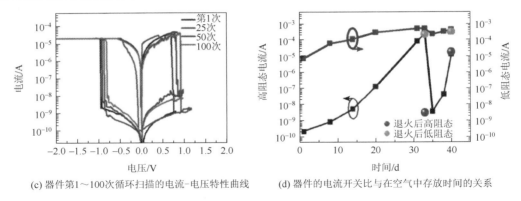

(c) 器件第1～100次循环扫描的电流–电压特性曲线　　　(d) 器件的电流开关比与在空气中存放时间的关系

图 6.2　器件结构、性能及稳定性表征

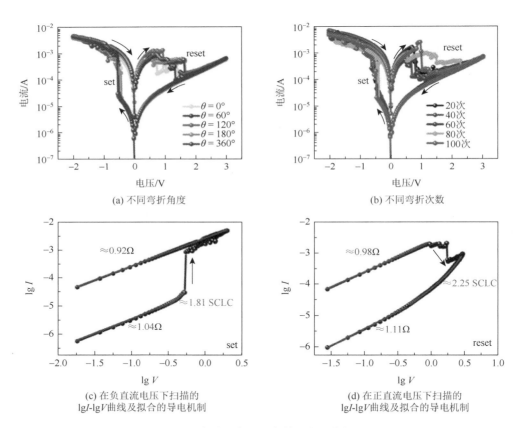

(a) 不同弯折角度　　　　　　　　　　　　　　　(b) 不同弯折次数

(c) 在负直流电压下扫描的
lg$I$-lg$V$曲线及拟合的导电机制　　　　　　　　(d) 在正直流电压下扫描的
lg$I$-lg$V$曲线及拟合的导电机制

图 6.3　存储器在不同条件下的工作性能

相对于其他无机钙钛矿，CsPbI$_3$ 在室温及大气环境下不稳定，这一不稳定相使得确认相变作用对存储器性能是否有影响成为可能。2017～2018 年，Han 等首先在 Si/SiO$_2$ 基底上制备 20nm/50nm 的 Ti/Pt 薄膜，然后采用旋涂法制备 CsPbI$_3$ 及 PMMA 薄膜，最后采用电子束蒸发法制备 Ag 电极，成功报道了基于 Si/SiO$_2$/Ti/Pt/CsPbI$_3$/PMMA/Ag 结构的 CsPbI$_3$ 存储器[15]。该存储器的工作需要 forming 过程：在首次电流-电压测试中，forming

电压为 + 0.35V；经后续测试后，forming 电压降低至 + 0.18V。这一过程表明该器件由丝转换机制（filamentary switching mechanism）而不是均质区域转换机制（homogeneous area switching mechanism）主导。该器件具有良好的工作性能，可以实现 set 与 reset 瞬态转换，且电流开关比达到 1.26×10^7，reset 电压低至 $-0.1V$，具备在低电压下运行的能力。同时，通过设置不同的电流限值（$10^{-3}A$、$10^{-4}A$、$10^{-5}A$ 及 $10^{-6}A$），该器件可以实现多种电阻态，从而实现多值存储。在空气中放置 4d 后，器件的 reset 电压从 $-0.1V$ 变为 $-0.16V$，这主要是由于 $CsPbI_3$ 从正八面体相变为非钙钛矿的正交相，从而阻碍了钙钛矿中的离子移动。

由于 Pb 具有剧毒性，越来越多的研究开始投入非铅钙钛矿中。2019 年，Han 等报道了基于 $Si/SiO_2/Ti/Pt/CsSnI_3/PMMA/Metal$（Metal 指金属，为 Au 或 Ag）结构的无机钙钛矿存储器[19]。如图 6.4（a）所示，当使用 Ag 作为顶电极时，器件表现为非易失双极性存储，且能迅速在开关状态间转换，电流开关比达到 7×10^3。然而，当使用 Au 作为顶电极时，器件表现为易失性双极性存储，且在开关状态间转换较慢[图 6.4（b）]。这表明器件的工作原理随顶电极的变化而变化。如图 6.4（c）和（d）所示，当使用 Ag 作为顶电极及正向偏压时，Ag 导电细丝在顶电极及底电极之间的 $CsSnI_3$ 中形成；当使用 Au 作为顶电极及正向偏压时，Sn 空位在顶电极/钙钛矿界面处堆积。这一现象使 p 型钙钛矿耗尽层的实际厚度减小，势垒降低，电子较容易基于隧穿效应通过肖特基势垒。因此，接触电阻减小，器件缓慢变换至低阻态。

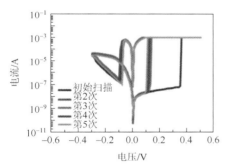

(a) 器件使用Ag作为顶电极时的电流-电压特性曲线

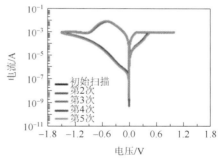

(b) 器件使用Au作为顶电极时的电流-电压特性曲线

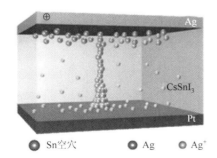

(c) 器件使用Ag作为顶电极时的示意图

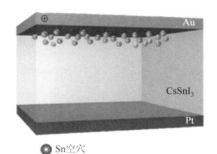

(d) 器件使用Au作为顶电极时的示意图

扫一扫　看彩图

图 6.4　器件使用 Ag 和 Au 作为顶电极时的电流-电压特性曲线及示意图

 2019 年，Cheng 等使用 ITO/$Cs_2AgBiBr_6$/Au 的结构报道了基于 $Cs_2AgBiBr_6$ 的非铅双钙钛矿存储器[24]。测试发现，该存储器具有良好的稳定性，具体表现为在经过 10^3 次测试、10^5s 的读取时间和 10^4 次的弯折测试后，该存储器仍能较好地保持其高工作性能。更为重要的是，由于 Ag 与 Br 的强键力及 $Cs_2AgBiBr_6$ 的良好结晶性，该存储器在多种极端条件（如相对湿度为 80%、温度为 453K、在酒精灯下灼烧 10s 或暴露在辐照强度为 $5×10^5$rad 的 ^{60}Co γ 射线中）下也表现了较好的稳定性，如图 6.5 所示。由于此前报道或已商业量产的存储器无法在此类极端条件下保持良好的工作性能，该存储器在航天、军工、能源等领域具有良好的应用前景。

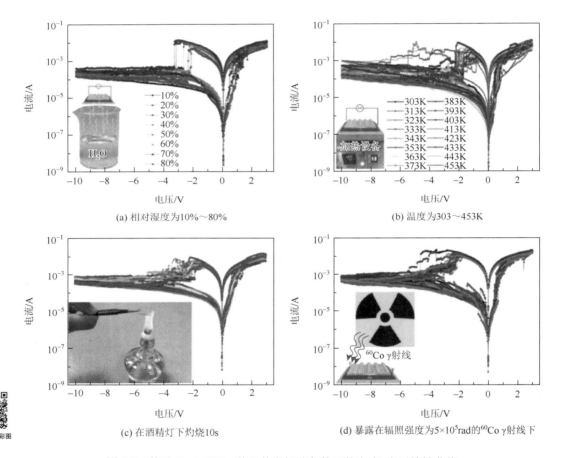

图 6.5　基于 $Cs_2AgBiBr_6$ 的器件在极端条件下的电流-电压特性曲线

 相较于传统三维钙钛矿材料，钙钛矿量子点具有更好的稳定性及良好的光电性能，在存储器中具有良好的应用前景。2018 年，深圳大学与香港城市大学合作，使用 PET/ITO/PMMA/$CsPbBr_3$ 量子点/PMMA/Ag 结构，首次报道了基于 $CsPbBr_3$ 量子点的 RRAM，系统性研究了光照条件对存储器阻变性能的影响，通过偏压和光照强度的组合获得更大的电流开关比和多级数据存储，并且通过紫外光加密存储数据，在超过

4×10^5s 后仍能保持开关特性[13]。该立方状 CsPbBr$_3$ 量子点的平均尺寸为 8nm，可采用全溶液旋涂法进行制备。如图 6.6（a）～（c）所示，该器件的 set 及 reset 电压与扫描电压范围、前驱体溶液浓度及电流限值密切相关。由于 CsPbBr$_3$ 量子点具有良好的光电效应，光信号可以用作除电信号外的另一个外置电源，以驱动存储器高效工作。根据这一理论，他们设计了如图 6.6（d）所示的测试模块，并实现了逻辑或门。图 6.6（e）示出了该存储器对波长为 365nm 的不同光照强度的光的响应能力，可以看到，由于光作为外置驱动，随着光照强度的增大，set 及 reset 电压减小，高阻态区间电流上升。同时，该器件在无光和光照强度为 0.153mW/cm^2 的条件下分别实现了 1.4×10^{-5}A 和 4.5×10^{-5}A 的开电流及 2.9×10^{-10}A 和 5.6×10^{-10}A 的关电流。这些都表明通过调节偏压及光照强度，该器件可以实现较大的电流开关比（10^5）及多值存储，并可使用紫外光对储存的数据进行加密。他们还对 CsPbBr$_3$ 量子点薄膜在低阻态下的成分进行了分析，发现该器件具有显著电阻开关效应的原因是金属导电细丝的形成和破坏及由外加电场和光照导致的 Br$^-$ 空位的形成。同时，他们将此基于 CsPbBr$_3$ 量子点的 RRAM 与一个 p 型并五苯（pentacene）晶体管相连，得到具有闪存功能的光驱动柔性存储器，如图 6.6（f）所示。该器件在 500 次弯折循环后仍能保持较好的性能，这对今后光控存储器的开发具有一定的指导意义。

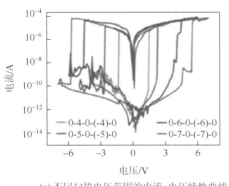

(a) 不同扫描电压范围的电流-电压特性曲线

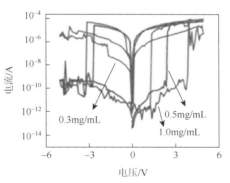

(b) 不同前驱体溶液浓度的电流-电压特性曲线

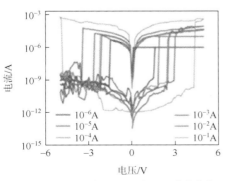

(c) 不同电流限值的电流-电压特性曲线

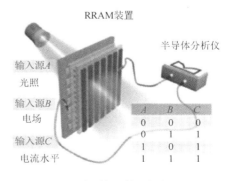

(d) 逻辑或门器件示意图

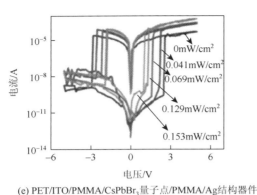

(e) PET/ITO/PMMA/CsPbBr$_3$量子点/PMMA/Ag结构器件
在无光及不同光照强度下的电流-电压特性曲线

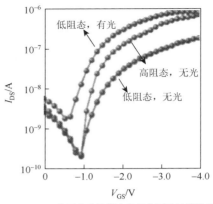

(f) RRAM-并五苯晶体管在各条件下的转移特性曲线

图 6.6　CsPbBr$_3$ 量子点存储器的工作性能

6.2.2　无机钙钛矿闪存器

　　具备经典三端晶体管结构的闪存器近年来在各领域受到大量关注，其基本工作原理如图 6.7 所示[26]。与普通晶体管不同，闪存器需要在沟道材料间引入浮动栅极。较厚的阻隔介质层主要用于防止在编程/擦除过程中存储的电荷从浮动栅极中逃离至栅极，隧穿介质层有助于电荷载流子注入浮动栅极中，从而在合适的源栅极电压（gate-source voltage，V_{GS}）下实现编程和擦除功能。要实现快速编程/擦除及低电压下工作，隧穿介质层必须非常薄，但这往往导致器件稳定性降低，因此需要找到两者的平衡点。

　　在闪存器的编程状态下，电荷在外加电场的作用下由沟道隧穿至浮动栅极。通过在底栅上施加一个反向的输入电压，将存储的电荷释放回半导体沟道，形成擦除。浮动栅极中的电荷储存状态对沟道电导率产生影响，从而导致 V_{TH} 的移动，如图 6.7（c）所示。通过分析这一由浮动栅极导致的移动与原始状态和编程状态下的转移特性曲线，

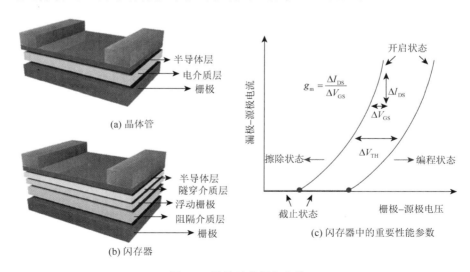

(a) 晶体管

(b) 闪存器

(c) 闪存器中的重要性能参数

图 6.7　结构示意图和参数

可以轻松区分存储载流子类型是空穴还是电荷。此外，通过在底栅上施加合适的正向或负向偏压，浮动栅极闪存器可以在擦除与编程状态下反复切换，从而实现二进制的"0"和"1"存储状态。除器件寿命、保持时间等参数外，记忆窗口也是闪存器非常重要的参数，其通常表现为擦除和编程状态下 V_{TH} 的差值。

2018 年，Wang 等使用溶液法制备的紧密排布的钙钛矿量子点作为浮动栅极替代传统的钙钛矿量子点/聚合物的混合结构，以形成光驱动效应，报道了基于 Si/SiO₂/CsPbBr₃ 量子点/PMMA/并五苯/Au 结构的闪存器，如图 6.8（a）和（b）所示[27]。通过在界面处旋涂一层额外的 PMMA，有效弥补钙钛矿缺陷，保证了并五苯的良好结晶性。CsPbBr₃ 量子点/PMMA 双层结构的发光强度由于并五苯层的存在而大幅降低，表明并五苯和 CsPbBr₃ 量子点/PMMA 间电荷传输的高效性[图 6.8（c）]，并使该存储器表现光编程的特性。如图 6.8（d）～（f）所示，转移特性曲线在 0.153mW/cm²、365nm 的光照下发生正向移动，证明电子在 CsPbBr₃ 浮动栅极中的储存。该光编程状态的擦除可以通

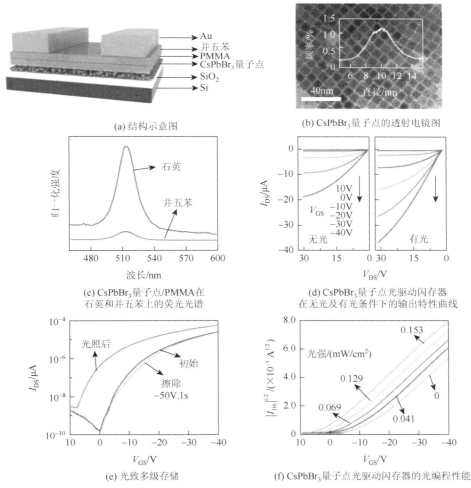

(a) 结构示意图

(b) CsPbBr₃ 量子点的透射电镜图

(c) CsPbBr₃ 量子点/PMMA 在
石英和并五苯上的荧光光谱

(d) CsPbBr₃ 量子点光驱动闪存器
在无光及有光条件下的输出特性曲线

(e) 光致多级存储

(f) CsPbBr₃ 量子点光驱动闪存器的光编程性能

图 6.8　CsPbBr₃ 量子点光驱动闪存器

过施加−50V 的电脉冲信号从而释放捕获电子来实现。通过调整光强、波长和持续时间，实现了光致多级存储状态且保持高稳定性，证明了光编程的灵活性。此外，该器件在编程/擦除 10^3 次后的工作性能几乎没有衰退，证明器件具有高重复性及良好的耐受性。

2019 年，天津大学 Li 等报道了采用 CsPbBr$_3$ 量子点作为半导体层、Ag 纳米粒作为浮动栅极的光驱低电压非易失性三端存储器[28]。如图 6.9（a）～（d）所示，当 $V_{GS}>0$ 时，器件处于编程状态，电子由 CsPbBr$_3$ 量子点和源极进入 PMMA 层并困于 Ag 纳米粒中，使转移特性曲线表现正向移动的趋势。在光照下，光生载流子产生于 CsPbBr$_3$ 量子点中，使更多电子在外部施加电场的作用下困于 Ag 纳米粒中。相反地，当 $V_{GS}<0$ 时，Ag 纳米粒中电子得到释放，并在外部电场作用下向源极及半导体层方向移动。同时，CsPbBr$_3$ 量子点中的空穴也向 Ag 纳米粒层移动，并与其中的电子配位。由于在光照下，CsPbBr$_3$ 量子点中的电子和空穴大量增加，沟道电导率发生变化，更多电子容易向有源层移动并与空穴结合。因此，器件在光照下表现了一个明显增大的记忆窗口。

这一编程及擦除过程也可以通过能带结构来进行解释，如图 6.9（e）和（f）所示。由于 Ag 的功函数为−4.26eV，与具有 2.3eV 带隙的 CsPbBr$_3$ 量子点形成较好的能带配位，电子或空穴即使在较低的工作电压下也可以较为容易地困于或释放于 Ag 纳米粒中。当 $V_{GS}>0$ 时，电子由 CsPbBr$_3$ 量子点通过 PMMA 层进入 Ag 纳米粒中，由于 Ag 纳米粒与 PMMA 间具有较大的势垒，电子很难反向移动，保证了其在 Ag 纳米粒中的有效储存。在擦除状态中，受强外部电场作用，电子可以跨过 Ag 纳米粒与 PMMA 间的势垒，从而得到释放。CsPbBr$_3$ 量子点中的空穴同时会向 Ag 纳米粒层移动，并与其中的电子结合，从而表现一个明显的记忆窗口。他们发现存储器中 V_{TH} 的变化与施加的 V_{DS} 密切相关：该器件在 1.4V V_{DS} 下仍能在运行 10^5s 后保持初始值的 79.3%，证明该器件具有良好的稳定性。Chen 等报道了基于 Au 纳米粒浮动栅极和 CsPbBr$_3$ 量子点的低电压非易失性三端存储器[29]，证明了无机钙钛矿（尤其是 CsPbBr$_3$ 量子点）在下一代低电压存储器中的广泛应用前景。

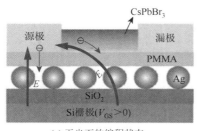

(a) 无光下的编程状态

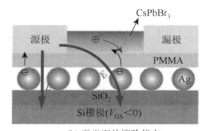

(b) 无光下的擦除状态

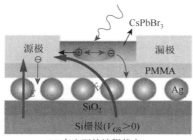

(c) 有光下的编程状态

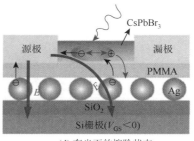

(d) 有光下的擦除状态

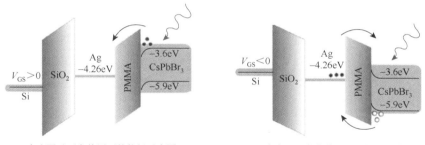

(e) 在光照及正向偏压下的能级示意图　　　　　(f) 在光照及负向偏压下的能级示意图

图 6.9　采用 CsPbBr$_3$ 量子点作为半导体层、Ag 纳米粒作为浮动栅极的光驱低电压非易失性三端存储器工作原理示意图

6.2.3　无机钙钛矿突触器件

存储器中的光信号可以作为附加端子用于生物系统中，以模拟具有较少能量损失的光子突触。相较于传统化学法，光具有较高的时空分辨率，使基于光驱动的存储器在调节突触可塑性、实现未来神经计算等领域具有重要用途。人脑中神经元之间的信号传递呈动态，且可发生在短至毫秒、长至数月的时间范围内。突触可塑性体现了由大脑记忆和学习能力引起的连接强度（重量）变化。短时程可塑性（short-term plasticity，STP）指由突触引起的变化可以在短时间（通常是毫秒至分钟量级）内恢复至原始状态；长时程可塑性（long-term plasticity，LTP）指由具有较高强度或较快重复频率的刺激导致的永久性的突触变化。STP 可运用于神经网络计算，LTP 则可用于模拟大脑的记忆及学习功能。Wang 等报道了基于 Au/并五苯/PMMA/CsPbBr$_3$ 量子点/SiO$_2$/Si 结构的存储器，通过光输入脉冲，成功实现了 LTP、双脉冲易化（paired-pulse facilitation，PPF）及双脉冲抑制（paired-pulse depression，PPD）等光编程功能的模拟[27]。

2019 年，Wang 等证明了基于 CsPbBr$_3$ 量子点及聚(3, 3-双十二烷基四聚噻吩) [poly(3, 3-didodecylquarterthiophene)，PQT-12]的光调节突触器件，如图 6.10（a）所示[30]。这里的光调节突触行为主要是通过 CsPbBr$_3$ 量子点/PQT-12 混合层作为电-光活性沟道而非电子捕获介质来实现的。同时，使用 CsPbBr$_3$ 量子点来掺杂 PQT-12 阵列，可以增强电荷分离能力，并赋予沟道光电流延迟与衰退的功能。因此，器件表现了高性能基本突触功能，如兴奋性突触后电流（excitatory post-synaptic current，EPSC）、PPF 和记忆-学习行为，如图 6.10（b）和（c）所示，证明了该器件及其制备方法在光电突触器件领域的巨大应用潜力。

相较于三端器件，两端器件不仅更接近生物突触的结构，而且具有很高的透明度和灵活性，这有助于在三维堆叠忆阻器中实现更高的集成密度。2020 年，福州大学与韩国汉阳大学合作，报道了基于 ITO/PEDOT:PSS/CuSCN/CsPbBr$_3$ 纳米片/Au 结构的光存储器[31]。该存储器耦合了光传感和突触可塑性功能，实现了光电输入信号的智能化处理，并成功模拟了典型的生物突触功能，如 PPF、STP、LTP、短期记忆（short-term memory，STM）与长期记忆（long-term memory，LTM）之间的转换等。同时，他们通过研究光电刺激协同作用下的器件响应，模拟了人类的学习-经验行为；通过使用小规模突触阵列演示，证明了该器

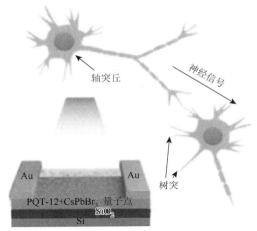

(a) 基于CsPbBr₃量子点/PQT-12复合结构的晶体管示意图及神经元信号在生物突触过程中的信号传输过程

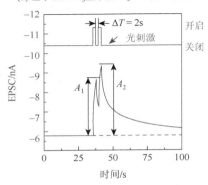

(b) 由预突触光尖峰（500nm，0.1mW/cm²，ΔT = 2s）
和恒定−1V的栅极电压及漏极电压触发的EPSC

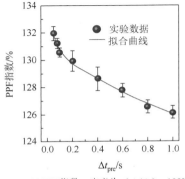

(c) PPF指数，定义为（A_2/A_1）×100%

图 6.10　无机钙钛矿量子点光调节突触器件

件独特的记忆回溯功能，即使经过遗忘处理，也可通过该功能挖掘前期所记忆的信息，这有助于获取时间维度上的光电信息，对未来光电神经形态计算的开发具有重要意义。这些结果证明了基于无机钙钛矿纳米片的光电突触器件在人工智能领域的良好应用潜力。

同年，Yang 等采用 ITO/SnO₂/CsPbCl₃/TAPC/TAPC:MoO₃/MoO₃/Ag/MoO₃ 结构，首次报道了基于 CsPbCl₃ 这一吸收紫外光的无机钙钛矿的人造光子突触，如图 6.11（a）所示[32]。该结构使用掺杂了 TAPC 的 MoO₃ 薄膜，提供了额外的电荷转移与吸收，使该器件具有透明外观，且在紫外光和红光下表现双模工作特征。该器件成功实现了 PPF、脉冲时间依赖可塑性、脉冲数字依赖可塑性和脉冲频率依赖可塑性等突触功能，以及 STP 和 LTP 等重要的神经形态特征。此外，他们仔细比较了在各种光强度和频率下的突触行为，并通过重复光脉冲，初步实现了长期突触可塑性。其中，紫外光照导致的神经突触行为主要是由 SnO₂ 纳米晶/CsPbCl₃ 界面上的电子俘获和去俘获效应导致的。通过在 SnO₂ 和 CsPbCl₃ 间形成异质结，界面中的激子分离，从而在基于 CsPbCl₃ 的人工突触器件中作为光调节电荷捕获的基础。在紫外光照和反向偏压下，突触行为主要是由直接隧穿到福勒−

诺德海姆（Fowler-Nordheim，F-N）隧穿的转变[33]，如图 6.11（b）所示，即在反向偏压下电子从 CsPbCl$_3$ 中隧穿至 SnO$_2$ 中。在移除光后，由于带间转换，电流快速下降[34]，突触后电流（post-synaptic current，PSC）未回到其初始状态，电子长时间保留在 SnO$_2$/CsPbCl$_3$ 界面。这些现象的发生是因为被捕获的能量势垒导致电导的变化，从而增大了 PSC。随着反向偏压在紫外光照下的逐渐增大，$\ln(I/V^2)$- $1/V$ 曲线在−0.36V 处出现明显的拐点 [图 6.11（b）]；在黑暗条件下，$\ln(I/V^2)$ 与 $1/V$ 呈线性关系[图 6.11（c）]，证明突触现象发生在反向偏压大于−0.36V 时。这一新型两端高透明柔性光子突触器件在记忆、计算和视觉识别等领域具有巨大的发展潜力。

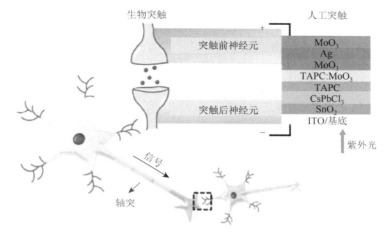

(a) 示意图，显示了突触、神经元和器件结构

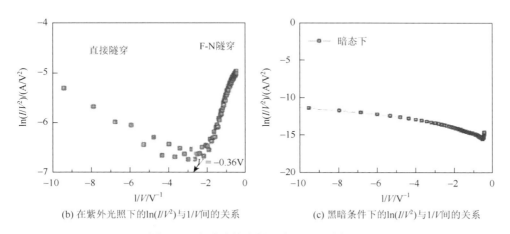

(b) 在紫外光照下的$\ln(I/V^2)$与$1/V$间的关系   (c) 黑暗条件下的$\ln(I/V^2)$与$1/V$间的关系

图 6.11 人脑生物突触示意图及工作性能

6.3 无机钙钛矿晶体管

晶体管是一种控制电流的半导体器件，一般具有三个端口，通过在其中一对端口施加电流或电压来实现另一对端口间电流的调控。晶体管主要分为两大类：双极晶体管

（bipolar junction transistor，BJT）及场效应晶体管。本节将主要阐述无机钙钛矿在场效应晶体管及基于此结构的发光晶体管中的应用。

6.3.1　无机钙钛矿场效应晶体管

场效应晶体管是通过控制输入回路的电场效应来控制输出电路电流的一种半导体器件，其三极分别为源极、栅极及漏极，在数字及逻辑电路中具有广泛的应用前景。由于仅靠半导体中的多数载流子导电，场效应晶体管又称为单极晶体管。根据沟道中的多数载流子，场效应晶体管又可分为 n 型场效应晶体管（电子导电）及 p 型场效应晶体管（空穴导电）。同时，根据场效应晶体管中底电极及顶电极相对于沟道的位置，场效应晶体管的结构具体可分为顶栅顶电极（top-gate top-contacts，TGTC）、顶栅底电极（top-gate bottom-contacts，TGBC）、底栅顶电极（bottom-gate top-contacts，BGTC）和底栅底电极（bottom-gate bottom-contacts，BGBC），如图 6.12 所示。

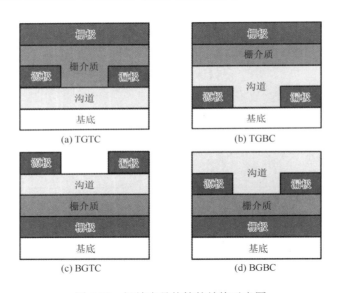

图 6.12　场效应晶体管的结构示意图

以 n 型场效应晶体管为例，其工作是通过将源极连接至地，并在漏极施加正向偏压，使电子从源极流至漏极来实现的。根据施加电压的不同，场效应晶体管分别工作在截止区间、线性区间及饱和区间[图 6.13（a）]。

当 $V_{GS} < V_{TH}$ 时，由于没有电流流经源极和漏极间，沟道中没有电子，场效应晶体管工作在截止区间。

当 $V_{GS} > V_{TH}$ 时，载流子在半导体/绝缘层界面形成累积层，沟道开始导电，且电流在源极和漏极间流动。此时，场效应晶体管的工作状态主要取决于 $V_{GS}-V_{TH}$ 与 V_{DS} 之间的差距。当 V_{DS} 非常小（$V_{DS} \ll V_{GS}-V_{TH}$）时，I_{DS} 符合欧姆定律，即 $I_{DS} = V_{DS}/R_{ch}$（R_{ch} 为沟道电阻）。该状态下，场效应晶体管工作在线性区间。

当 V_{DS} 增大至与 $V_{GS}-V_{TH}$ 相当（$V_{DS}=V_{GS}-V_{TH}$）时，沟道夹断现象发生，表现为栅极与沟道中靠近漏极的部分间的压差消失。此时，由于电场平衡，进一步增大 V_{DS} 不会将此夹点推向源极。因此，沟道中源极至夹点的电阻不变，进一步增大 V_{DS} 不会使 I_{DS} 发生变化，场效应晶体管工作在饱和区间。

图 6.13（b）为 n 型场效应晶体管的转移特性曲线。场效应晶体管的工作性能由电流开关比（I_{ON}/I_{OFF}）、开启电压（V_{ON}）、阈值电压（V_{TH}）、亚阈值摆幅（subthreshold swing，SS）及迁移率（μ）决定。

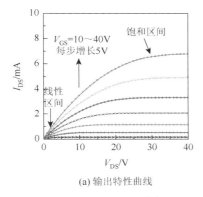

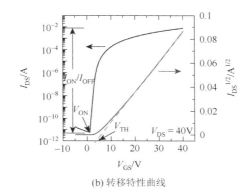

(a) 输出特性曲线　　　　　　　　　　(b) 转移特性曲线

图 6.13　n 型场效应晶体管特性曲线

虚线为 $I_{DS}^{1/2}$ 的线性拟合

（1）电流开关比。电流开关比是指最大 I_{DS} 与最小 I_{DS} 的比值。沟道材料及尺寸、施加电压和栅极电容等参数均可影响最大 I_{DS}；最小 I_{DS} 通常由漏电电流（I_G）和沟道的电阻率决定。对大部分应用，较大的电流开关比对于电开关至关重要[35]。

（2）开启电压。开启电压是指开启场效应晶体管所需的电压。

（3）阈值电压。阈值电压是指导电沟道在半导体/绝缘层界面聚集所需的 V_{GS}。由于场效应晶体管具有不同的工作区间（线性区间及饱和区间），V_{TH} 在此两个区间的计算方式有所不同。在线性区间（V_{DS} 较小）内，V_{TH} 可以由 I_{DS}-V_{GS} 的线性延长线与 $I_{DS}=0$ 时的交点来决定；在饱和区间（V_{DS} 较大）内，V_{TH} 可以由 $I_{DS}^{1/2}$-V_{GS} 的线性延长线与 $I_{DS}=0$ 时的交点来决定。

（4）SS。SS 是指让 I_{DS} 上升 10 倍所需的 V_{GS}，表现为器件在开与关状态间转换的能力。通常来说，SS 应小于 1V/dec，为 0.1～0.3V/dec。较小的 SS 意味着更高效的开关转换及更低的功耗。SS 可以由式（6.1）计算：

$$SS = \left(\left. \frac{d\lg(I_{DS})}{dV_{GS}} \right| max \right)^{-1} \tag{6.1}$$

式中，倒数部分是由 $\lg(I_{DS})$-V_{GS} 曲线得到的。

（5）迁移率。迁移率代表器件中载流子迁移能力，并直接影响器件的最大 I_{DS} 及场效应晶体管的工作频率。当施加电场较小时，迁移率与载流子速率正相关，因此，场效应晶体管的响应频率随着迁移率的增大而增大[36]。同时，那些具有较大迁移率的器件往往具有较大的电流，可以更快速地给电容充能。另外，对于一些需要固定电流的应用，较大的迁移率往往意味着较小的器件尺寸，在单个显示像素中占有更小的位置，有效降低了功耗。散射效应严重影响场效应晶体管的迁移率，它是由多种现象导致的，如在绝缘层或绝缘层/半导体界面处的能量堆积、杂质、晶界边缘效应及不平整的界面等。

场效应晶体管迁移率可以分别通过其在线性区间及饱和区间内的工作状态得到。在线性区间（$V_{DS} \ll V_{GS} - V_{TH}$）内，有效迁移率（$\mu_{eff}$）可以由器件在低 V_{DS} 下的电导（g_d）得到：

$$\mu_{eff} = \frac{g_d}{C\dfrac{W}{L}(V_{GS} - V_{TH})} \tag{6.2}$$

式中，W 和 L 分别为场效应晶体管沟道的宽度和长度；C 为场效应晶体管栅极电容。场效应迁移率（μ_{FE}）可以由器件在低 V_{DS} 下的跨导（g_m）得到：

$$\mu_{FE} = \frac{g_m}{C\dfrac{W}{L}V_{DS}} \tag{6.3}$$

在饱和区间（$V_{DS} > V_{GS} - V_{TH}$）内，饱和迁移率（μ_{sat}）可以由器件在高 V_{DS} 下的传导率 $d(I_{DS})^{1/2}/dV_G$ 得到：

$$\mu_{sat} = \frac{\left(\dfrac{d\sqrt{I_{DS}}}{dV_G}\right)^2}{\dfrac{1}{2}C\dfrac{W}{L}} \tag{6.4}$$

尽管二维 HOIPs 显示了高迁移率和高电流开关比等较好的性能，但是其 B 位离子通常为 Sn^{2+}，器件稳定性不足，限制了其潜在应用[37]。基于传统钙钛矿体材料（如 $MAPbI_3$）的场效应晶体管虽然也有报道，但由于 A 位有机原子活化能较小，其稳定性受水和热影响较大。这一问题可以通过将 A 位有机阳离子替换为无机阳离子来有效解决。考虑离子半径及容忍因子的影响，Cs 是一种合理的 A 位元素。然而，受载流子迁移率较低、传输机理不明等问题的影响，现阶段无机钙钛矿场效应晶体管的研究仍然较少。

2019 年，Zou 等将两个 PET 条附着于 Si 基底上，经过十八烷基三氯硅烷（octadecyltrichlorosilane，OTS）疏水处理后放置于顶部，并在 270℃下加热 5min 以熔化 PET，使其黏附在玻璃上，随后将小容量的 $CsPbBr_3$ 前驱体溶液注射至基底边缘，使其通过毛细效应迅速扩散至缝隙中，并且在 100℃下放置 2d，成功制备了具有较低缺陷密度的 $CsPbBr_3$ 单晶微米片薄膜[38]。此外，他们采用这一空间限制与逆温结晶相结合的方法，将 $CsPbBr_3$ 微米片制备在 Si/SiO_2 基底上，并热蒸发 Au 电极，有效解决了载流子横向传输时易受晶界和晶粒缺陷影响的问题，实现了高效的光敏场效应晶体管。该场效应晶体管在室温下表现了独特的双极性：其空穴迁移率随光照强度的增加而增加[从无光条件下的 $0.02\text{cm}^2/(\text{V}\cdot\text{s})$ 增至 50mW/cm^2 光照强度下的 $0.34\text{cm}^2/(\text{V}\cdot\text{s})$]，但电子迁移率与光照强度无关。同时，在电子为多数载流子时，该场效应晶体管的 V_{TH} 随光照强度的增加而明显偏移，在 $50mW/cm^2$ 光照强度下产生 14V 的移动。这一独特的传输特性分别是由光电导效应和光伏效应导致的，这也体现了钙钛矿载流子传输机制的特殊性。

此前，Huo 等使用范德瓦耳斯外延生长法制备了超薄 $CsPbBr_3$ 单晶纳米片，并将其干法转移至 Si/SiO_2 基底上，成功研制出 $CsPbBr_3$ 场效应晶体管[39]。如图 6.14（a）所示，首先将预制的聚乙烯醇缩乙醛（polyvinylacetal，PVA）薄膜放置于生长在云母上的钙钛矿上，随后在底部 80℃加热 5min，使其完全贴合，并在显微镜下将 PVA 薄膜转移至已经生长好 Au 电极的 Si/SiO_2 基底上。由于纳米片和云母存在范德瓦耳斯间隙，该转移过程较易实现，同时，纳米片与基底间的弱作用力也使得在撕拉过程中的损伤降到最低。转移后，由于存在范德瓦耳斯力，纳米片与 Au 电极及基底能较好地连接，保证了电极与纳米片间的良好接触，留在器件顶层的 PVA 薄膜也可作为保护层，使钙钛矿薄膜免受破坏。

器件的工作性能如图 6.14（b）～（e）所示。此器件在室温下的空穴迁移率约为 $0.3cm^2/(V \cdot s)$，电流开关比约为 6700；在 237K 下，空穴迁移率增大至约 $1.04cm^2/(V \cdot s)$，电流开关比提升至约 13000。此处较低的迁移率主要是由于半导体/绝缘层界面处载流子、离子及声子间的相互作用：当温度较高（>237K）时，离子迁移效应作为主要因素影响其电学传输；当温度降低至 237K 以下时，载流子及声子间的散射效应起主导作用。尽管如此，由于 $CsPbBr_3$ 纳米片内在的坚固性及该场效应晶体管使用 PVA 作为钙钛矿覆盖层而减少了空气影响，此器件表现出较好的稳定性。

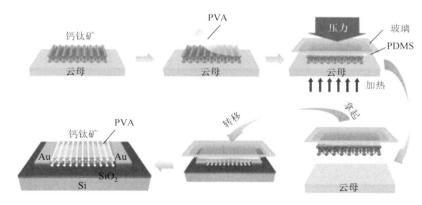

(a) 干法转移制备器件流程示意图

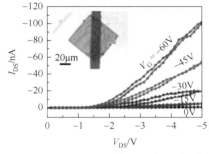

(b) 室温下，$CsPbBr_3$ 场效应晶体管的输出特性曲线

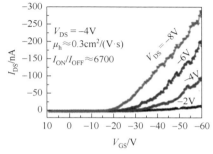

(c) 室温下，$CsPbBr_3$ 场效应晶体管的转移特性曲线

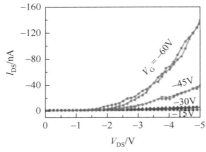

(d) 237K下，CsPbBr₃场效应晶体管的输出特性曲线

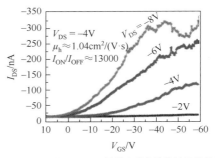

(e) 237K下，CsPbBr₃场效应晶体管的转移特性曲线

图 6.14　CsPbBr₃ 纳米片场效应晶体管器件性能表征

PDMS 为聚二甲基硅氧烷（polydimethylsiloxane）

　　此外，一维钙钛矿纳米结构也可用于场效应晶体管中。2019 年，香港城市大学 Meng 等使用气体-液体-固体（vapor-liquid-solid，VLS）生长法制备高质量 CsPbX₃（X = Cl，Br，I）单晶纳米管[40]。他们采用 Sn 作为纳米管催化剂，通过系统研究生长气压、生长温度、催化剂浓度、反应速率等重要参数对纳米管性能的影响，制备大面积均匀竖直生长的纳米管阵列，纳米管直径约为 150nm。基于此 CsPbX₃ 单晶纳米管的场效应晶体管显示最高 $3.05cm^2/(V·s)$ 的空穴迁移率及大于 10^3 的电流开关比。同时，该方法生长的 CsPbX₃ 单晶纳米管也可用于光电探测器中，在可见光范围内具有超过 4489A/W 的响应度及大于 $7.9×10^{12}$Jones 的探测率。

　　研究发现，金属电极与半导体材料的层间接触对场效应晶体管的整体性能起到很大影响，良好的接触有利于电流从一个电极经半导体层传输至另一个电极。溶液法制备的钙钛矿薄膜具有较大的表面粗糙度，直接在其上制备电极往往受此影响。为了加强金属电极与钙钛矿层间的接触，国家纳米科学中心 Liu 等直接将 CsPbBr₃ 溶液滴在提前制备好的 Ag 电极的基底上，使 CsPbBr₃ 纳米晶直接生长于 Ag 电极周围，如图 6.15（a）所示[41]。使用 PDMS 覆盖整个基底材料并施加压力，使得在溶液挥发过程中，CsPbBr₃ 受毛细作用力的影响均匀而非无序生长于两个最近的 Ag 电极间。这保证了金属电极与钙钛矿间的良好接触，使制备的场效应晶体管具有 $10^5～10^6$ 的高电流开关比及 $0.5～2.3cm^2/(V·s)$ 的线性空穴迁移率。

　　由于 Pb 元素具有剧毒性，越来越多的研究致力于采用 Sn、Cu、Bi 等元素作为 B 位替代。2016 年，南京大学与美国加利福尼亚大学欧文分校合作，采用热注入法，通过控制反应时间，成功合成了 Cs₂SnI₆ 量子点、纳米晶、纳米线、纳米带及纳米片[42]。采用 Cs₂SnI₆ 纳米带场效应晶体管实现了 $20cm^2/(V·s)$ 的高空穴迁移率、$9.1×10^{18}cm^{-3}$ 的空穴浓度及大于 10^4 的高电流开关比，如图 6.15（b）和（c）所示。同时，由于在 B 位引入的是 Sn^{4+} 而非 Sn^{2+}，该器件显示较好的空气稳定性，其电学性能在保存于空气中两周后仍未发生较大变化。

　　考虑对制备工艺简化的需求，晶体管通常采用横向结构。基于能量横向传输的特性，消除横向传输时晶界边缘缺陷影响是提高该类器件性能的重要方法，这也使得基于低维钙钛矿和基于单晶钙钛矿的晶体管往往具有较好的性能。即使使用低维单晶钙钛矿，其晶体管性能（尤其是迁移率及电流开关比）仍明显较差，这主要是由于离子迁移效应使得有效栅极调制能力减弱。由于在低温条件下离子迁移效应减弱，在低温下测试器件可以从一定程度上避免这一问题，但这不利于实际应用。

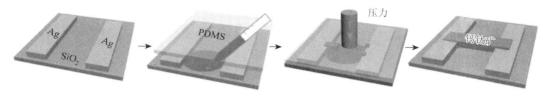

(a) CsPbBr₃/Ag场效应晶体管制备示意图

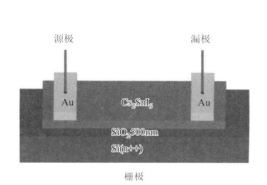

(b) Cs₂SnI₆纳米带场效应晶体管的结构示意图

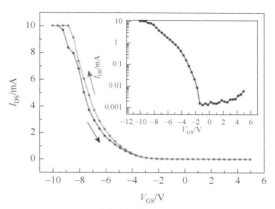

(c) Cs₂SnI₆纳米带场效应晶体管的转移特性曲线

图 6.15　场效应晶体管示意图及工作性能表征

　　纵向结构晶体管由于源、漏极间的电场力与栅极提供的电场力方向平行，其受离子迁移效应的影响可以忽略不计。2020 年，采用范德瓦耳斯外延生长法，Zhou 等制备了 CsPbBr₃ 微米片，并将其运用于基于石墨烯源极的纵向结构晶体管中，如图 6.16（a）所示[43]。该晶体管的沟道长度远小于传统的横向结构晶体管，仅为 351nm（CsPbBr₃ 微米片厚度），因此，该晶体管的反应速度明显提升，且所需的驱动电压有效降低。如图 6.16（b）所示，该晶体管在线性区间内表现了 10^6（$V_D = 0.5V$）的高电流开关比，远高于传统横向结构晶体管的电流开关比（5000@$V_D = 5V$）。由于有效避免了离子迁移效应，该器件即使在室温下也表现了较强的栅极驱动能力，这证明纵向结构晶体管在钙钛矿晶体管中具有较大潜力。

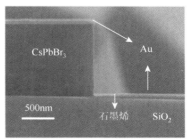

(a) 纵向结构晶体管结构图及其横截面扫描电镜图

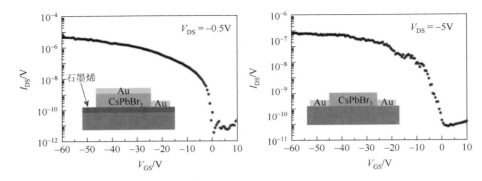

(b) 纵向结构晶体管及横向结构晶体管的转移特性曲线（插图为对应的器件结构图）

图 6.16　CsPbBr₃ 晶体管结构图及转移特性曲线

6.3.2　无机钙钛矿发光晶体管

与普通晶体管相似，发光晶体管也具有三个输入/输出端口，可以简单地看作一个在三极管源极和漏极之间接入了一个光电二极管的三极管。在发光晶体管中，适当地调控源极电压及栅极电压可以同时形成具有双极性的沟道，在完美平衡条件下，空穴和电子从相对的电极中注入，并在沟道中间结合，从而定义了一个非常窄的辐射发射区间。相较于传统LED，发光晶体管具有优越的载流子注入能力，可实现更明亮、更快速的可切换 EL。

然而，在使用同一种半导体材料时，尽管发光晶体管在某些方面表现了比 LED 更优的性能，但仍无法与最先进的 LED 相竞争。这是由于高性能的发光晶体管需要同时实现高载流子迁移率和高发光效率。无机钙钛矿的高理论载流子迁移率与高发光效率使其成为可应用于发光晶体管的半导体材料。

基于 CsPbBr₃ 量子点自身的能带结构及其较优异的空气稳定性，在所有 Cs 基卤化物钙钛矿量子点中，CsPbBr₃ 量子点最适合应用于发光电子器件。2020 年，Kim 等使用Al/ZnO/CsPbBr₃ 量子点/PVK/Au 结构，报道了基于 CsPbBr₃ 量子点的发光晶体管，如图 6.17所示[44]。该发光晶体管表现了单极性传输特性，且由于该器件具有非常长的载流子寿命，其

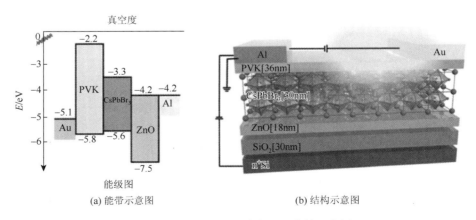

图 6.17　CsPbBr₃ 量子点发光晶体管示意图

重组区间宽至 80μm，比有机发光三极管大 1 个数量级[45]。同时，该器件的平均电子迁移率达到 $0.12cm^2/(V·s)$，且具有 10^3 的电流开关比。这一结果对钙钛矿纳米晶发光晶体管及其在相关领域的发展具有重要的指导意义。

6.4　其他电子器件

除传统的如在存储器及晶体管中的应用外，最近的研究发现无机钙钛矿也可作为一种潜在的热电材料。2020 年，Xie 等研究了 $CsSnBr_{3-x}I_x$ 的热传导性及热电效应，发现晶格动力学与超低热导率之间存在很强的关联性，在 550K 下实现了低至 $0.32W/(m·K)$ 的热导率[46]。同时，$CsSnBr_{3-x}I_x$ 具有理想的泽贝克系数，且其电学传输性能可控。由晶格数据及理论计算发现，由于 Cs 与 X 位卤素之间的交互作用较弱，Cs 原子可从理想的钙钛矿八面体结构中分离，并表现为一个振荡游离的重原子。这一现象及 SnX_6（X = Br，I）的正八面体结构失真导致 $CsSnBr_{3-x}I_x$ 的结构不稳定性，从而产生非常低的德拜温度和声子速率。同时，Cs 导致低频光声子与热声子之间的强关联，从而诱发强声子散射，导致 $CsSnBr_{3-x}I_x$ 的超低晶格热导率。这一研究阐明了 $CsSnBr_{3-x}I_x$ 具有超低晶格热导率的原因，为今后钙钛矿热电性能的研究奠定了基础。

除热传导性外，钙钛矿也表现一定的气敏性质，可以应用于气体传感器中。2020 年，新南威尔士大学 Kim 等发现基于热注入法合成的 $CsPbBr_3$ 纳米晶对具有强电负性的 NO_2 气体具有良好的选择性，从而制备了基于 $CsPbBr_3$ 量子点薄膜的气体传感器，如图 6.18 所示[47]。当该器件暴露于 8ppm（$1ppm = 10^{-6}$）的 NO_2 气体中时，器件的暗电流由 1.44nA 提升至 1.82nA，且其对气体的传感反应时间及恢复时间分别为 58.4s 和 77.2s。该器件对 NO_2 气体浓度的感应能力呈线性关系，且可以对最低浓度为 0.4ppm 的 NO_2 气体进行响应，证明了 $CsPbBr_3$ 纳米晶对 NO_2 气体的敏感性。同时，Fu 等研究了 $CsPbBr_3$ 纳米晶对乙苯、丙烷、乙醇和丙酮气体的响应能力，发现其对 NO_2 气体的响应能力是其他气体的 13 倍以上。由于 NO_2 具有强电负性，当其吸附于 $CsPbBr_3$ 纳米晶表面时可以捕获其中的电子，使 $CsPbBr_3$ 中的空穴浓度增大，并使传感器探测到更高的电导率[48]。此外，具有电中性或电主导的气体可能对 $CsPbBr_3$ 纳米晶中的电荷传输产生中性或不良影响，从而使 $CsPbBr_3$ 纳米晶器件表现对气体的强选择性。

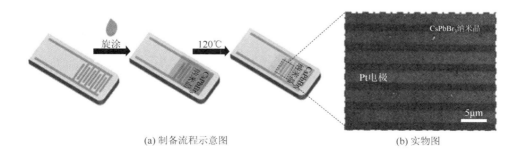

(a) 制备流程示意图　　　　　　　　　　　　　　(b) 实物图

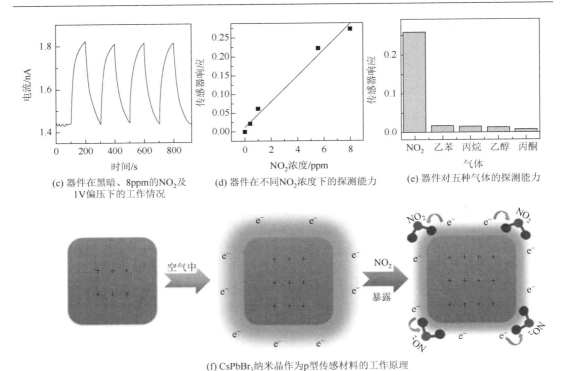

(c) 器件在黑暗、8ppm的NO₂及　　　　(d) 器件在不同NO₂浓度下的探测能力　　　(e) 器件对五种气体的探测能力
1V偏压下的工作情况

(f) CsPbBr₃纳米晶作为p型传感材料的工作原理

图 6.18　基于 CsPbBr₃ 纳米晶的气体传感器

　　本章介绍了近年来无机钙钛矿在存储器、晶体管、传感器等方面的应用，证明了无机钙钛矿在传统电子器件中的应用前景。相较于现阶段较为成熟的在太阳能电池、LED 等方面的应用，这部分工作证明了无机钙钛矿的广泛应用前景，为后摩尔时代电子芯片的发展提供了潜在的 Si 基替代材料。

　　尽管现阶段无机钙钛矿电子器件已经取得了一定进展，但是其性能仍有待进一步提高。例如，无机钙钛矿易受空气中水分的影响，与现阶段常用的氧化物半导体、有机半导体存储器和晶体管相比，稳定性仍然较低；由于存在离子迁移效应，基于无机钙钛矿的场效应晶体管在室温下的电流开关比及迁移率仍无法满足商业化应用的需求；由于 Pb 原子的存在，无机钙钛矿面临环境友好性问题。此外，作为一种潜在的 Si 基替代产品，无机钙钛矿电子器件在柔性衬底上的开发与研究也值得深入关注。因此，仍需要大量的工作来系统性地研究无机钙钛矿材料性能、制备技术途径等内容，以突破现阶段所面临的技术瓶颈。

参 考 文 献

[1]　Yoon J H，Zhang J，Ren X，et al. Truly electroforming-free and low-energy memristors with preconditioned conductive tunneling paths[J]. Advanced Functional Materials，2017，27（35）：1702010.

[2]　Kim I，Siddik M，Shin J，et al. Low temperature solution-processed graphene oxide/Pr₀.₇Ca₀.₃MnO₃ based resistive-memory device[J]. Applied Physics Letters，2011，99（4）：042101.

[3]　Cheng C H，Chin A，Yeh F S. Ultralow-power Ni/GeO/STO/TaN resistive switching memory[J]. IEEE Electron Device

Letters，2010，31（9）：1020-1022.

[4]　Chang Y C，Xue R Y，Wang Y H. Multilayered barium titanate thin films by sol-gel method for nonvolatile memory application[J]. IEEE Transactions on Electron Devices，2014，61（12）：4090-4097.

[5]　Wu Y，Wei Y，Huang Y，et al. Capping CsPbBr$_3$ with ZnO to improve performance and stability of perovskite memristors[J]. Nano Research，2017，10（5）：1584-1594.

[6]　Liu D J，Lin Q Q，Zang Z G，et al. Flexible all-inorganic perovskite CsPbBr$_3$ nonvolatile memory device[J]. ACS Applied Materials Interfaces，2017，9（7）：6171-6176.

[7]　Lin Q，Hu W，Zang Z，et al. Transient resistive switching memory of CsPbBr$_3$ thin films[J]. Advanced Electronic Materials，2018，4（4）：1700596.

[8]　Cai H，Ma G，He Y，et al. Compact pure phase CsPbBr$_3$ perovskite film with significantly improved stability for high-performance memory[J]. Ceramics International，2019，45（1）：1150-1155.

[9]　Ruan W，Hu Y，Qiu T，et al. Morphological regulation of all-inorganic perovskites for multilevel resistive switching[J]. Journal of Physics and Chemistry of Solids，2019，127：258-264.

[10]　Zou C，He L，Lin L Y. Vacuum-deposited inorganic perovskite memory arrays with long-term ambient stability[J]. Physica Status Solidi - Rapid Research Letters，2019，13（9）：1900182.

[11]　Cheng P，Zhu Y，Shi J，et al. One-step solution deposited all-inorganic perovskite CsPbBr$_3$ film for flexible resistive switching memories[J]. Applied Physics Letters，2019，115（22）：223505.

[12]　Zhu Y，Cheng P，Shi J，et al. Bromine vacancy redistribution and metallic-ion-migration-induced air-stable resistive switching behavior in all-inorganic perovskite CsPbBr$_3$ film-based memory device[J]. Advanced Electronic Materials，2020，6（2）：1900754.

[13]　Wang Y，Lv Z Y，Liao Q F，et al. Synergies of electrochemical metallization and valance change in all-inorganic perovskite quantum dots for resistive switching[J]. Advanced Materials，2018，30（28）：1800327.

[14]　Chen R，Xu J，Lao M，et al. Transient resistive switching for nonvolatile memory based on water-soluble Cs$_4$PbBr$_6$ perovskite films[J]. Physica Status Solidi - Rapid Research Letters，2019，13（11）：1900397.

[15]　Han J S，Le Q V，Choi J，et al. Air-stable cesium lead iodide perovskite for ultra-low operating voltage resistive switching[J]. Advanced Functional Materials，2018，28（5）：1705783.

[16]　Ge S，Huang Y，Chen X，et al. Silver iodide induced resistive switching in CsPbI$_3$ perovskite-based memory device[J]. Advanced Materials Interfaces，2019，6（7）：1802071.

[17]　Xu J，Wu Y，Li Z，et al. Resistive switching in nonperovskite-phase CsPbI$_3$ film-based memory devices[J]. ACS Applied Materials Interfaces，2020，12（8）：9409-9420.

[18]　An H，Kim W K，Wu C，et al. Highly-stable memristive devices based on poly(methylmethacrylate)：CsPbCl$_3$ perovskite quantum dot hybrid nanocomposites[J]. Organic Electronics，2018，56：41-45.

[19]　Han J S，Le Q V，Choi J，et al. Lead-free all-inorganic cesium tin iodide perovskite for filamentary and interface-type resistive switching toward environment-friendly and temperature-tolerant nonvolatile memories[J]. ACS Applied Materials Interfaces，2019，11（8）：8155-8163.

[20]　Hu Y，Zhang S，Miao X，et al. Ultrathin Cs$_3$Bi$_2$I$_9$ nanosheets as an electronic memory material for flexible memristors[J]. Advanced Materials Interfaces，2017，4（14）：1700131.

[21]　Cuhadar C，Kim S-G，Yang J-M，et al. All-inorganic bismuth halide perovskite-like materials A$_3$Bi$_2$I$_9$ and A$_3$Bi$_{1.8}$Na$_{0.2}$I$_{8.6}$（A = Rb and Cs）for low-voltage switching resistive memory[J]. ACS Applied Materials Interfaces，2018，10（35）：29741-29749.

[22]　Xiong Z，Hu W，She Y，et al. Air-stable lead-free perovskite thin film based on CsBi$_3$I$_{10}$ and its application in resistive switching devices[J]. ACS Applied Materials Interfaces，2019，11（33）：30037-30044.

[23]　Mao J-Y，Zheng Z，Xiong Z-Y，et al. Lead-free monocrystalline perovskite resistive switching device for temporal information processing[J]. Nano Energy，2020，71：104616.

[24]　Cheng X F，Qian W H，Wang J，et al. Environmentally robust memristor enabled by lead-free double perovskite for high-performance information storage[J]. Small，2019，15（49）：1905731.

[25]　Ge S，Wang Y，Xiang Z，et al. Reset voltage-dependent multilevel resistive switching behavior in $CsPb_{1-x}Bi_xI_3$ perovskite-based memory device[J]. ACS Applied Materials Interfaces，2018，10（29）：24620-24626.

[26]　Lv Z，Wang Y，Chen J，et al. Semiconductor quantum dots for memories and neuromorphic computing systems[J]. Chemical Review，2020，120（9）：3941-4006.

[27]　Wang Y，Lv Z Y，Chen J R，et al. Photonic synapses based on inorganic perovskite quantum dots for neuromorphic computing[J]. Advanced Materials，2018，30（38）：1802883.

[28]　Li Q Y，Zhang Y T，Yu Y，et al. Light enhanced low-voltage nonvolatile memory based on all-inorganic perovskite quantum dots[J]. Nanotechnology，2019，30（37）：37LT01.

[29]　Chen Z L，Zhang Y T，Zhang H，et al. Low-voltage all-inorganic perovskite quantum dot transistor memory[J]. Applied Physics Letters，2018，112（21）：5.

[30]　Wang K，Dai S，Zhao Y，et al. Light-stimulated synaptic transistors fabricated by a facile solution process based on inorganic perovskite quantum dots and organic semiconductors[J]. Small，2019，15（11）：1900010.

[31]　Ma F M，Zhu Y B，Xu Z W，et al. Optoelectronic perovskite synapses for neuromorphic computing[J]. Advanced Functional Materials，2020，30（11）：9.

[32]　Yang L，Singh M，Shen S W，et al. Transparent and flexible inorganic perovskite photonic artificial synapses with dual-mode operation[J]. Advanced Functional Materials，2020，31（6）：2008259.

[33]　Kumar M，Abbas S，Kim J. All-oxide-based highly transparent photonic synapse for neuromorphic computing[J]. ACS Applied Materials Interfaces，2018，10：34370-34376.

[34]　He H K，Yang R，Zhou W，et al. Photonic potentiation and electric habituation in ultrathin memoristive synapses based on monolayer MoS_2[J]. Small，2018，14（15）：1800079.

[35]　Park W J，Shin H S，Ahn B D，et al. Investigation on doping dependency of solution-processed Ga-doped ZnO thin film transistor[J]. Applied Physics Letters，2008，93（8）：083508.

[36]　Sze S M，Ng K K. Physics of Semiconductor Devices[M]. New York：Springer，2006.

[37]　Cai W，Wang H，Zang Z，et al. 2D perovskites for field-effect transistors[J]. Science Bulletin，2020，66（7）：648-650.

[38]　Zou Y T，Li F，Zhao C，et al. Anomalous ambipolar phototransistors based on all-inorganic $CsPbBr_3$ perovskite at room temperature[J]. Advanced Optical Materials，2019，7（21）：1900676.

[39]　Huo C，Liu X，Song X，et al. Field-effect transistors based on van-der-Waals-grown and dry-transferred all-inorganic perovskite ultrathin platelets[J]. Journal of Physical Chemistry Letters，2017，8（19）：4785-4792.

[40]　Meng Y，Lan C Y，Li F Z，et al. Direct vapor-liquid-solid synthesis of all-inorganic perovskite nanowires for high-performance electronics and optoelectronics[J]. ACS Nano，2019，13（5）：6060-6070.

[41]　Liu J，Liu F J，Liu H N，et al. Direct growth of perovskite crystals on metallic electrodes for high-performance electronic and optoelectronic devices[J]. Small，2020，16（3）：1906185.

[42]　Wang A F，Yan X X，Zhang M，et al. Controlled synthesis of lead-free and stable perovskite derivative Cs_2SnI_6 nanocrystals via a facile hot-injection process[J]. Chemical Materials，2016，28（22）：8132-8140.

[43]　Zhou J，Xie L，Song X，et al. High-performance vertical field-effect transistors based on all-inorganic perovskite microplatelets[J]. Journal of Materials Chemistry C，2020，8（36）：12632-12637.

[44]　Kim D K，Choi D S，Park M，et al. Cesium lead bromide quantum dot light-emitting field-effect transistors[J]. ACS Applied Materials Interfaces，2020，12（19）：21944-21951.

[45]　Bisri S Z，Takenobu T，Sawabe K，et al. P-i-n homojunction in organic light-emitting transistors[J]. Advanced Materials，2011，23（24）：2753-2758.

[46]　Xie H Y，Hao S Q，Bao J K，et al. All-inorganic halide perovskites as potential thermoelectric materials：Dynamic cation off-centering induces ultralow thermal conductivity[J]. Journal of American Chemical Society，2020，142（20）：9553-9563.

[47]　Kim J，Hu L，Chen H，et al. P-type charge transport and selective gas sensing of all-inorganic perovskite nanocrystals[J]. ACS Materials Letters，2020，2（11）：1368-1374.

[48]　Fu X，Jiao S，Dong N，et al. A CH$_3$NH$_3$PbI$_3$ film for a room-temperature NO$_2$ gas sensor with quick response and high selectivity[J]. RSC Advance，2018，8（1）：390-395.